U0368661

高等学校智能科学与技术/人工智能专业教材

模式识别及Python实现

曾慧 李擎 张利欣 主编

清華大學出版社
北 京

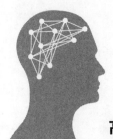

内 容 简 介

模式识别是人工智能领域的重要分支之一。本书是该领域入门教材，内容尽可能涵盖模式识别基础知识的各方面。全书共分 9 章，第 1 章介绍模式识别的基本概念、模式识别系统的组成；第 2 章介绍模式识别中的线性分类器；第 3 章介绍模式识别中的贝叶斯分类器；第 4 章介绍模式识别中的概率密度函数估计；第 5 章介绍模式识别中的其他典型分类方法；第 6 章介绍模式识别中的特征提取与选择；第 7 章介绍模式识别中常见的聚类分析方法；第 8 章介绍深度学习中的卷积神经网络和循环神经网络；第 9 章介绍模式识别的一些典型应用以及当前流行的大模型技术和生成式技术。除第 1 章和第 9 章外，每章均附有 Python 实现的相关算法，且提供相关习题，以便读者巩固所学知识。

本书可以作为高等院校相关专业本科生和研究生的教材，也可以作为教辅资料，还可以作为模式识别领域科研人员和技术爱好者的参考资料。

版权所有，侵权必究。举报：010-62782989，beiqinquan@tup.tsinghua.edu.cn。

图书在版编目（CIP）数据

模式识别及 Python 实现/曾慧，李擎，张利欣主编.--北京：清华大学出版社，2025.4.
（高等学校智能科学与技术/人工智能专业教材）. --ISBN 978-7-302-68991-1

Ⅰ. O235

中国国家版本馆 CIP 数据核字第 20253RK611 号

责任编辑：张　玥
封面设计：常雪影
责任校对：王勤勤
责任印制：丛怀宇

出版发行：清华大学出版社

网　　址：https://www.tup.com.cn，https://www.wqxuetang.com
地　　址：北京清华大学学研大厦 A 座　　**邮　　编**：100084
社 总 机：010-83470000　　**邮　　购**：010-62786544
投稿与读者服务：010-62776969，c-service@tup.tsinghua.edu.cn
质量反馈：010-62772015，zhiliang@tup.tsinghua.edu.cn
课件下载：https://www.tup.com.cn，010-83470236

印 装 者：北京鑫海金澳胶印有限公司
经　　销：全国新华书店
开　　本：185mm×260mm　　**印　　张**：14.5　　**字　　数**：344 千字
版　　次：2025 年 4 月第 1 版　　**印　　次**：2025 年 4 月第1 次印刷
定　　价：49.80 元

产品编号：094693-01

高等学校智能科学与技术/人工智能专业教材

编审委员会

主　任：

陆建华	清华大学电子工程系	教授 中国科学院院士

副主任：（按照姓氏拼音排序）

邓志鸿	北京大学信息学院智能科学系	副主任/教授
黄河燕	北京理工大学人工智能研究院	院长/特聘教授
焦李成	西安电子科技大学人工智能研究院	主任/华山杰出教授
卢先和	清华大学出版社	总编辑/编审
孙茂松	清华大学人工智能研究院	常务副院长/教授
王海峰	百度公司	首席技术官
王巨宏	腾讯公司	副总裁
曾伟胜	华为云与计算 BG 高校科研与人才发展部	部长
周志华	南京大学	教授
庄越挺	浙江大学计算机学院	教授

委　员：（按照姓氏拼音排序）

曹治国	华中科技大学人工智能与自动化学院学术委员会	主任/教授
陈恩红	中国科学技术大学大数据学院	执行院长/教授
陈雯柏	北京信息科技大学自动化学院	副院长/教授
陈竹敏	山东大学人工智能学院	副院长/教授
程　洪	电子科技大学机器人研究中心	主任/教授
杜　博	武汉大学计算机学院	副院长/教授
杜彦辉	中国人民公安大学信息网络安全学院	教授
方勇纯	南开大学	副校长/教授
韩　韬	上海交通大学电子信息与电气工程学院	副院长/教授
侯　彪	西安电子科技大学人工智能学院	执行院长/教授
侯宏旭	内蒙古大学网络信息中心	主任/教授
胡　斌	北京理工大学	教授
胡清华	天津大学人工智能学院	院长/教授
李　波	北京航空航天大学人工智能学院	常务副院长/教授
李绍滋	厦门大学信息学院	教授
李晓东	中山大学智能工程学院	教授

李轩涯	百度公司	高校合作部总监
李智勇	湖南大学机器人学院	党委书记/教授
梁吉业	山西大学	副校长/教授
刘冀伟	北京科技大学智能科学与技术系	副教授
刘振丙	桂林电子科技大学人工智能学院	副院长/教授
孙海峰	华为技术有限公司	高校生态合作高级经理
唐　琎	中南大学自动化学院智能科学与技术专业	专业负责人/教授
汪　卫	复旦大学计算机科学技术学院	教授
王国胤	重庆师范大学	校长/教授
王科俊	哈尔滨工程大学智能科学与工程学院	教授
王　瑞	首都师范大学人工智能系	教授
王　挺	国防科技大学计算机学院	教授
王万良	浙江工业大学计算机科学与技术学院	教授
王文庆	西安邮电大学自动化学院	院长/教授
王小捷	北京邮电大学智能科学与技术中心	主任/教授
王玉皞	南昌大学人工智能工业研究院	研究员
文继荣	中国人民大学高瓴人工智能学院	执行院长/教授
文俊浩	重庆大学大数据与软件学院	党委书记/教授
辛景民	西安交通大学人工智能学院	常务副院长/教授
杨金柱	东北大学计算机科学与工程学院	常务副院长/教授
于　剑	北京交通大学人工智能研究院	院长/教授
余正涛	昆明理工大学信息工程与自动化学院	院长/教授
俞祝良	华南理工大学自动化科学与工程学院	副院长/教授
岳　昆	云南大学信息学院	副院长/教授
张博锋	上海第二工业大学计算机与信息工程学院	院长/研究员
张　俊	大连海事大学人工智能学院	副院长/教授
张　磊	河北工业大学人工智能与数据科学学院	教授
张盛兵	西北工业大学图书馆	馆长/教授
张　伟	同济大学电信学院控制科学与工程系	副系主任/副教授
张文生	中国科学院大学人工智能学院	首席教授
	海南大学人工智能与大数据研究院	院长
张彦铎	武汉工程大学	副校长/教授
张永刚	吉林大学计算机科学与技术学院	副院长/教授
章　毅	四川大学计算机学院	学术院长/教授
庄　雷	郑州大学信息工程学院、计算机与人工智能学院	教授

秘书长：

朱　军	清华大学人工智能研究院基础研究中心	主任/教授

秘书处：

陶晓明	清华大学电子工程系	教授
张　玥	清华大学出版社	副编审

出版说明

当今时代，以互联网、云计算、大数据、物联网、新一代器件、超级计算机等，特别是新一代人工智能为代表的信息技术飞速发展，正深刻地影响着我们的工作、学习与生活。

随着人工智能成为引领新一轮科技革命和产业变革的战略性技术，世界主要发达国家纷纷制定了人工智能国家发展计划。2017 年 7 月，国务院正式发布《新一代人工智能发展规划》(以下简称《规划》)，将人工智能技术与产业的发展上升为国家重大发展战略。《规划》要求“牢牢把握人工智能发展的重大历史机遇，带动国家竞争力整体跃升和跨越式发展”，提出要“开展跨学科探索性研究”，并强调“完善人工智能领域学科布局，设立人工智能专业，推动人工智能领域一级学科建设”。

为贯彻落实《规划》，2018 年 4 月，教育部印发了《高等学校人工智能创新行动计划》，强调了“优化高校人工智能领域科技创新体系，完善人工智能领域人才培养体系”的重点任务，提出高校要不断推动人工智能与实体经济(产业)深度融合，鼓励建立人工智能学院/研究院，开展高层次人才培养。早在 2004 年，北京大学就率先设立了智能科学与技术本科专业。为了加快人工智能高层次人才培养，教育部又于 2018 年增设了“人工智能”本科专业。2020 年 2 月，教育部、国家发展改革委、财政部联合印发了《关于“双一流”建设高校促进学科融合，加快人工智能领域研究生培养的若干意见》的通知，提出依托“双一流”建设，深化人工智能内涵，构建基础理论人才与“人工智能＋X”复合型人才并重的培养体系，探索深度融合的学科建设和人才培养新模式，着力提升人工智能领域研究生培养水平，为我国抢占世界科技前沿，实现引领性原创成果的重大突破提供更加充分的人才支撑。至今，全国共有超过 400 所高校获批智能科学与技术或人工智能本科专业，我国正在建立人工智能类本科和研究生层次人才培养体系。

教材建设是人才培养体系工作的重要基础环节。近年来，为了满足智能专业的人才培养和教学需要，国内一些学者或高校教师在总结科研和教学成果的基础上编写了一系列教材，其中有些教材已成为该专业必选的优秀教材，在一定程度上缓解了专业人才培养对教材的需求，如由南京大学周志华教授编写、我社出版的《机器学习》就是其中的佼佼者。同时，我们应该看到，目前市场上的教材还不能完全满足智能专业的教学需要，突出的问题主要表现在内容比较陈旧，不能反映理论前沿、技术热点和产业应用与趋势等；缺乏系统性，基础教材多、专业教材少，理论教材多、技术或实践教材少。

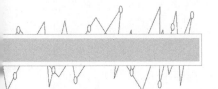

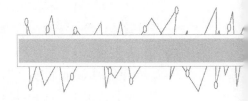

为了满足智能专业人才培养和教学需要，编写反映最新理论与技术且系统化、系列化的教材势在必行。早在 2013 年，北京邮电大学钟义信教授就受邀担任第一届“全国高

等学校智能科学与技术/人工智能专业规划教材编委会"主任，组织和指导教材的编写工作。2019年，第二届编委会成立，清华大学陆建华院士受邀担任编委会主任，全国各省市开设智能科学与技术/人工智能专业的院系负责人担任编委会成员，在第一届编委会的工作基础上继续开展工作。

编委会认真研讨了国内外高等院校智能科学与技术专业的教学体系和课程设置，制定了编委会工作简章、编写规则和注意事项，规划了核心课程和自选课程。经过编委会全体委员及专家的推荐和审定，本套丛书的作者应运而生，他们大多是在本专业领域有深厚造诣的骨干教师，同时从事一线教学工作，有丰富的教学经验和研究功底。

本套教材是我社针对智能科学与技术/人工智能专业策划的第一套规划教材，遵循以下编写原则：

(1) 智能科学技术/人工智能既具有十分深刻的基础科学特性(智能科学)，又具有极其广泛的应用技术特性(智能技术)。因此，本专业教材面向理科或工科，鼓励理工融通。

(2) 处理好本学科与其他学科的共生关系。要考虑智能科学与技术/人工智能与计算机、自动控制、电子信息等相关学科的关系问题，考虑把"互联网+"与智能科学联系起来，体现新理念和新内容。

(3) 处理好国外和国内的关系。在教材的内容、案例、实验等方面，除了体现国外先进的研究成果，一定要体现我国科研人员在智能领域的创新和成果，优先出版具有自己特色的教材。

(4) 处理好理论学习与技能培养的关系。对理科学生，注重对思维方式的培养；对工科学生，注重对实践能力的培养。各有侧重。鼓励各校根据本校的智能专业特色编写教材。

(5) 根据新时代教学和学习的需要，在纸质教材的基础上融合多种形式的教学辅助材料。鼓励包括纸质教材、微课视频、案例库、试题库等教学资源的多形态、多媒质、多层次的立体化教材建设。

(6) 鉴于智能专业的特点和学科建设需求，鼓励高校教师联合编写，促进优质教材共建共享。鼓励校企合作教材编写，加速产学研深度融合。

本套教材具有以下出版特色：

(1) 体系结构完整，内容具有开放性和先进性，结构合理。

(2) 除满足智能科学与技术/人工智能专业的教学要求外，还能够满足计算机、自动化等相关专业对智能领域课程的教材需求。

(3) 既引进国外优秀教材，也鼓励我国作者编写原创教材，内容丰富，特点突出。

(4) 既有理论类教材，也有实践类教材，注重理论与实践相结合。

(5) 根据学科建设和教学需要，优先出版多媒体、融媒体的新形态教材。

(6) 紧跟科学技术的新发展，及时更新版本。

为了保证出版质量，满足教学需要，我们坚持成熟一本，出版一本的出版原则。在每本书的编写过程中，除作者积累的大量素材，还力求将智能科学与技术/人工智能领域的最新成果和成熟经验反映到教材中，本专业专家学者也反复提出宝贵意见和建议，进行审核定稿，以提高本套丛书的含金量。热切期望广大教师和科研工作者加入我们的队伍，并欢迎广大读者对本系列教材提出宝贵意见，以便我们不断改进策划、组织、编写与出版工作，为我国智能科学与技术/人工智能专业人才的培养做出更多的贡献。

联系人：张玥

联系电话：010-83470175

电子邮件：jsjjc_zhangy@126.com

清华大学出版社

2020 年夏

总　序

以智慧地球、智能驾驶、智慧城市为代表的人工智能技术与应用迎来了新的发展热潮，世界主要发达国家和我国都制定了人工智能国家发展计划，人工智能现已成为世界科技竞争新的制高点。然而，智能科技/人工智能的发展也面临新的挑战，首先是其理论基础有待进一步夯实，其次是其技术体系有待进一步完善。抓基础、抓教材、抓人才，稳妥推进智能科技的发展，已成为教育界、科技界的广泛共识。我国高校也积极行动、快速响应，陆续开设了智能科学与技术、人工智能、大数据等专业方向。截至2020年年底，全国共有超过400所高校获批智能科学与技术或人工智能本科专业，面向人工智能的本、硕、博人才培养体系正在形成。

教材乃基础之基础。2013年10月，"全国高等学校智能科学与技术/人工智能专业规划教材"第一届编委会成立。编委会在深入分析我国智能科学与技术专业的教学计划和课程设置的基础上，重点规划了《机器智能》等核心课程教材。南京大学、西安电子科技大学、西安交通大学等高校陆续出版了人工智能专业教育培养体系、本科专业知识体系与课程设置等专著，为相关高校开展全方位、立体化的智能科技人才培养起到了示范作用。

2019年10月，第二届(本届)编委会成立。在第一届编委会教材规划工作的基础上，编委会通过对斯坦福大学、麻省理工学院、加州大学伯克利分校、卡内基·梅隆大学、牛津大学、剑桥大学、东京大学等国外高校和国内相关高校人工智能相关的课程和教材的跟踪调研，进一步丰富和完善了本套专业规划教材。同时，本届编委会继续推进专业知识结构和课程体系的研究及教材的出版工作，期望编写出更具创新性和专业性的系列教材。

智能科学技术正处在迅速发展和不断创新的阶段，其综合性和交叉性特征鲜明，因而其人才培养宜分层次、分类型，且要与时俱进。本套教材的规划既注重学科的交叉融合，又兼顾不同学校、不同类型人才培养的需要，既有强化理论基础的，也有强化应用实践的。编委会为此将系列教材分为基础理论、实验实践和创新应用三大类，并按照课程体系将其分为数学与物理基础课程、计算机与电子信息基础课程、专业基础课程、专业实验课程、专业选修课程和"智能＋"课程。该规划得到了相关专业的院校骨干教师的共识和积极响应，不少教师/学者也开始组织编写各具特色的专业课程教材。

编委会希望，本套教材的编写，在取材范围上要符合人才培养定位和课程要求，体现学科交叉融合；在内容上要强调体系性、开放性和前瞻性，并注重理论和实践的结合；在章节安排上要遵循知识体系逻辑及其认知规律；在叙述方式上要能激发读者兴趣，引导读者积极思考；在文字风格上要规范严谨，语言格调要力求亲和、清新、简练。

编委会相信，通过广大教师/学者的共同努力，编写好本套专业规划教材，可以更好地满足智能科学与技术/人工智能专业的教学需要，更高质量地培养智能科技专门人才。

饮水思源。在全国高校智能科学与技术/人工智能专业规划教材陆续出版之际，我们对为此做出贡献的有关单位、学术团体、老师/专家表示崇高的敬意和衷心的感谢。

感谢中国人工智能学会及其教育工作委员会对推动设立我国高校智能科学与技术本科专业所做的积极努力；感谢清华大学、北京大学、南京大学、西安电子科技大学、北京邮电大学、南开大学等高校，以及华为、百度、腾讯等企业为发展智能科学与技术/人工智能专业所做出的实实在在的贡献。

特别感谢清华大学出版社对本系列教材的编辑、出版、发行给予高度重视和大力支持。清华大学出版社主动与中国人工智能学会教育工作委员会开展合作，并组织和支持了该套专业规划教材的策划、编审委员会的组建和日常工作。

编委会真诚希望，本套规划教材的出版不仅对我国高校智能科学与技术/人工智能专业的学科建设和人才培养发挥积极的作用，还将对世界智能科学与技术的研究与教育做出积极的贡献。

由于编委会对智能科学与技术的认识、认知的局限，本套系列教材难免存在错误和不足，恳切希望广大读者对本套教材存在的问题提出意见和建议，帮助我们不断改进，不断完善。

高等学校智能科学与技术/人工智能专业教材编委会主任

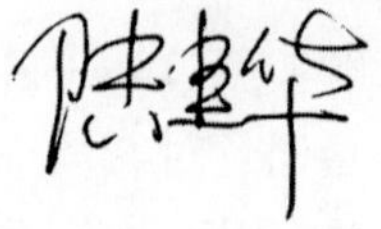

2021年元月

前　言

FOREWORD

在当今信息爆炸的时代，模式识别技术已成为科学研究和实际应用中不可或缺的重要工具。无论是图像识别、语音处理，还是自然语言理解，模式识别技术都在推动着人工智能各个领域的进步与创新。随着人工智能技术的迅猛发展，模式识别技术不仅帮助我们从复杂的数据中提取有价值的信息，还改变了我们与世界互动的方式。学习人工智能前沿学科领域，必然需要基础知识作为先导。模式识别技术旨在研究如何用计算机实现人对外界事物的识别与分析能力，是人工智能领域的核心技术基础之一。掌握模式识别基础理论与实现技术是学习人工智能科学的重要基础环节。

本书根据中国工程教育专业认证、卓越工程师教育培养计划等的要求，引领读者进入模式识别知识体系的大门。本书系统介绍了模式识别的基本概念和基本原理，用通俗易懂的语言阐述了模式识别的基础理论，对于模式识别经典算法，均配有实例及 Python 实现过程，并给出了模式识别技术在图像分析中的应用实例。本书对于学生全面掌握模式识别技术的基本算法原理、拓宽学生专业知识面、提升理论结合实际的能力具有重要作用。

结合人工智能专业和自动化专业新工科建设的培养目标，本书的特色及创新如下：

(1) 内容深入浅出，案例内容丰富，注重理论结合实践。本书包括模式识别学科的基础理论和经典方法，每章典型的模式识别方法后均附 Python 实现的应用实例，帮助学生通过编程加深对理论知识的理解，做到理论与实践的统一。

(2) 引入研究性教学，强化工程教育和能力培养。本书最后一章融入作者团队在模式识别与图像分析领域的特色研究成果，介绍了模式识别技术在图像分析系统中的实际应用案例，使学生可以初步具备结合实际需求设计模式识别系统的能力。

(3) 结合领域发展趋势，介绍前沿内容。本书除了介绍模式识别的基础经典理论外，还专门介绍了近年来比较流行的深度神经网络及相关的 Python 实现方法。结合人工智能领域发展动态，还介绍了大模型网络及其应用情况，帮助学生了解领域前沿技术。

本书共 9 章，涵盖了模式识别的基本理论框架、当前研究的热点及未来的发展趋势。第 1 章介绍了与模式识别相关的基本概念和典型应用，第 2～7 章介绍了模式识别中常见的分类器设计、模型评估等内容，第 8 章介绍了近年来比较流行的深度学习技术，第 9 章介绍了模式识别在图像分析中的应用案例及当前最流行的大模型技术，让学生了解科技前沿发展动态。除了第 1 章和第 9 章外，每章最后均配有 Python 实现的相关算法，使学生从实践的角度理解知识，同时每章提供对应的习题，供学生课后巩固练习。

本书由北京科技大学自动化学院曾慧、李擎和智能科学与技术学院张利欣担任主

FOREWORD

前言

编。其中，第 1～4 章由曾慧编写，第 5、6 章和 9.3、9.4 节由李擎编写，第 7、8 章和9.1、9.2 节由张利欣编写。本书主要内容在北京科技大学自动化学院的本科生及研究生教学中使用多年，其间各位同学提出了宝贵意见，在此一并感谢。在本书的编写过程中，作者课题组的多名研究生（博士生梁溢友，硕士生詹雨琪、肖紫月、韩旭、张王清、刘笑彤、李言容、刘爽、宫志成、周志、李甜慧、胡恒瑞、伊方舟）参与了部分书稿的图形绘制和内容校对、Python 程序调试及验证工作，在此对他们表示感谢。

本书得到北京科技大学校级规划教材项目（项目编号：JC2021YB021）的资助，得到了北京科技大学教务处的全程支持，在此表示感谢！

本书编写过程中参考了大量文献，在此对文献的作者致以真挚的谢意！由于编者水平有限，书中难免存在疏漏之处，敬请广大读者批评指正。

编者

2025 年 3 月

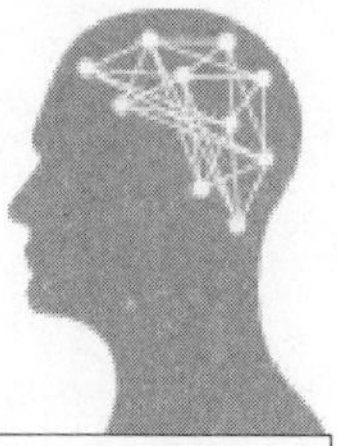

目　录

CONTENTS

CONTENTS

目录

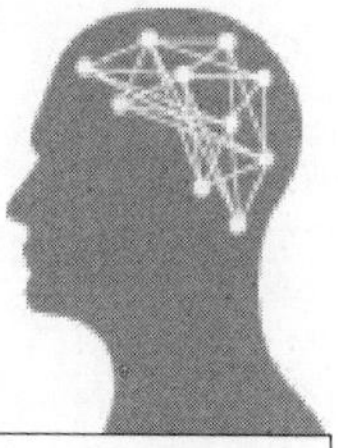

目 录

CONTENTS

CONTENTS

目录

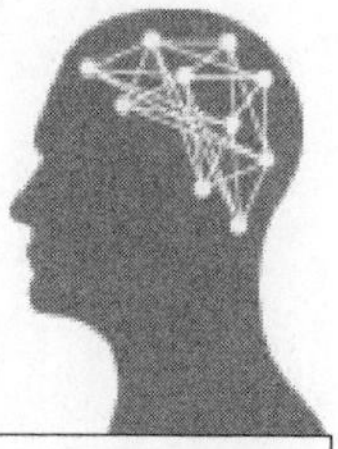

目　录

CONTENTS

第1章 模式识别概述

模式识别诞生于20世纪20年代，随着40年代计算机的出现，50年代人工智能的第一次浪潮涌起，模式识别在60年代迅速发展成一门学科。经过多年的发展，模式识别研究取得了大量成果，在人工智能、图像识别、医疗诊断、语音识别等领域实现了成功应用。但是，鉴于模式识别研究涉及大量复杂问题，现有的理论方法对于解决实际问题仍有局限。为了使读者全面地掌握模式识别学科的研究现状，对现有方法的有效性和局限性有较为全面的认知，正确使用基本的模式识别方法，本章主要介绍模式识别的基本概念、模式识别系统的组成及应用，以呈现模式识别的现状及探究可能的未来发展方向。

1.1 基本概念

模式识别是指通过一系列数学方法让计算机实现对各种事物或现象的分析、描述、判断、识别的过程，最终目标是使用计算机实现人对外界事物识别和分类的能力。什么是模式呢？广义地说，模式就是一种规律。模式既可以通过物理观察，也可以通过应用算法在数学上观察到。存在于时间和空间中可观察的事物，如果可以区别它们是否相同或相似，都可以称为模式。狭义地说，模式是通过对具体的个别事物进行观测所得到的具有时间和空间分布的信息。这里需要特别说明的是，模式指的不是事物本身，而是从事物获得的信息。它可以看作是对象的组成成分或影响因素间存在的规律性关系，或者是因素间存在确定性或随机性规律的对象、过程或时间的集合。在实际应用中，通常是对待识别物体的测量值进行取样和量化，输入计算机后表现为向量或数组。数组中包含的元素与其序号可理解为一种时间或空间的分布，也可以有其他的对应标识。例如，应届毕业大学生求职时，根据年龄、学历等指标判断是否能被录用的模式识别过程中，各项指标并不对应实际的时间或空间。因此，应对上文提及的时间与空间作更广义、更抽象的理解。

对于具有相似性质的事物，人们常常会根据其相似性进行分类，从而更全面地掌握客观事物。模式识别的目的和作用就是面对某一具体事物时，能将其正确地归入某一类别。例如，在数字识别任务中，由于人们具有各种书写习惯，数字“5”存在不同的写法。但在本质上，它们都是数字“5”，属于同一类别。如何正确地将不同写法的数字“5”归为同一类别，这就是模式识别系统所要实现的。对于一个鲁棒的模式识别系统，即使从未见过某种写法的“5”，也应能正确地将其分到“5”这个类别中去。图1-1给出了MNIST数据集中的手写体数字“5”。通常，把模式所属的类别或同一类中模式的总体称为模式类（简称为类）。

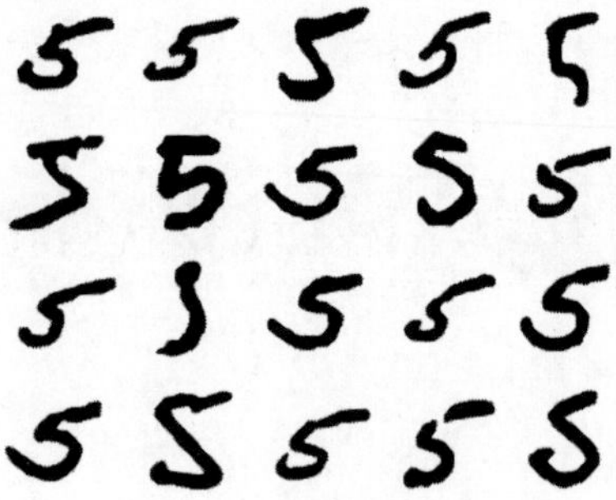

图 1-1 手写体数字“5”

1.2 系统组成

模式识别系统通常由以下四部分组成：数据获取、预处理、特征提取与选择、分类识别，部分系统还有后处理这一环节。

1.2.1 数据获取

数据获取的作用是用计算机可以运算的符号来表示所研究的对象。一般情况下，数据获取需要通过各种仪器或传感器获取如脑电图、心电图等一维波形，或指纹、照片等二维图像，以及其他的物理参量或逻辑值。如今，人们身处大数据时代，还可以通过各种开源网站获取免费的数据集，或是使用爬虫技术在互联网上获取数据。

1.2.2 预处理

数据预处理的作用是去除所获取信息中的噪声，增强有用的信息，使信息更有利于后续识别的处理过程。预处理这个环节内容很广泛，与要解决的具体问题有关，例如，从图像中将汽车车牌的号码识别出来，就需要先将车牌区域从图像中检测出来，再对车牌进行划分，将每个数字分别划分开。做到这一步以后，才能对车牌上的每个数字进行识别。以上工作都应该在预处理阶段完成。常用的预处理方法大致有以下几类。

(1) 数据统计及可视化。例如，百分位数可以帮助确定大部分数据的范围，平均值和中位数可以描述集中趋势，相关性可以指明紧密的关系，箱形图可以识别异常值，密度图和直方图显示数据的分布，散点图可以描述双变量关系等。

(2) 数据清洗。例如，某些变量的缺失数据会导致糟糕的分类结果，这就需要正确的缺失值处理方法。

(3) 数据增强。例如，在数据量有限的情况下，可以通过数据增强来增加训练样本的多样性，提高模型鲁棒性，避免过拟合。此外，随机改变训练样本可以降低模型对某些属性的依赖，从而提高模型的泛化能力。

1.2.3 特征提取与选择

由波形、图像或物理参量所获得的数据量通常是相当庞大的。例如，对于红酒的分类识别，可以获得红酒的固定酸度、挥发性酸度、柠檬酸含量、残糖含量、氯化物含量等指标，以此来判断红酒的类别。因此，在实际应用中，为了有效地实现分类识别，需要对原始数据进行特征提取与选择，以得到最能反映分类本质的特征。一般把原始数据组成的空间称为测量空间，把分类识别进行的空间称为特征空间。通过特征提取与选择可以将高维数的测量空间中表示的模式变为在低维数的特征空间中表示的模式，对所获取的信息实现从测量空间到特征空间的转换。这样做的目的，一是降低特征空间的维数，使后续的分类器设计计算成本降低，更容易实现；二是消除特征之间可能潜在的相关性，减少特征中与分类无关的信息，使新的特征更有利于分类。假定测量空间中原始特征向量的维数为 D，通过计算的方法选择一部分对分类贡献较大的特征，直接删掉一部分对分类贡献较小或与分类无关的特征，获得 $d(d<D)$ 维新特征，这就是特征选择的过程。通过空间变换的方法，把 D 维特征转换为 $d(d<D)$ 维新特征，这就是特征提取的过程。

特征提取最常用的特征变换方法是线性变换。若 $\boldsymbol{x}\in R^D$ 是 D 维原始特征，变换后的 d 维特征 $\boldsymbol{y}\in R^d$ 为

$$\boldsymbol{y}=\boldsymbol{W}^{\mathrm{T}}\boldsymbol{x} \tag{1-1}$$

其中，$\boldsymbol{W}$ 是 $D\times d$ 的矩阵，称作特征变换阵。

一般情况下，$d<D$，此时特征变换都为降维变换。但是在某些情况下，特征变换也可以是升维变换，比如第 2 章中介绍的广义线性判别函数，就是通过非线性变换把特征升维。

1.2.4 分类识别

模式识别是把具体事物归入某一类别的过程。这里的分类识别可分为两方面：分类器设计和分类决策。分类器设计是指将样本特征空间划分成由各类占据的子空间，确定相应的决策分界和判决规则，使按此类判决规则分类时错误率最低。在具体实现过程中，选择合适的分类器方法，用训练样本进行分类器训练。分类决策是指对于待识别样本实施同样的数据获取、预处理、特征提取与选择，用所设计的分类器进行分类。

1.3 基本方法

模式识别有很多类方法，本书主要介绍根据表示方式分类和根据学习方法分类的方法。

1.3.1 根据表示方式分类

根据表示方式的不同，已有的模式识别方法可以分为统计模式识别方法和结构模式识别方法两类。对于图像识别问题来说，统计模式识别方法重要的是找出能反映图像特点的特征度量，把图像数据进行信息压缩，来抽取图像的特征。如果抽取的 N 维特征能够基本描绘出原来的图像，那么图像就可以用 N 维向量来表示。图像分类就相当于把特征空间划分为若干部分，当输入一个待识别图像时，就可以根据相应的特征向量属于特征空间的哪一

部分来决定该待识别图像属于哪一类。

对于某些图像识别问题,图像结构信息的描绘非常重要,不仅要求判断图像属于哪一类,而且需要描绘使该图像不属于其他类别的特征表达。对于复杂的场景图像识别,描绘它所需的特征维数往往较大,因此往往借助简单的子图像来描述复杂的图像。这种把作为一个整体进行分类比较困难的复杂模式分解为若干较简单的子模式,而子模式又可分解为若干基元,通过对基元的识别来识别子模式,最终达到识别模式的方法,称为结构模式识别。

以上两类模式识别方法相比,结构模式识别方法的训练较为困难。这是因为,结构模式识别方法需要对数据进行显式或隐式的描述,而统计模式识别只需要利用数据进行计算。但是,结构模式识别方法更贴近人类的认知方式。

1.3.2 根据学习方法分类

根据学习方法进行分类,模式识别方法可以分为监督模式识别方法、非监督模式识别方法及半监督模式识别方法。对于监督模式识别问题,能够获得一定数量类别已知的训练样本作为学习过程的"导师",在其分类识别过程中通常人为给定分类准则,通过设计有监督的学习过程使系统能完成特定的识别任务。

对于非监督模式识别问题,训练样本的类别是未知的,通过考查训练样本之间的相似性来进行分类识别,也称作"聚类"。聚类的目标是根据样本特征将样本聚成几个类,使属于同一类的样本在一定意义上是相似的,而不同类的样本则存在较大差异。值得注意的是,非监督模式识别问题通常没有一个唯一的答案,采用不同的方法和不同的假定可能会产生不同的结果,这就需要引入一些评价指标衡量聚类性质,也要经过不同样本测试改聚类方法的鲁棒性。

在实际应用中,无类别标签的样本数据易于获取,而有类别标签的样本数据收集成本较大,标注一般也比较费时费力。在这种情况下,半监督模式识别方法更适用。半监督模式识别方法结合使用少量人工标注类别标签的数据和大量未标注类别标签的数据。换句话说,只有一部分训练样本的类别标签是已知的。

1.4 应用场景

从20世纪初到21世纪初,模式识别经历了快速发展。特别是20世纪末以来,随着模式识别理论的完善和计算机数据处理能力的飞速提升,模式识别技术已开始应用在各行各业。下面列举几个典型的例子来说明模式识别的应用,以期从中展望模式识别技术光明的未来。

1.4.1 图像识别与检索

近年来,随着监控摄像机的海量铺设,以图像识别为基础的智能视频监控技术已广泛应用于公共安全监控、工业现场监控、居民小区监控、交通状态监控等各种监控场景中,以提高监控效率，降低监控成本，具有广泛的应用前景。2008 年奥运会期间，视频图像识别曾应用于区域人群监控。北京地铁的 13 号线防入侵图像检测识别系统曾辅助抓获盗割电缆者。近年来崛起的汽车自动驾驶领域中也有模式识别的应用。自动驾驶汽车使用图像识别技术来辨别周围移动的物体，比如车辆、行人乃至动物。

从 20 世纪 70 年代开始，有关图像检索的研究就已开始。早期主要是基于文本的图像检索技术，即利用文本描述的方式描述图像的特征，如绘画作品的作者、年代、流派、尺寸等。90 年代以后，出现了对图像的内容语义，如图像的颜色、纹理、布局等进行分析和检索的图像检索技术，即基于内容的图像检索技术。此外，还出现了对动态视频、音频等其他形式多媒体信息的检索技术。与以图搜图相比，采用关键词搜图的难度更大，其中最大的障碍就是语义鸿沟问题，即用户希望在语义层面查找相似图像，但是计算机智能识别算法用底层视觉特征来衡量图像之间的相似度。

1.4.2　生物特征识别

以人脸图像识别为代表的生物特征识别技术在边检通关、居民证照、公安司法、金融证券、电子商务、社保福利、信息网络等公共安全领域和门禁、考勤、学校、医院、场馆、超市等民用领域都得到了广泛应用。从 2013 年开始，苹果和三星公司等开始在高端手机配置指纹传感器，智能手机厂商成为最大的生物特征识别产品供应商，几十亿用户开始体验生物特征识别技术。2014 年 9 月，苹果公司发布了第一款智能手表，此后基于心跳信号的识别技术在智能手环中得到推广应用，掀起了智能可穿戴设备的浪潮。

1.4.3　文字识别

文字识别技术可以把纸张文档和拍照文本图像变成电子文本，具有广泛的应用价值，包括印刷体光学字符识别、手写体文字识别、手写体数字识别。文字识别的主要内容包括文档图像预处理、版面分析、字符切分、字符识别、文本行识别等。光学字符识别是指扫描仪或数码相机等电子设备检查纸上打印的字符，通过检测暗、亮的模式确定其形状，然后用字符识别方法将形状翻译成计算机文字的过程。如今，文字识别技术在手机等智能电子设备上得到广泛应用。

1.4.4　语音识别

随着统计机器学习方法的发展，以隐马尔可夫模型和统计语言模型为基础的语音识别技术近期获得了较大进展。但受限于模型性能和训练数据量的大小，这一时期的语音识别技术多应用于语音评测、声讯服务和安全监控等领域，在互联网领域中尚未获得大规模的应用。2011 年，微软公司将深度神经网络引入连续语音识别的声学模型中，使语音识别系统的性能有了突破性的提升。此后，更多的深度神经网络结构，如卷积神经网络、长短时记忆神经网络也被应用于语音识别声学模型训练。其后，研究者利用深度神经网络的高性能回归计算能力实现了很高的非平稳语音噪声抑制的能力，对提升语音识别在噪声环境的应用起到了积极作用。

1.5 本书的主要内容

全书共分 9 章。

第 1 章是模式识别概述。结合实例讲述模式识别的基本概念和模式识别系统的基本组成，同时也展示了模式识别广阔的应用空间。

第 2 章是线性分类器。介绍了经典的 Fisher 线性判别分析、感知准则函数和多类线性分类器。

第 3 章是贝叶斯分类器。重点讲述作为理论基础的贝叶斯决策理论，还介绍了基于正态分布的最小错误率贝叶斯分类器和朴素贝叶斯分类器。

第 4 章是概率密度函数估计。介绍基于概率密度函数的基本估计方法，包括最大似然估计、近邻估计和 Parzen 窗口估计。

第 5 章介绍了其他几种常用的分类方法，包括近邻法、支持向量机、决策树和随机森林。

第 6 章是特征提取与选择。包括主成分分析、多维尺度分析和特征选择方法。

第 7 章是聚类分析。介绍了非监督模式识别方法，包括基于模型的方法、动态聚类方法和分级聚类方法。

第 8 章是深度神经网络。包括经典的卷积神经网络(CNN)和循环神经网络(RNN)。

第 9 章是模式识别在图像分析中的应用与发展。综合前 8 章介绍的模式识别方法，介绍一些经典的模式识别系统，包括人耳识别系统、手写体数字识别系统、中文文本分类系统设计等。

此外，第 2～9 章均附相关模式识别算法的 Python 代码，以便读者加深对模式识别的理解。

第 2 章　线性分类器

模式识别的基本问题之一就是通过特定的方式找到不同类别样本之间的分界面，实现对不同类别样本的分类。一种最直接的方法就是直接使用样本设计分类器，其基本思想是：假定判别函数的形式是已知的，用样本直接估计判别函数中的参数。但在实际应用中，通常不知道判别函数的最优形式，此时可以根据对问题的理解设定判别函数的类型，进而利用样本求解判别函数。因此，需要考虑三方面的问题：判别函数的类型、分类器设计的准则以及使用何种算法计算出最优的判别函数参数。

对于两类样本的分类问题，需要寻找一个分界面，将特征空间分为两部分。如果此时的分界面为一条直线（平面或超平面），则此时的分类器即为线性分类器。虽然在大多数情况下线性分类器只是次优分类器，但由于其简单、效果良好，且在计算机上容易实现，所以线性分类器已成为模式识别领域最常用的分类器之一。本章主要介绍线性分类器的设计方法。

2.1　基本概念

模式识别系统的主要目的是判断给定的样本 $\boldsymbol{x}$ 的类别属性。例如，一个两类的分类问题就是判断给定的样本 $\boldsymbol{x}$ 是属于 ω_1 类还是属于 ω_2 类。假设函数 $g(\boldsymbol{x})$ 满足以下决策规则：

(1) 若 $g(\boldsymbol{x})>0$，则 $\boldsymbol{x}\in\omega_1$；

(2) 若 $g(\boldsymbol{x})<0$，则 $\boldsymbol{x}\in\omega_2$；

(3) 若 $g(\boldsymbol{x})=0$，则可以将 $\boldsymbol{x}$ 划分为任何一类或者拒绝分类。

将能够表达决策规则、判定待识别样本类别信息的函数 $g(\boldsymbol{x})$ 称为判别函数。

对于 c 类的分类问题，按照决策规则，可以把 d 维特征空间分为 c 个决策域，每个决策域中的样本均属于同一个类别。若待识别样本 $\boldsymbol{x}$ 落在第 i 个决策域内，则样本 $\boldsymbol{x}$ 被判别为属于第 i 类。用于划分决策域的边界称为决策面，在数学上用解析形式可以表示为决策面方程。判别函数与决策面方程都是由相应的决策规则确定的。例如，对于上面两类的分类问题，其对应的决策面方程为 $g(\boldsymbol{x})=0$。

在模式识别中，能够将给定样本根据一定的规则进行分类的算法统称为分类器。判别函数可以是线性函数，也可以是非线性函数，这取决于样本集在特征空间的分布情况。如果判别函数 $g(\boldsymbol{x})$ 是所有特征向量的线性组合构成的，称其为线性判别函数。

对于一个两分类问题，样本 $\boldsymbol{x}$ 的特征是两维的，其两个维度分别用 x_1 和 x_2 表示，则 $\boldsymbol{x}=[x_1,x_2]^{\mathrm{T}}$。此时，所有的样本分布在样本空间的一个二维平面上。如果两类样本之间有明确的分界线，且可以使用图 2-1(a)所示的直线将两类样本分开，则称这些样本是线性可分

的。此时，判别函数可以表示为

$$g(\boldsymbol{x})=\boldsymbol{w}^{\mathrm{T}}\boldsymbol{x}+w_0 \tag{2-1}$$

其中，$\boldsymbol{x}=[x_1,x_2]^{\mathrm{T}}$，$\boldsymbol{w}=[w_1,w_2]^{\mathrm{T}}$。决策面为一条直线，决策面方程可以写成如下形式：

$$g(\boldsymbol{x})=\boldsymbol{w}^{\mathrm{T}}\boldsymbol{x}+w_0=0 \tag{2-2}$$

如果两类样本之间并没有明确的分界线，无法使用一条直线将其分开，称样本是线性不可分的，如图 2-1(b)所示。总的来说，对于线性可分的样本，在样本特征空间中至少存在一个线性分界面能够把两类样本"完美"地分开，且不会产生错分类；而对于线性不可分的样本，则不存在这样的线性分界面能把两类样本没有错误地分开。

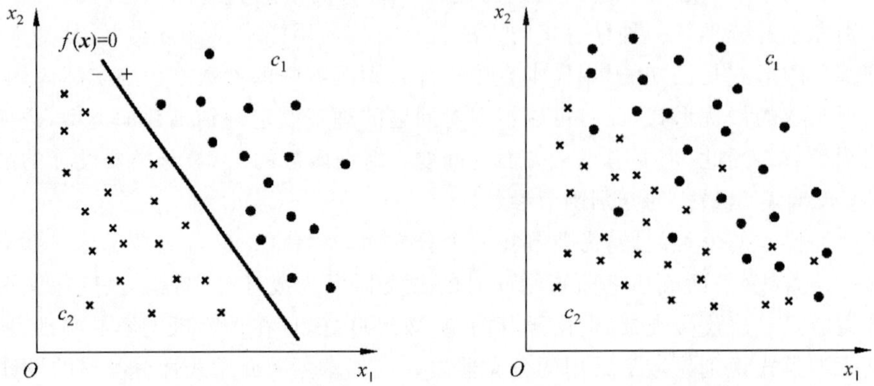

(a) 线性可分　　(b) 线性不可分

图 2-1　样本的分布示意图

下面将图 2-1 所示的二维特征空间的两分类问题扩展至高维。对于 d 维特征空间中的样本，线性判别函数 $g(\boldsymbol{x})$ 的一般形式可以写成

$$g(\boldsymbol{x})=\boldsymbol{w}^{\mathrm{T}}\boldsymbol{x}+w_0 \tag{2-3}$$

其中，$\boldsymbol{x}=[\boldsymbol{x}_1,\boldsymbol{x}_2,\cdots,\boldsymbol{x}_d]^{\mathrm{T}}$，$\boldsymbol{w}=[\boldsymbol{w}_1,\boldsymbol{w}_2,\cdots,\boldsymbol{w}_d]^{\mathrm{T}}$，$\boldsymbol{w}$ 称为**权向量**，w 称为**阈值权**。$g(\boldsymbol{x})=0$ 是两类样本间的决策面方程，它可以将类别 ω_1 和类别 ω_2 的样本划分开来。此时，决策面 H 是特征空间中的一个超平面，它的方向由权向量 $\boldsymbol{w}$ 确定，位置由阈值权 w_0 确定。接下来，将给出它们的几何解释。

若存在两个特征向量 $\boldsymbol{x}_1$ 和 $\boldsymbol{x}_2$ 均位于决策面 $g(\boldsymbol{x})=0$ 上，则 $\boldsymbol{x}_1$ 和 $\boldsymbol{x}_2$ 应满足

$$\boldsymbol{w}^{\mathrm{T}}\boldsymbol{x}_1+w_0=\boldsymbol{w}^{\mathrm{T}}\boldsymbol{x}_2+w_0 \tag{2-4}$$

将式(2-4)化简可以得到

$$\boldsymbol{w}^{\mathrm{T}}(\boldsymbol{x}_1-\boldsymbol{x}_2)=0 \tag{2-5}$$

其中，$\boldsymbol{x}_1-\boldsymbol{x}_2$ 表示决策面上的一个向量。这表明，权向量 $\boldsymbol{w}$ 和决策面上的任一向量正交，即权向量 $\boldsymbol{w}$ 和决策面正交。也就是说，权向量 $\boldsymbol{w}$ 是决策面的法向量，这就是权向量 $\boldsymbol{w}$ 的几何意义。

决策面 H 将特征空间分为两部分，即 ω_1 类对应决策域 R_1 和 ω_2 类对应决策域 R_2。当样本 $\boldsymbol{x}$ 位于决策域 R_1 中时，$g(\boldsymbol{x})>0$，所以决策面的法向量 $\boldsymbol{w}$ 是指向决策域 R_1 的。因此，如果样本 $\boldsymbol{x}$ 位于决策面 H 的正侧，则样本 $\boldsymbol{x}$ 属于 ω_1 类；如果样本 $\boldsymbol{x}$ 位于决策面 H 的负侧，

则样本 $\boldsymbol{x}$ 属于ω_2类。

判别函数 $g(\boldsymbol{x})$ 可以看成是特征空间中某点 $\boldsymbol{x}$ 到决策面 H 的距离的一种代数度量。若把特征向量 $\boldsymbol{x}$ 表示为

$$\boldsymbol{x}=\boldsymbol{x}_p+r\frac{\boldsymbol{w}}{\|\boldsymbol{w}\|} \tag{2-6}$$

其中，$\boldsymbol{x}_p$ 是 $\boldsymbol{x}$ 在决策面 H 上的投影向量，r 是 $\boldsymbol{x}$ 到决策面 H 的距离，$\frac{\boldsymbol{w}}{\|\boldsymbol{w}\|}$ 表示 $\boldsymbol{w}$ 方向上的单位向量。若将式(2-6)代入式(2-3)，可以得到：

$$g(\boldsymbol{x})=\boldsymbol{w}^{\mathrm{T}}\left(\boldsymbol{x}_p+r\frac{\boldsymbol{w}}{\|\boldsymbol{w}\|}\right)+w_0=\boldsymbol{w}^{\mathrm{T}}\boldsymbol{x}_p+r\frac{\boldsymbol{w}^{\mathrm{T}}\boldsymbol{w}}{\|\boldsymbol{w}\|}+w_0 \tag{2-7}$$

由于 $g(\boldsymbol{x}_p)=\boldsymbol{w}^{\mathrm{T}}\boldsymbol{x}_p+w_0=0$，$\boldsymbol{w}^{\mathrm{T}}\boldsymbol{w}=\|\boldsymbol{w}\|^2$，因此式(2-7)可以表示为

$$g(\boldsymbol{x})=r\|\boldsymbol{w}\| \tag{2-8}$$

进一步，可得

$$r=\frac{g(\boldsymbol{x})}{\|\boldsymbol{w}\|} \tag{2-9}$$

因此，可以按样本 $\boldsymbol{x}$ 到决策面 H 的距离 r 的正负号判断其类别。当 $r>0$ 时，样本 $\boldsymbol{x}$ 属于ω_1类；当 $r<0$ 时，样本 $\boldsymbol{x}$ 属于ω_2类。

若 $\boldsymbol{x}$ 为原点，则有

$$r_0=\frac{g(0)}{\|\boldsymbol{w}\|}=\frac{w_0}{\|\boldsymbol{w}\|} \tag{2-10}$$

由式(2-10)可以看出，当 $w_0>0$ 时，$r_0>0$，即原点在决策面 H 的正侧；当 $w_0<0$ 时，$r_0<0$，即原点在决策面 H 的负侧；当 $w_0=0$ 时，$r_0=0$，即决策面 H 通过原点。所以，阈值权 w_0 可以确定决策面在特征空间中的位置。图 2-2 给出了在特征空间维度为 2 时线性判别函数的几何解释。

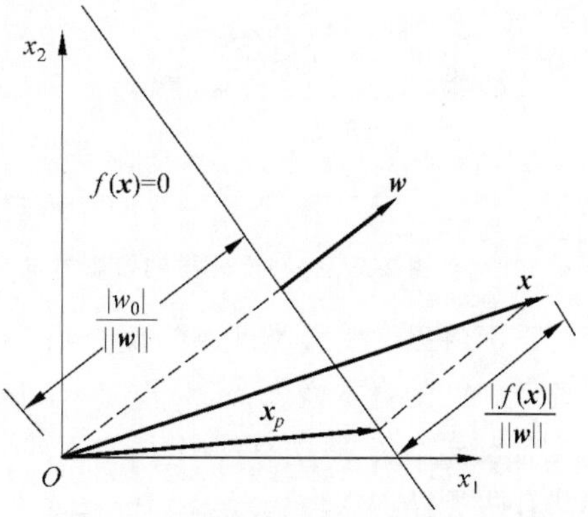

图 2-2　线性判别函数的几何解释

根据以上的介绍可知，对于线性分类器的设计，关键是确定决策面 H 的方向 $\boldsymbol{w}$ 和位置 w_0。假设准则函数 J 能够反映当前问题对分类器设计的要求以及分类器的性能，则待求取的 $\boldsymbol{w}$ 和 w_0 的最优解处对应着准则函数 J 的极值点。线性分类器的设计步骤可总结如下：

(1) 收集一组具有类别标签的样本集 $X=\{x_1,x_2,\cdots,x_N\}$。

(2) 根据问题的需要选取准则函数 J。

(3) 使用最优化技术求解准则函数 J 极值点处对应的 $\boldsymbol{w}^*$ 和 w_0^*。

经过上面的步骤，即可得到线性判别函数 $g(\boldsymbol{x})=\boldsymbol{w}^{\mathrm{T}}\boldsymbol{x}+w_0$，完成分类器设计。对于未知类别的待识别样本 $\boldsymbol{x}$，可根据判别函数的取值判断其类别。

2.2 Fisher 线性判别分析

Fisher 线性判别分析(Linear Discriminant Analysis, LDA)是 1936 年由 R. A. Fisher 提出的最具代表性的线性判别方法之一。其基本思想是：寻找一个投影方向，使不同类的样本投影后相隔尽可能远，同类的样本投影后分布尽可能聚集。对于两类的线性分类问题来说，可以将所有的样本点从高维特征空间投影至某个方向上，在投影后的一维特征空间中寻找一个阈值点，将两类样本区分开来。过阈值点且与投影方向垂直的超平面就是该分类问题的决策面。

如何选择投影方向呢？按照图 2-3 所示的投影方向投影后的两类样本可以比较好地分开，即该投影方向是有利于分类的投影方向。按照图 2-4 所示的投影方向投影后的两类样本混在一起，即该投影方向是不利于分类的投影方向。因此，Fisher 线性判别分析就是要解决如何对样本进行投影以及投影后如何寻找样本划分阈值的问题。即找到一个投影方向，使得投影后两类样本的类间距离尽可能大、类内距离尽可能小。也就是说，希望投影后不同类别的样本分布尽可能分散、而同一类别的样本尽可能聚集。

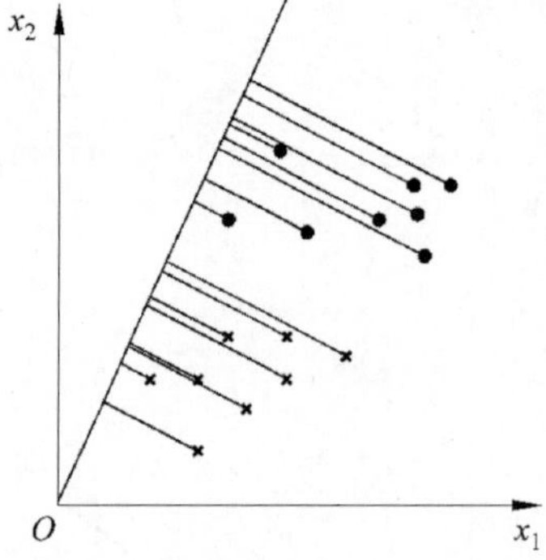

图 2-3 有利于分类的投影方向

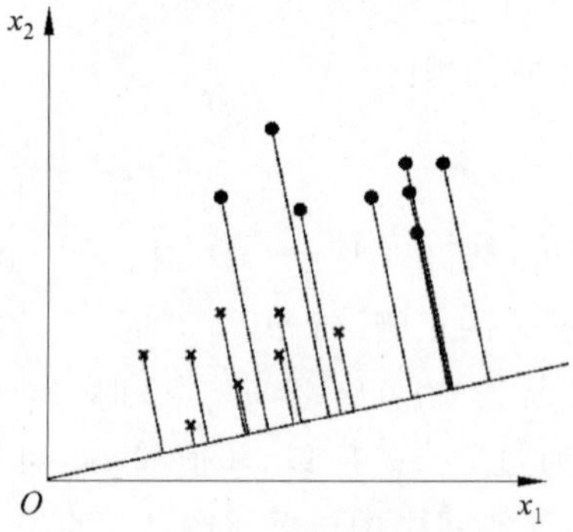

图 2-4 不利于分类的投影方向

下面将以两类分类问题为例介绍 Fisher 线性判别分析方法。首先定义一些能够度量样本离散程度的基本概念。

假设样本集 X 中有 N 个样本 $X=\{x_1,x_2,\cdots,x_N\}$，样本特征空间的维数为 d，样本集中共有两类样本 $X_1=\{x_1^1,x_2^1,\cdots,x_{N_1}^1\}$ 和 $X_2=\{x_1^2,x_2^2,\cdots,x_{N_2}^2\}$。我们使用一个 d 维的投影方向 $\boldsymbol{w}$ 对样本进行投影，则投影后的样本变为

$$y_i=\boldsymbol{w}^{\mathrm{T}}\boldsymbol{x}_j,\quad j=1,2,\cdots,N \tag{2-11}$$

(1) 在原始 d 维特征空间。

第 i 类样本的均值向量 $\boldsymbol{m}_i$ 可以定义为

$$\boldsymbol{m}_i=\frac{1}{N_i}\sum_{\boldsymbol{x}_j\in\omega_i}\boldsymbol{x}_j,\quad i=1,2 \tag{2-12}$$

用来衡量第 i 类样本聚集程度的类内离散度矩阵 $\boldsymbol{S}_i$ 定义为

$$\boldsymbol{S}_i=\sum_{\boldsymbol{x}_j\in\omega_i}(\boldsymbol{x}_j-\boldsymbol{m}_i)(\boldsymbol{x}_j-\boldsymbol{m}_i)^{\mathrm{T}},\quad i=1,2 \tag{2-13}$$

总类内离散度矩阵 $\boldsymbol{S}_w$ 即为两类样本的类内离散度矩阵之和，即

$$\boldsymbol{S}_w = \boldsymbol{S}_1 + \boldsymbol{S}_2 \tag{2-14}$$

不同类别样本之间的离散程度可以用类间离散度矩阵 $\boldsymbol{S}_b$ 衡量，即

$$\boldsymbol{S}_b = (\boldsymbol{m}_1 - \boldsymbol{m}_2)(\boldsymbol{m}_1 - \boldsymbol{m}_2)^{\mathrm{T}} \tag{2-15}$$

（2）在投影后的一维特征空间。

第 i 类样本的均值为

$$\tilde{m}_i = \frac{1}{N}\sum_{y_j \in \omega_i} y_j = \frac{1}{N}\sum_{x_j \in \omega_i} \boldsymbol{w}^{\mathrm{T}}\boldsymbol{x}_j = \boldsymbol{w}^{\mathrm{T}}\boldsymbol{m}_i, \quad i = 1, 2, \cdots, N \tag{2-16}$$

第 i 类样本的类内离散度为

$$\tilde{S}_i = \sum_{y_j \in \omega_i} (y_j - \tilde{m}_i)^2, \quad i = 1, 2 \tag{2-17}$$

两类样本的总类内离散度为

$$\tilde{S}_w = \tilde{S}_1 + \tilde{S}_2 \tag{2-18}$$

此时，两类样本的类间离散度就变成了投影后两类样本均值之差的平方：

$$\tilde{S}_b = (\tilde{m}_1 - \tilde{m}_2)^2 \tag{2-19}$$

这里需要注意，投影之后的类内离散度和类间离散度不再是一个矩阵，而是一个数值。

根据前面对 Fisher 线性判别分析基本思想的介绍可知，Fisher 线性判别分析方法希望投影后样本的类内离散度尽可能小，而类间离散度尽可能大。根据这两条规则，可以定义 Fisher 准则函数如下：

$$\max J_F(\boldsymbol{w}) = \frac{\tilde{S}_b}{\tilde{S}_w} = \frac{(\tilde{m}_1 - \tilde{m}_2)^2}{\tilde{S}_1 + \tilde{S}_2} \tag{2-20}$$

这样，Fisher 线性判别分析的求解问题就变成了寻找最优的投影方向 $\boldsymbol{w}$，使得 Fisher 准则函数 $J_F(\boldsymbol{w})$ 最大化的问题。

将式(2-11)代入式(2-18)可以得到

$$\begin{aligned}
\tilde{S}_w &= \tilde{S}_1 + \tilde{S}_2 \\
&= \sum_{\boldsymbol{x}_j \in \omega_1} (\boldsymbol{w}^{\mathrm{T}}\boldsymbol{x}_j - \boldsymbol{w}^{\mathrm{T}}\boldsymbol{m}_1)^2 + \sum_{\boldsymbol{x}_j \in \omega_2} (\boldsymbol{w}^{\mathrm{T}}\boldsymbol{x}_j - \boldsymbol{w}^{\mathrm{T}}\boldsymbol{m}_2)^2 \\
&= \sum_{\boldsymbol{x}_j \in \omega_1} \boldsymbol{w}^{\mathrm{T}}(\boldsymbol{x}_j - \boldsymbol{m}_1)(\boldsymbol{x}_j - \boldsymbol{m}_1)^{\mathrm{T}}\boldsymbol{w} + \sum_{\boldsymbol{x}_j \in \omega_2} \boldsymbol{w}^{\mathrm{T}}(\boldsymbol{x}_j - \boldsymbol{m}_2)(\boldsymbol{x}_j - \boldsymbol{m}_2)^{\mathrm{T}}\boldsymbol{w} \\
&= \boldsymbol{w}^{\mathrm{T}}\boldsymbol{S}_1\boldsymbol{w} + \boldsymbol{w}^{\mathrm{T}}\boldsymbol{S}_2\boldsymbol{w} \\
&= \boldsymbol{w}^{\mathrm{T}}\boldsymbol{S}_w\boldsymbol{w}
\end{aligned} \tag{2-21}$$

将式(2-11)代入式(2-19)可以得到

$$\begin{aligned}
\tilde{S}_w &= (\tilde{\boldsymbol{m}}_1 - \tilde{\boldsymbol{m}}_2)^2 \\
&= (\boldsymbol{w}^{\mathrm{T}}\boldsymbol{m}_1 - \boldsymbol{w}^{\mathrm{T}}\boldsymbol{m}_2)^2 \\
&= \boldsymbol{w}^{\mathrm{T}}(\boldsymbol{m}_1 - \boldsymbol{m}_2)(\boldsymbol{m}_1 - \boldsymbol{m}_2)^{\mathrm{T}}\boldsymbol{w} \\
&= \boldsymbol{w}^{\mathrm{T}}\boldsymbol{S}_b\boldsymbol{w}
\end{aligned} \tag{2-22}$$

因此，Fisher 准则函数就可以写成下面关于 $\boldsymbol{w}$ 的表达式：

$$\max J_F(\boldsymbol{w}) = \frac{\boldsymbol{w}^{\mathrm{T}}\boldsymbol{S}_b\boldsymbol{w}}{\boldsymbol{w}^{\mathrm{T}}\boldsymbol{S}_w\boldsymbol{w}} \tag{2-23}$$

式中的 $J_F(\boldsymbol{w})$ 被称为广义瑞利商(Generalized Rayleigh Quotient)。

下面,我们求解使 $J_F(\boldsymbol{w})$ 最大化的投影方向 $\boldsymbol{w}$。由于 $\boldsymbol{w}$ 模值的变化并不会影响 $\boldsymbol{w}$ 的方向,即不会影响 $J_F(\boldsymbol{w})$ 的值,所以可以假定 $J_F(\boldsymbol{w})$ 的分母项是一个非零常数,通过最大化分子项来达到最大化 $J_F(\boldsymbol{w})$ 的目的。因此,Fisher 准则函数的求解问题可以转换为

$$\begin{aligned} &\max \boldsymbol{w}^{\mathrm{T}}\boldsymbol{S}_b\boldsymbol{w} \\ &\text{s.t.}\boldsymbol{w}^{\mathrm{T}}\boldsymbol{S}_w\boldsymbol{w} = c \neq 0 \end{aligned} \tag{2-24}$$

这是一个带约束的极值问题,可以使用拉格朗日乘子法求解。引入拉格朗日乘子 λ,将问题转换为以下拉格朗日函数的无约束求极值问题:

$$L(\boldsymbol{w},\lambda) = \boldsymbol{w}^{\mathrm{T}}\boldsymbol{S}_b\boldsymbol{w} - \lambda(\boldsymbol{w}^{\mathrm{T}}\boldsymbol{S}_w\boldsymbol{w} - c) \tag{2-25}$$

对式(2-25)求关于 $\boldsymbol{w}$ 的偏导,并令其为 0,可以得到

$$\frac{\partial L(\boldsymbol{w},\lambda)}{\partial \boldsymbol{w}} = \boldsymbol{S}_b\boldsymbol{w} - \lambda\boldsymbol{S}_w\boldsymbol{w} = 0 \tag{2-26}$$

由此可得,使得准则函数 $J_F(\boldsymbol{w})$ 最大化的极值解 $\boldsymbol{w}^*$ 应满足

$$\boldsymbol{S}_b\boldsymbol{w}^* = \lambda\boldsymbol{S}_w\boldsymbol{w}^* \tag{2-27}$$

由于矩阵 $\boldsymbol{S}_w$ 是非奇异的,式(2-27)两边同时左乘 $\boldsymbol{S}_w^{-1}$,可以得到

$$\boldsymbol{S}_w^{-1}\boldsymbol{S}_b\boldsymbol{w}^* = \lambda\boldsymbol{w}^* \tag{2-28}$$

其中,λ 是矩阵 $\boldsymbol{S}_w^{-1}\boldsymbol{S}_b$ 的特征值,$\boldsymbol{w}^*$ 是矩阵 $\boldsymbol{S}_w^{-1}\boldsymbol{S}_b$ 的特征向量。$\boldsymbol{w}^*$ 即为要求取的最优投影方向。把式(2-15)代入式(2-28),可以得到

$$\lambda\boldsymbol{w}^* = \boldsymbol{S}_w^{-1}(\boldsymbol{m}_1 - \boldsymbol{m}_2)(\boldsymbol{m}_1 - \boldsymbol{m}_2)^{\mathrm{T}}\boldsymbol{w}^* \tag{2-29}$$

令 $R = (\boldsymbol{m}_1 - \boldsymbol{m}_2)^{\mathrm{T}}\boldsymbol{w}^*$,则式(2-29)可变为

$$\boldsymbol{w}^* = \frac{R}{\lambda}\boldsymbol{S}_w^{-1}(\boldsymbol{m}_1 - \boldsymbol{m}_2) \tag{2-30}$$

由于 R 是一个标量,$\frac{R}{\lambda}$ 不影响 $\boldsymbol{w}^*$ 的方向,因此可以忽略比例因子$\frac{R}{\lambda}$,取向量 $\boldsymbol{w}^*$ 为

$$\boldsymbol{w}^* = \boldsymbol{S}_w^{-1}(\boldsymbol{m}_1 - \boldsymbol{m}_2) \tag{2-31}$$

$\boldsymbol{w}^*$ 就是使准则函数 $J_F(\boldsymbol{w})$ 取极大值时的解,即 Fisher 判别准则下的最优投影方向。利用最优投影方向 $\boldsymbol{w}^*$,可以将样本进行投影,获得一维特征空间的样本特征:

$$y_i = \boldsymbol{w}^{*\mathrm{T}}\boldsymbol{x} \tag{2-32}$$

为了获得决策面,还需要确定样本在一维投影方向上的阈值 y_0。在此,阈值 y_0 可以用以下几种方式获得。

(1) 当样本特征空间的维数 d 和样本数量 N 足够大时,可采用贝叶斯决策规则,获得在一维投影空间的"最优"分类器。

(2) 如果不关心样本的先验分布,可以直接使用样本划分后的均值作为阈值 y_0 的选取依据,则此时可以定义阈值为

$$y_0 = \frac{N_1\tilde{m}_1 + N_2\tilde{m}_2}{N_1 + N_2} = \tilde{m} \tag{2-33}$$

其中,N_1 是 ω_1 类样本的个数,N_2 是 ω_2 类样本的个数,$\tilde{m}_1$ 是投影后 ω_1 类样本均值,$\tilde{m}_2$ 是

投影后 ω_2 类样本均值，$\widetilde{m}$ 是投影后所有样本的均值。

（3）如果同时忽略样本的先验分布和两类样本个数不同的影响，阈值 y_0 可以定义为两类样本投影后均值的算术平均值，即

$$y_0=\frac{(\widetilde{m}_1+\widetilde{m}_2)}{2} \tag{2-34}$$

（4）当考虑样本的先验分布时，假设两类样本均服从正态分布且协方差相同时，可以采用如下阈值 y_0 的选取方式：

$$y_0=\frac{(\widetilde{m}_1+\widetilde{m}_2)}{2}+\frac{\ln\left(\dfrac{P(\omega_1)}{P(\omega_2)}\right)}{N_1+N_2-2} \tag{2-35}$$

其中，$P(\omega_1)$ 和 $P(\omega_2)$ 表示两类样本出现的先验概率。这里，需要注意的是当样本不服从正态分布时，根据式(2-35)选取的阈值通常也可以获得较为良好的分类效果。

在获得最优投影方向 $\boldsymbol{w}^*$ 和阈值 y_0 以后，就可以得到决策面方程：

$$y_0=\boldsymbol{w}^{*\mathrm{T}}\boldsymbol{x} \tag{2-36}$$

此时，决策规则可以表示为

$$\text{若 } g(\boldsymbol{x})=\boldsymbol{w}^{*\mathrm{T}}\boldsymbol{x}\begin{cases}>y_0\\<y_0\end{cases} \quad \text{则 } \boldsymbol{x}\in\begin{cases}\omega_1\\ \omega_2\end{cases} \tag{2-37}$$

综上，对于两类别的分类问题，Fisher 线性判别分析方法的步骤可总结如下。

（1）计算两类样本的均值向量 $\boldsymbol{m}_1$ 和 $\boldsymbol{m}_2$；

（2）计算两类样本的类内离散度矩阵 $\boldsymbol{S}_1$ 和 $\boldsymbol{S}_2$，进而求总类内离散度矩阵 $\boldsymbol{S}_w$；

（3）由 $\boldsymbol{m}_1$、$\boldsymbol{m}_2$ 和 $\boldsymbol{S}_w$，求最优投影方向 $\boldsymbol{w}^*$；

（4）选取并计算阈值 y_0；

（5）对于待识别样本，根据决策规则(2-37)进行分类。

尽管 Fisher 线性判别分析方法提出的时间较早，且并不复杂，但其仍不失为一个有效的分类方法。目前的模式识别及其扩展领域中仍常使用该方法，如一些较为简单的人脸识别算法就常常使用 Fisher 线性判别分析方法进行人脸特征提取和分类。

例 2.1　设两类样本的类内离散度矩阵和均值向量分别为

$$\boldsymbol{S}_1=\begin{bmatrix}4&3\\3&4\end{bmatrix},\boldsymbol{S}_2=\begin{bmatrix}4&-3\\-3&4\end{bmatrix},\boldsymbol{m}_1=\begin{bmatrix}3\\2\end{bmatrix},\boldsymbol{m}_2=\begin{bmatrix}1\\0\end{bmatrix}$$

试用 Fisher 准则求其决策面方程。

解：（1）求两类样本的总类内离散度矩阵，即

$$\boldsymbol{S}_w=\boldsymbol{S}_1+\boldsymbol{S}_2=\begin{bmatrix}8&0\\0&8\end{bmatrix}$$

（2）最优投影方向为

$$\boldsymbol{w}^*=\boldsymbol{S}_w^{-1}(\boldsymbol{m}_1-\boldsymbol{m}_2)=\begin{bmatrix}\dfrac{1}{8}&0\\0&\dfrac{1}{8}\end{bmatrix}[2\quad 2]=\begin{bmatrix}\dfrac{1}{4}\\\dfrac{1}{4}\end{bmatrix}$$

(3) 设阈值为 $y_0=\frac{(\widetilde{m}_1+\widetilde{m}_2)}{2}=\frac{(\boldsymbol{w}^*\boldsymbol{m}_1+\boldsymbol{w}^*\boldsymbol{m}_2)}{2}=\frac{3}{2}$。

(4) 决策面方程为 $\boldsymbol{w}^{*\mathrm{T}}\boldsymbol{x}=y_0$，即 $\boldsymbol{x}_1+\boldsymbol{x}_2-6=0$。

例 2.2 已知两类样本数据，其先验概率相等，样本分别为

$$\omega_1:\boldsymbol{x}_1=\begin{pmatrix}1\\0\end{pmatrix},\boldsymbol{x}_2=\begin{pmatrix}2\\0\end{pmatrix},\boldsymbol{x}_3=\begin{pmatrix}1\\1\end{pmatrix}\quad \omega_2:\boldsymbol{x}_4=\begin{pmatrix}-1\\0\end{pmatrix},\boldsymbol{x}_5=\begin{pmatrix}0\\1\end{pmatrix},\boldsymbol{x}_6=\begin{pmatrix}-1\\1\end{pmatrix}$$

试根据 Fisher 准则求取最优投影方向 $\boldsymbol{w}^*$，并对样本 $\boldsymbol{x}=(-1\quad 2)^{\mathrm{T}}$ 进行分类。

解：(1) 求两类样本的均值向量。

第 1 类样本的均值向量为

$$\boldsymbol{m}_1=\frac{(\boldsymbol{x}_1+\boldsymbol{x}_2+\boldsymbol{x}_3)}{3}=\begin{pmatrix}\frac{4}{3} & \frac{1}{3}\end{pmatrix}^{\mathrm{T}}$$

第 2 类样本的均值向量为

$$\boldsymbol{m}_2=\frac{(\boldsymbol{x}_4+\boldsymbol{x}_5+\boldsymbol{x}_6)}{3}=\begin{pmatrix}-\frac{2}{3} & \frac{2}{3}\end{pmatrix}^{\mathrm{T}}$$

(2) 求两类样本的类内离散度矩阵和总类内离散度矩阵。

第 1 类样本的类内离散度矩阵为

$$\begin{aligned}\boldsymbol{S}_1&=\sum_{x_j\in\omega_1}(\boldsymbol{x}_j-\boldsymbol{m}_i)(\boldsymbol{x}_j-\boldsymbol{m}_i)^{\mathrm{T}}\\&=\begin{pmatrix}-\frac{1}{3}\\-\frac{1}{3}\end{pmatrix}\begin{pmatrix}-\frac{1}{3} & -\frac{1}{3}\end{pmatrix}+\begin{pmatrix}\frac{2}{3}\\-\frac{1}{3}\end{pmatrix}\begin{pmatrix}\frac{2}{3} & -\frac{1}{3}\end{pmatrix}+\begin{pmatrix}-\frac{1}{3}\\\frac{2}{3}\end{pmatrix}\begin{pmatrix}-\frac{1}{3} & \frac{2}{3}\end{pmatrix}\\&=\begin{bmatrix}\frac{2}{3} & -\frac{1}{3}\\-\frac{1}{3} & \frac{2}{3}\end{bmatrix}\end{aligned}$$

第 2 类样本的类内离散度矩阵为

$$\begin{aligned}\boldsymbol{S}_2&=\sum_{x_j\in\omega_2}(\boldsymbol{x}_j-\boldsymbol{m}_i)(\boldsymbol{x}_j-\boldsymbol{m}_i)^{\mathrm{T}}\\&=\begin{pmatrix}-\frac{1}{3}\\-\frac{2}{3}\end{pmatrix}\begin{pmatrix}-\frac{1}{3} & -\frac{2}{3}\end{pmatrix}+\begin{pmatrix}\frac{2}{3}\\\frac{1}{3}\end{pmatrix}\begin{pmatrix}\frac{2}{3} & \frac{1}{3}\end{pmatrix}+\begin{pmatrix}-\frac{1}{3}\\\frac{1}{3}\end{pmatrix}\begin{pmatrix}-\frac{1}{3} & \frac{1}{3}\end{pmatrix}\\&=\begin{bmatrix}\frac{2}{3} & \frac{1}{3}\\\frac{1}{3} & \frac{2}{3}\end{bmatrix}\end{aligned}$$

两类样本的总类内离散度矩阵为

$$\boldsymbol{S}_w=\boldsymbol{S}_1+\boldsymbol{S}_2=\begin{bmatrix}\frac{4}{3} & 0\\0 & \frac{4}{3}\end{bmatrix}$$

(3) 求最优投影方向和阈值 y_0。

$$\boldsymbol{w}^* = \boldsymbol{S}_w^{-1}(\boldsymbol{m}_1 - \boldsymbol{m}_2) = \begin{bmatrix} \frac{3}{4} & 0 \\ 0 & \frac{3}{4} \end{bmatrix} \begin{bmatrix} 2 \\ -\frac{1}{3} \end{bmatrix} = \begin{bmatrix} \frac{3}{2} \\ -\frac{1}{4} \end{bmatrix}$$

$$y_0 = \frac{(\widetilde{m}_1 + \widetilde{m}_2)}{2} = \frac{(\boldsymbol{w}^{*\mathrm{T}}\boldsymbol{m}_1 + \boldsymbol{w}^{*\mathrm{T}}\boldsymbol{m}_2)}{2} = \frac{3}{8}$$

(4) 对样本 $\boldsymbol{x}$ 进行分类。

对于样本 $\boldsymbol{x} = (-1 \quad 2)^{\mathrm{T}}$，则有 $f(\boldsymbol{x}) = \boldsymbol{w}^{*\mathrm{T}}\boldsymbol{x} = -2$。

因为 $f(\boldsymbol{x}) < y_0$，所以 $\boldsymbol{x} \in \omega_2$。

2.3　感知器算法

Fisher 线性判别分析方法把分类器的设计分为最优投影方向的求取和阈值的确定两步。与此不同，感知器(Perceptron)算法是一种可以直接得到线性判别函数的方法。感知器是美国科学家 Frank Rosenblatt 在 1957 年就职于 Cornell 航空实验室时提出的一种简单的可以学习的机器，它是一个具有单层计算单元的神经元模型。尽管感知器已经很少在分类问题中单独使用，但是它是人工神经网络技术和深度学习技术的基础，在机器学习和模式识别领域扮演着重要的角色。如图 2-5 所示，感知器可被看作一种最简单形式的前馈式人工神经网络，可以用来解决线性可分的分类问题。其中，$[x_1, x_2, \cdots, x_d]^{\mathrm{T}}$ 为感知器的输入向量，$[w_1, w_2, \cdots, w_d]^{\mathrm{T}}$ 为权值，θ 为阈值，y 为输出。

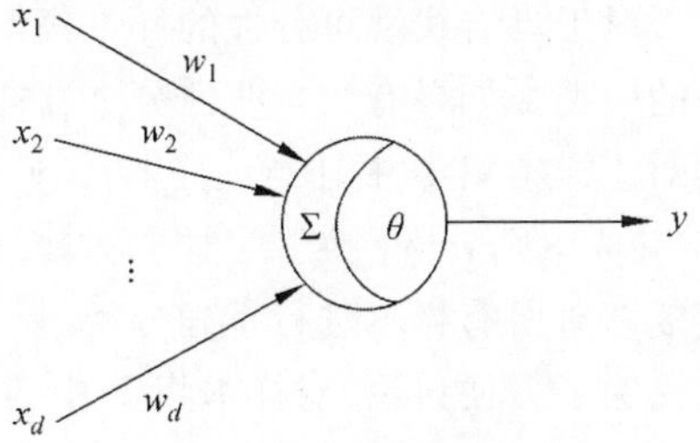

图 2-5　感知器模型

感知器输入与输出的关系可用式(2-38)表达：

$$y = f\left(\sum_{i=1}^{d} w_i x_i - \theta\right) \tag{2-38}$$

其中，$f(x)$ 为激活函数。如果取激活函数为阶跃函数，即

$$f(x) = \begin{cases} 1, & x > 0 \\ -1, & x \leqslant 0 \end{cases} \tag{2-39}$$

则式(2-39)可变为

$$y = \begin{cases} 1, & \sum_{i=1}^{d} w_i x_i - \theta > 0 \\ -1, & \sum_{i=1}^{d} w_i x_i - \theta \leqslant 0 \end{cases} \tag{2-40}$$

这里，权值 w_i 为可以通过学习来调整的参数。如果将式(2-40)看作是决策规则，则可以通过判断 y 值的正负来实现线性分类器。因此，感知器算法的基本思想是：通过某种学习算法调整权值，使目标函数达到最优值。感知器求取判别函数解向量时使用的目标函数即为

感知准则函数。

下面首先介绍与感知器相关的几个基本概念，然后介绍感知准则函数和感知器的基本原理及具体学习方法。

2.3.1 规范化增广样本向量和解区

假设给定线性判别函数 $g(\boldsymbol{x})$ 为

$$g(\boldsymbol{x})=\boldsymbol{w}^{\mathrm{T}}\boldsymbol{x}+w_0 \tag{2-41}$$

其中，$\boldsymbol{x}=[x_1,x_2,\cdots,x_d]^{\mathrm{T}}$ 为样本的 d 维特征向量，$\boldsymbol{w}=[w_1,w_2,\cdots,w_d]^{\mathrm{T}}$ 为权向量，w_0 为阈值权。为了讨论方便，首先分别对 $\boldsymbol{x}$ 和 $\boldsymbol{w}$ 增加一维，即

$$\boldsymbol{y}=[x_1,x_2,\cdots,x_d,1]^{\mathrm{T}} \tag{2-42}$$

$$\boldsymbol{\alpha}=[w_1,w_2,\cdots,w_d,w_0]^{\mathrm{T}} \tag{2-43}$$

称 $\boldsymbol{y}$ 为增广样本向量，$\boldsymbol{\alpha}$ 为增广权向量。这样处理之后，线性判别函数 $g(\boldsymbol{x})$ 变为

$$g(\boldsymbol{y})=\boldsymbol{\alpha}^{\mathrm{T}}\boldsymbol{y} \tag{2-44}$$

对于两分类问题，相应的决策规则可以表述如下：

$$g(\boldsymbol{y})=\begin{cases}\boldsymbol{\alpha}^{\mathrm{T}}\boldsymbol{y}>0, & \boldsymbol{y}\in\omega_1\\ \boldsymbol{\alpha}^{\mathrm{T}}\boldsymbol{y}<0, & \boldsymbol{y}\in\omega_2\end{cases} \tag{2-45}$$

对于具有线性可分性的样本集 $Y=\{\boldsymbol{y}_1,\boldsymbol{y}_2,\cdots,\boldsymbol{y}_N\}$，每一个样本均来自 ω_1 类和 ω_2 类中的一类。如果有一个线性分类器能够对每个样本进行正确分类，则存在一个权向量 $\boldsymbol{\alpha}$，使得对于样本集 Y 中任意一个样本 $\boldsymbol{y}_i(i=1,2,\cdots,N)$ 都满足：若 $\boldsymbol{y}_i\in\omega_1$，则 $\boldsymbol{\alpha}^{\mathrm{T}}\boldsymbol{y}_i>0$；若 $\boldsymbol{y}_i\in\omega_2$，则 $\boldsymbol{\alpha}^{\mathrm{T}}\boldsymbol{y}_i<0$。对于不具有线性可分性的样本集 Y，则不存在一个权向量 $\boldsymbol{\alpha}$，使得其能够对所有样本进行正确分类。

为了方便讨论，对样本集 Y 中的样本进行重新定义，规则如下：

$$\boldsymbol{y}_i'=\begin{cases}\boldsymbol{y}_i, & \boldsymbol{y}_i\in\omega_1\\ -\boldsymbol{y}_i & \boldsymbol{y}_i\in\omega_2\end{cases}\quad i=1,2,\cdots,N \tag{2-46}$$

那么，具有线性可分性的样本集 Y 中的样本均满足

$$\boldsymbol{\alpha}^{\mathrm{T}}\boldsymbol{y}_i'>0,\quad i=1,2,\cdots,N \tag{2-47}$$

这里，样本 $\boldsymbol{y}'$ 称为规范化增广样本向量。除非特别说明，本书下文出现的向量 $\boldsymbol{y}$ 默认均为规范化增广样本向量。

下面给出解向量和解区的定义。对于具有线性可分性的样本集 $Y=\{\boldsymbol{y}_1,\boldsymbol{y}_2,\cdots,\boldsymbol{y}_N\}$，若存在一个权向量 $\boldsymbol{\alpha}$ 使得下式成立：

$$\boldsymbol{\alpha}^{\mathrm{T}}\boldsymbol{y}_i>0,\quad i=1,2,\cdots,N \tag{2-48}$$

则称权向量 $\boldsymbol{\alpha}$ 为一个解向量，记为 $\boldsymbol{a}^*$。在权向量空间中，所有解向量组成的区域称为解区。这里，可以把权向量 $\boldsymbol{\alpha}$ 理解为权向量空间中的一个点，每一个样本 $\boldsymbol{y}_i$ 对权向量 $\boldsymbol{\alpha}$ 的位置都起到了限制作用，即要求满足 $\boldsymbol{\alpha}^{\mathrm{T}}\boldsymbol{y}_i>0$。如图 2-6 所示，对于任意一个样本 $\boldsymbol{y}_i$，$\boldsymbol{\alpha}^{\mathrm{T}}\boldsymbol{y}_i=0$ 确定了权向量空间中的一个过原点的超平面 H_i，其法向量为 $\boldsymbol{y}_i$。如果解向量存在，则其必位于超平面 H_i 的正侧。对于位于超平面 H_i 正侧的任意一个权向量 $\boldsymbol{\alpha}$，都满足 $\boldsymbol{\alpha}^{\mathrm{T}}\boldsymbol{y}_i>0$，都是对样本 $\boldsymbol{y}_i$ 的解。N 个样本将产生 N 个超平面，解向量应位于 N 个超平面正侧的交叠区域，且该区域的任意向量都是解向量 $\boldsymbol{\alpha}^*$。因此，样本集中所有样本对应的解向量往往

不是唯一的,而是由无穷多个解向量组成的区域,即为解区。

虽然解区内任意一个权向量都可以作为样本集的解向量,但考虑到噪声、数值计算误差等因素,越靠近解区中间的解向量应该更加可靠。因此,人们提出了余量的概念,对解区进行适当收缩。如图 2-7 所示,引入余量可以使解区的边缘空出一部分,从而解向量只能从相对靠近中间的部分去取,以提高解的稳定性。收缩后的解区中的解向量满足

$$\boldsymbol{\alpha}^{\mathrm{T}}\boldsymbol{y}_i > b,\quad i=1,2,\cdots,N \tag{2-49}$$

其中,b 为余量,且 b 为大于零的常数。

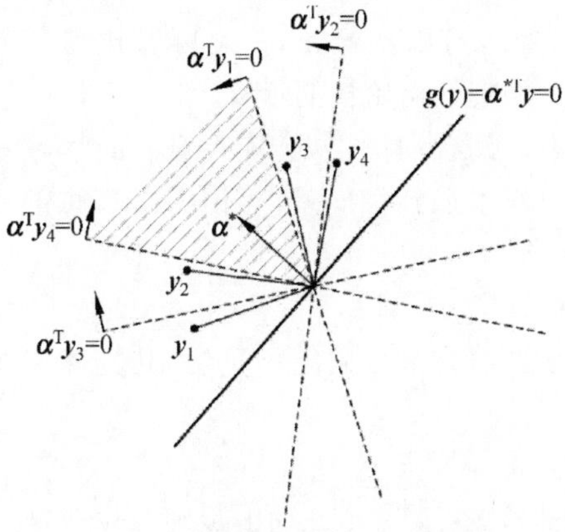

图 2-6　解向量和解区示意图

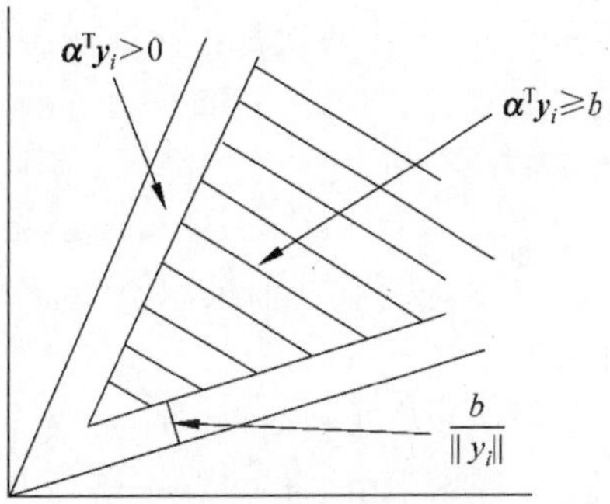

图 2-7　引入余量的解区

2.3.2　感知器准则函数

对于线性可分的两分类问题,设有规范化增广样本集 $Y=\{\boldsymbol{y}_1,\boldsymbol{y}_2,\cdots,\boldsymbol{y}_N\}$,$N$ 为样本个数,目标是寻找解向量 $\boldsymbol{\alpha}$,使其满足

$$\boldsymbol{\alpha}^{\mathrm{T}}\boldsymbol{y}_i > 0,\quad i=1,2,\cdots,N \tag{2-50}$$

由 Rosenblatt 提出的感知准则函数定义如下:

$$J_P(\boldsymbol{\alpha})=\sum_{\boldsymbol{\alpha}^{\mathrm{T}}\boldsymbol{y}_k\leqslant 0}(-\boldsymbol{\alpha}^{\mathrm{T}}\boldsymbol{y}_k) \tag{2-51}$$

其中,$\boldsymbol{y}_k$ 为被权向量 $\boldsymbol{\alpha}$ 错分类的样本集。当样本 $\boldsymbol{y}\in\boldsymbol{y}_k$ 时,有

$$\boldsymbol{\alpha}^{\mathrm{T}}\boldsymbol{y}_k\leqslant 0 \tag{2-52}$$

由式(2-51)可知,$J_P(\boldsymbol{\alpha})$ 总是大于或等于 0。因此可以通过对所有错分类样本求和来计算对错分类样本的惩罚。当且仅当全部样本分类正确且没有错分样本时,即 $\boldsymbol{y}_k$ 为空集时,$J_P(\boldsymbol{\alpha}^*)=\min J_P(\boldsymbol{\alpha})=0$,此时 $\boldsymbol{\alpha}^*$ 就是要求解的最优解向量。

对于求解使 $J_P(\boldsymbol{\alpha})$ 达到极小值时的解向量 $\boldsymbol{\alpha}^*$,可以使用梯度下降法进行迭代求解。在下文的表述中,将 $J_P(\boldsymbol{\alpha})$ 作为梯度下降法的目标函数。令 $\nabla J_P(\boldsymbol{\alpha})$ 表示目标函数 $J_P(\boldsymbol{\alpha})$ 关于权向量 $\boldsymbol{\alpha}$ 的梯度,则函数 $J_P(\boldsymbol{\alpha})$ 的梯度方向 $\nabla J_P(\boldsymbol{\alpha})$ 指向 $J_P(\boldsymbol{\alpha})$ 增加最快的方向,而 $J_P(\boldsymbol{\alpha})$ 的负梯度方向 $-\nabla J_P(\boldsymbol{\alpha})$ 指向 $J_P(\boldsymbol{\alpha})$ 减小最快的方向。因此,梯度下降法的迭代公式定义如下:

$$\boldsymbol{\alpha}(t+1)=\boldsymbol{\alpha}(t)-\rho_t\nabla J_P(\boldsymbol{\alpha}) \tag{2-53}$$

其中,ρ_t 表示修正步长。由式(2-53)可以看出,$t+1$ 时刻的权向量 $\boldsymbol{\alpha}(t+1)$ 等于 t 时刻的权

向量 $\boldsymbol{\alpha}(t)$ 加上目标函数对权向量的负梯度方向的一个修正量。

根据式(2-51)，可以将 $\nabla J_P(\boldsymbol{\alpha})$ 展开如下：

$$\nabla J_P(\boldsymbol{\alpha})=\frac{\partial J_P(\boldsymbol{\alpha})}{\partial \boldsymbol{\alpha}}=\sum_{\boldsymbol{\alpha}^{\mathrm{T}}\boldsymbol{y}_k\leqslant 0}(-\boldsymbol{y}_k) \tag{2-54}$$

从而，式(2-53)变成：

$$\boldsymbol{\alpha}(t+1)=\boldsymbol{\alpha}(t)+\rho_t\sum_{\boldsymbol{\alpha}^{\mathrm{T}}\boldsymbol{y}_k\leqslant 0}\boldsymbol{y}_k \tag{2-55}$$

由式(2-55)可以得出，梯度下降法在每一步迭代时，都把之前所有的错分样本乘以系数 ρ_t 加到权向量上。可以证明，对于线性可分的样本集，经过有限次修正，一定可以找到一个解向量 $\boldsymbol{\alpha}^*$，使得算法在有限次迭代后收敛。收敛速度取决于初始权向量 $\boldsymbol{\alpha}(0)$ 和步长 ρ_t。

在迭代时，如果每次都把之前所有的错分样本加到权向量上，会使得算法的学习效率很低。为了减少计算量，通常只把最近的一个错分类样本加到权向量上，即每次只修正一个样本。为了简化分析，令步长 $\rho_t=1$，则式(2-55)变成：

$$\boldsymbol{\alpha}(t+1)=\boldsymbol{\alpha}(t)+\boldsymbol{y}_k \tag{2-56}$$

其中，$\boldsymbol{y}_k$ 为第 k 次迭代时的错分类样本。这种方法称为单步固定增量法，其具体步骤可总结如下。

(1) 设定初始化权向量 $\boldsymbol{\alpha}(0)$，置 $t=0$；

(2) 对样本集中的任意一个错分类样本 $\boldsymbol{y}_i$，计算 $\boldsymbol{\alpha}(t)^{\mathrm{T}}\boldsymbol{y}_i$，按如下规则对权向量 $\boldsymbol{\alpha}$ 进行修正：

$$\boldsymbol{\alpha}(t+1)=\begin{cases}\boldsymbol{\alpha}(t), & \boldsymbol{\alpha}(t)^{\mathrm{T}}\boldsymbol{y}_i>0\\ \boldsymbol{\alpha}(t)+\boldsymbol{y}_i, & \boldsymbol{\alpha}(t)^{\mathrm{T}}\boldsymbol{y}_i\leqslant 0\end{cases} \tag{2-57}$$

(3) 取样本集中的另外一个错分类样本 $\boldsymbol{y}_j$，重复步骤(2)，直至对所有的错分类样本都满足 $\boldsymbol{\alpha}(t)^{\mathrm{T}}\boldsymbol{y}_i>0$，此时 $J_{\mathrm{P}}(\boldsymbol{\alpha})=0$。

如果需要考虑余量 b，则相应的权向量修正规则为

$$\boldsymbol{\alpha}(t+1)=\begin{cases}\boldsymbol{\alpha}(t), & \boldsymbol{\alpha}(t)^{\mathrm{T}}\boldsymbol{y}_i>b\\ \boldsymbol{\alpha}(t)+\boldsymbol{y}_i, & \boldsymbol{\alpha}(t)^{\mathrm{T}}\boldsymbol{y}_i\leqslant b\end{cases} \tag{2-58}$$

一般情况下，单步固定增量法的修正步长 ρ_t 取为1。为了加快迭代速度，还可以采用可变的步长，即通过改变步长来减少迭代次数。比如，可以采用下面的可变步长来调整错分样本对权向量的修正权重：

$$\rho_t=\frac{|\boldsymbol{\alpha}(k)^{\mathrm{T}}\boldsymbol{y}_j|}{\|\boldsymbol{y}_j\|^2} \tag{2-59}$$

对于线性可分的样本集，感知器采用梯度下降法不断进行迭代，经过有限次修正后，一定会收敛到一个解向量 $\boldsymbol{\alpha}^*$。下面给出收敛性证明。

证明：设 $\hat{\boldsymbol{\alpha}}$ 为目标解向量，若样本集是线性可分的，则有 $\hat{\boldsymbol{\alpha}}^{\mathrm{T}}\boldsymbol{y}_i>0$。设比例因子 $\varepsilon>0$，由式(2-56)得

$$\boldsymbol{\alpha}(t+1)-\varepsilon\hat{\boldsymbol{\alpha}}=(\boldsymbol{\alpha}(t)-\varepsilon\hat{\boldsymbol{\alpha}})+\boldsymbol{y}_k \tag{2-60}$$

两边取平方范数，可得

$$\|\boldsymbol{\alpha}(t+1)-\varepsilon\hat{\boldsymbol{\alpha}}\|^2=\|\boldsymbol{\alpha}(t)-\varepsilon\hat{\boldsymbol{\alpha}}\|^2+2(\boldsymbol{\alpha}(t)-\varepsilon\hat{\boldsymbol{\alpha}})^{\mathrm{T}}\boldsymbol{y}_k+\|\boldsymbol{y}_k\|^2 \tag{2-61}$$

因为 $\boldsymbol{y}_k$ 为错分类样本，所以 $\boldsymbol{\alpha}(k)^{\mathrm{T}}\boldsymbol{y}_k \leqslant 0$，从而：

$$\|\boldsymbol{\alpha}(t+1)-\varepsilon\hat{\boldsymbol{\alpha}}\|^2 \leqslant \|\boldsymbol{\alpha}(t)-\varepsilon\hat{\boldsymbol{\alpha}}\|^2 - 2\varepsilon\hat{\boldsymbol{\alpha}}^{\mathrm{T}}\boldsymbol{y}_k + \|\boldsymbol{y}_k\|^2 \tag{2-62}$$

设样本向量最大长度、解向量与样本向量的最小内积分别为

$$\tau = \max_i \|\boldsymbol{y}_i\| \tag{2-63}$$

$$\mu = \min_i(\hat{\boldsymbol{\alpha}}^{\mathrm{T}}\boldsymbol{y}_i) > 0 \tag{2-64}$$

式(2-62)可转化为

$$\|\boldsymbol{\alpha}(t+1)-\varepsilon\hat{\boldsymbol{\alpha}}\|^2 \leqslant \|\boldsymbol{\alpha}(t)-\varepsilon\hat{\boldsymbol{\alpha}}\|^2 - 2\varepsilon\mu + \tau^2 \tag{2-65}$$

选取比例因子为

$$\varepsilon = \frac{\tau^2}{\mu} \tag{2-66}$$

式(2-65)可变成

$$\|\boldsymbol{\alpha}(t+1)-\varepsilon\hat{\boldsymbol{\alpha}}\|^2 \leqslant \|\boldsymbol{\alpha}(t)-\varepsilon\hat{\boldsymbol{\alpha}}\|^2 - \tau^2 \tag{2-67}$$

经过 n 次校正后，有

$$\|\boldsymbol{\alpha}(t+1)-\varepsilon\hat{\boldsymbol{\alpha}}\|^2 \leqslant \|\boldsymbol{\alpha}(0)-\varepsilon\hat{\boldsymbol{\alpha}}\|^2 - n\tau^2 \tag{2-68}$$

由于平方距离非负，所以经过不超过

$$n = \frac{\|\boldsymbol{\alpha}(0)-\varepsilon\hat{\boldsymbol{\alpha}}\|^2}{\tau^2} \tag{2-69}$$

次校正后，算法迭代终止。

这里需要说明的是，感知器算法只有在样本集具有线性可分性的时候才能够收敛到。当样本不具有线性可分性的时候，如果仍然使用感知器算法，则算法不会收敛。此时，为了得到合理有用的解，一种常用的做法是，在迭代过程中让步长按照一定的规则逐渐缩小，强制算法收敛。这种简单的做法在样本集中的大多数样本具有线性可分性时，往往可以得到有效的解。

例 2.3　已知两类样本集：

ω_1：$\boldsymbol{x}_1=(0,0)^{\mathrm{T}}$，$\boldsymbol{x}_2=(0,1)^{\mathrm{T}}$

ω_2：$\boldsymbol{x}_3=(-1,0)^{\mathrm{T}}$，$\boldsymbol{x}_4=(-1,-1)^{\mathrm{T}}$

试用感知器算法求取权向量 $\boldsymbol{\alpha}$，并写出其相应的判别函数及决策面方程。

解：将所有训练样本写成增广样本向量的形式，并进行规范化处理：

$$\boldsymbol{x}_1=(0,0,1)^{\mathrm{T}},\boldsymbol{x}_2=(0,1,1)^{\mathrm{T}},\boldsymbol{x}_3=(1,0,-1)^{\mathrm{T}},\boldsymbol{x}_4=(1,1,-1)^{\mathrm{T}}$$

取初始权向量 $\boldsymbol{w}(0)=(0,0,0)^{\mathrm{T}}$，步长 $\rho=1$，迭代过程如下。

第一次迭代：

$\boldsymbol{w}(0)^{\mathrm{T}}\boldsymbol{x}_1=(0\quad 0\quad 0)\begin{pmatrix}0\\0\\1\end{pmatrix}=0\leqslant 0$，修正权向量为

$$\boldsymbol{w}(1)=\boldsymbol{w}(0)+\boldsymbol{x}_1=(0,0,0)^{\mathrm{T}}+(0,0,1)^{\mathrm{T}}=(0,0,1)^{\mathrm{T}}$$

$\boldsymbol{w}(1)^{\mathrm{T}}\boldsymbol{x}_2=(0\quad 0\quad 1)\begin{pmatrix}0\\1\\1\end{pmatrix}=1>0$，权向量保持不变，即

$$w(2)=w(1)=(0,0,1)^{\mathrm{T}}$$

$w(2)^{\mathrm{T}}\boldsymbol{x}_3=(0\quad 0\quad 1)\begin{pmatrix}1\\0\\-1\end{pmatrix}=-1<0$，修正权向量为

$$w(3)=w(2)+\boldsymbol{x}_3=(0,0,1)^{\mathrm{T}}+(1,0,-1)^{\mathrm{T}}=(1,0,0)^{\mathrm{T}}$$

$w(3)^{\mathrm{T}}\boldsymbol{x}_4=(1\quad 0\quad 0)\begin{pmatrix}1\\1\\-1\end{pmatrix}=1>0$，权向量保持不变，即

$$w(4)=w(3)=(1,0,0)^{\mathrm{T}}$$

在第一次迭代中，有两次 $w(k)^{\mathrm{T}}\boldsymbol{x}_i\leqslant 0$，说明误判了两次。下面接着进行第二次迭代。

第二次迭代：

$w(4)^{\mathrm{T}}\boldsymbol{x}_1=(1\quad 0\quad 0)\begin{pmatrix}0\\0\\1\end{pmatrix}=0\leqslant 0$，修正权向量为

$$w(5)=w(4)+\boldsymbol{x}_1=(1,0,0)^{\mathrm{T}}+(0,0,1)^{\mathrm{T}}=(1,0,1)^{\mathrm{T}}$$

$w(5)^{\mathrm{T}}\boldsymbol{x}_2=(1\quad 0\quad 1)\begin{pmatrix}0\\1\\1\end{pmatrix}=1>0$，权向量保持不变，即

$$w(6)=w(5)=(1,0,1)^{\mathrm{T}}$$

$w(6)^{\mathrm{T}}\boldsymbol{x}_3=(1\quad 0\quad 1)\begin{pmatrix}1\\0\\-1\end{pmatrix}=0\leqslant 0$，修正权向量为

$$w(7)=w(6)+\boldsymbol{x}_3=(1,0,1)^{\mathrm{T}}+(1,0,-1)^{\mathrm{T}}=(2,0,0)^{\mathrm{T}}$$

$w(7)^{\mathrm{T}}\boldsymbol{x}_4=(2\quad 0\quad 0)\begin{pmatrix}1\\1\\-1\end{pmatrix}=2>0$，权向量保持不变，即

$$w(8)=w(7)=(2,0,0)^{\mathrm{T}}$$

在第二次迭代中，有两次 $w(k)^{\mathrm{T}}\boldsymbol{x}_i\leqslant 0$，说明误判了两次。下面接着进行第三次迭代。

第三次迭代：

$w(8)^{\mathrm{T}}\boldsymbol{x}_1=0\leqslant 0$，故 $w(9)=w(8)+\boldsymbol{x}_1=(2,0,0)^{\mathrm{T}}+(0,0,1)^{\mathrm{T}}=(2,0,1)^{\mathrm{T}}$。

$w(9)^{\mathrm{T}}\boldsymbol{x}_2=1>0$，故 $w(10)=w(9)=(2,0,1)^{\mathrm{T}}$。

$w(10)^{\mathrm{T}}\boldsymbol{x}_3=1>0$，故 $w(11)=w(10)=(2,0,1)^{\mathrm{T}}$。

$w(11)^{\mathrm{T}}\boldsymbol{x}_4=1>0$，故 $w(12)=w(11)=(2,0,1)^{\mathrm{T}}$。

第四次迭代：

$w(12)^{\mathrm{T}}\boldsymbol{x}_1=1>0$，故 $w(13)=w(12)=(2,0,1)^{\mathrm{T}}$。

$w(13)^{\mathrm{T}}\boldsymbol{x}_2=1>0$，故 $w(14)=w(13)=(2,0,1)^{\mathrm{T}}$。

$w(14)^{\mathrm{T}}\boldsymbol{x}_3=1>0$，故 $w(15)=w(14)=(2,0,1)^{\mathrm{T}}$。

$w(15)^{\mathrm{T}}\boldsymbol{x}_4=1>0$，故 $w(16)=w(15)=(2,0,1)^{\mathrm{T}}$。

因为第四次迭代的分类结果全部正确，所以解向量为

$$\boldsymbol{\alpha}^* = \boldsymbol{w}(16) = (2,0,1)^{\mathrm{T}}$$

相应的判别函数为

$$g(\boldsymbol{x}) = \boldsymbol{\alpha}^{*\mathrm{T}}\boldsymbol{x} = (2,0,1)\begin{pmatrix} x_1 \\ x_2 \\ 1 \end{pmatrix} = 2x_1 + 1$$

决策面方程为 $g(x) = 2x_1 + 1 = 0$，即 $x_1 = -\dfrac{1}{2}$。

这里需要注意的是，感知器算法最后求出的解并不是唯一的。当初始权向量 $\boldsymbol{w}(0)$ 和修正步长 ρ 取不同的值时，解向量会有不同的结果。

2.4　广义线性判别函数

虽然线性判别函数可以解决简单的分类问题，是形式最简单的判别函数之一，但在实际问题中，很多情况下线性判别函数不足以解决情况稍微复杂的分类问题。所以人们希望能够将线性判别函数进行扩展，解决一些非线性问题，这就衍生出了广义线性判别函数。最常见的处理方式就是选择一种映射 $x \to y$，将样本的特征进行空间映射，在原特征空间中线性不可分的样本在新的特征空间中就变成了线性可分的。接下来举一个简单的例子。

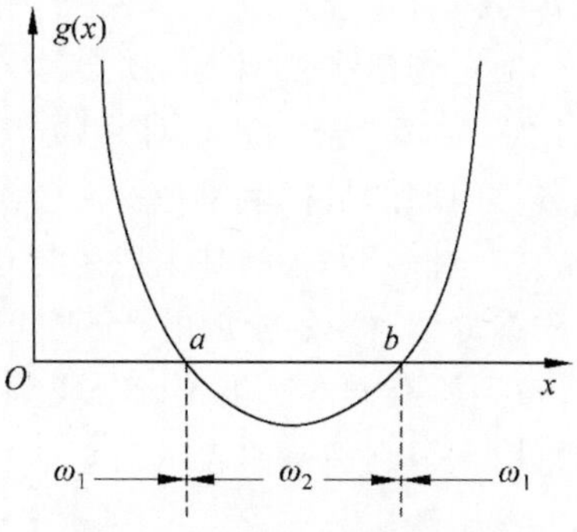

图 2-8　非线性判别函数示例

设一维样本空间中两类样本的空间分布如图 2-8 所示。当 $x < a$ 或 $x > b$ 时，样本 $\boldsymbol{x}$ 属于 ω_1 类；当 $a < x < b$ 时，样本 $\boldsymbol{x}$ 属于 ω_2 类。显然，这两类样本是线性不可分的，即不存在任何一个线性判别函数能够对这两类样本进行正确分类。但是，如果建立如下二次判别函数：

$$g(x) = (x-a)(x-b) \tag{2-70}$$

则可以将两类样本划分开来，决策规则是

$$g(x) = \begin{cases} > 0, & x \in \omega_1 \\ < 0, & x \in \omega_2 \\ = 0, & x \text{ 位于决策面上} \end{cases} \tag{2-71}$$

将判别函数式(2-70)展开，写成如下形式：

$$g(x) = c_0 + c_1 x + c_2 x^2 \tag{2-72}$$

可以看出，$g(x)$ 中存在 x 的二次项，显然不是一个线性判别函数。但是，如果采取下面的映射 $x \to y$，使得

$$\boldsymbol{y} = \begin{bmatrix} y_1 \\ y_2 \\ y_3 \end{bmatrix} = \begin{bmatrix} 1 \\ x \\ x^2 \end{bmatrix}, \qquad \boldsymbol{a} = \begin{bmatrix} a_1 \\ a_2 \\ a_3 \end{bmatrix} = \begin{bmatrix} c_0 \\ c_1 \\ c_2 \end{bmatrix} \tag{2-73}$$

则映射之后判别函数 $g(x)$ 可以表示为如下形式：

$$g(\boldsymbol{y})=\boldsymbol{a}^{\mathrm{T}}\boldsymbol{y}=\sum_{i=1}^{3}a_i y_i \tag{2-74}$$

显然，此时的 $g(\boldsymbol{y})$ 满足线性判别函数的形式，称为广义线性判别函数，$\boldsymbol{a}$ 称为广义权向量。一般情况下，任意的非线性函数都可以用高次多项式展开，所以理论上来说，任意的非线性判别函数都可以转化为广义线性判别函数来处理。但是，经过上述变换，特征空间的维数会大大增加，造成所谓的"维数灾难"的问题。

2.5 多类线性分类器

在实际应用中，经常会遇到多分类的问题，如花的种类识别、手写数字识别、交通标志识别等。多分类问题可以分为线性可分问题和线性不可分问题。本节只讨论线性可分的多分类问题。对于该问题，一般有两种解决思路：一种是把多类问题转换为多个两类问题，通过构建多个两类分类器实现多类的分类；另一种是直接构建多类分类器。

2.5.1 两分法

通过构建多个两类分类器实现多类分类的方法又称为两分法，其主要有两种典型的做法："一对多"方法和"一对一"方法。假设一个样本集中的样本共有 c 个类别 $\omega_1,\omega_2,\cdots,\omega_c$，多分类问题的目标就是把这 c 个类别的样本一一分开。

"一对多"方法的基本思想是首先使用一个两类分类器将属于 ω_1 类的样本和其他类别的样本分开，然后再使用一个两类分类器将属于 ω_2 类的样本和其他类别样本分开，以此类推，直到所有样本都被正确分类为止。该方法一共需要 c 个两类分类器，如式(2-75)所示，可以用 c 个判别函数表示：

$$g_i(\boldsymbol{x})=\boldsymbol{w}_i^{\mathrm{T}}\boldsymbol{x},\quad i=1,2,\cdots,c \tag{2-75}$$

其中，每个判别函数都满足

$$g_i(\boldsymbol{x})=\begin{cases}\boldsymbol{w}_i^{\mathrm{T}}\boldsymbol{x}>0, & \boldsymbol{x}\in\omega_i\\ \boldsymbol{w}_i^{\mathrm{T}}\boldsymbol{x}<0, & \boldsymbol{x}\notin\omega_i\end{cases}\quad i=1,2,\cdots,c \tag{2-76}$$

通过这些判别函数，可以把 c 类的分类问题转换成 c 个属于 ω_i 和不属于 ω_i 的两类的分类问题。这里，把不属于 ω_i 的记为 $\bar{\omega}_i$，从而将"一对多"方法称为 $\omega_i/\bar{\omega}_i$ 两分法。

下面我们对 $\omega_i/\bar{\omega}_i$ 两分法进行拓展分析。首先，回顾一下 2.3 节学习过的解区余量 b 的概念和作用。在解区中，越靠近解区中间的解越可靠，余量 b 的作用就是通过收缩解区来使保证解区内大部分的解都是可靠的，因此余量可以在一定程度上提高分类器的稳定性。在实际应用时，很多分类器在分类决策前会先通过计算得到一个连续的量，然后再对这个连续的量进行阈值划分以最后分类的结果。例如，对于线性分类器来说，最后的分类通常是将线性判别函数 $g(x)$ 的值与某一阈值进行比较。在很多分类器中，样本离分类面越远，其被正确分类的确信度越高。若所有样本被正确分类的确信度都比较高，则可以认为该分类器是可靠的。因此，分类器的输出值可以看作是对样本属于某一类别的确信度，确信度越高，表明分类器对该样本的分类结果越确信。在所有类别中，可以选取最高确信度对应的类别作为样本的分类结果。

基于利用确信度最高来实现分类的思想，可以构造 c 个一对多的两类分类器来实现多类分类器。每个类别对应一个两类分类器，每个两类分类器对样本是否属于自己所对应的类别进行判断。在 c 个两类分类器中，如果只有一个分类器给出了大于阈值的输出，而其余 $c-1$ 个分类器的输出均小于阈值，则把样本归为该两类分类器对应的类别。如果每个两类分类器的输出结果是可以相互比较的，而且每个样本仅属于 c 类中的一类，那么决策时可以直接选取输出值最大的两类分类器对应的类别。

"一对一"方法的基本思想是对 c 类中的每两类之间都构造一个分类器。由于把 ω_i 和 ω_j 分开与把 ω_j 和 ω_i 分开效果是一样的，因此这种方法共需要 $c(c-1)/2$ 个分类器。可以使用不同的判别函数来表示不同的分类器：

$$g_{ij}(\boldsymbol{x})=\boldsymbol{w}_{ij}{}^{\mathrm{T}}\boldsymbol{x},\quad i,j=1,2,\cdots,c,\quad i\neq j \tag{2-77}$$

其中，每个判别函数都满足

$$g_{ij}(\boldsymbol{x})=\begin{cases}\boldsymbol{w}_{ij}{}^{\mathrm{T}}\boldsymbol{x}>0, & \boldsymbol{x}\in\omega_i\\ \boldsymbol{w}_{ij}{}^{\mathrm{T}}\boldsymbol{x}<0, & \boldsymbol{x}\in\omega_j\end{cases}\quad i=1,2,\cdots,c \tag{2-78}$$

$$g_{ij}(\boldsymbol{x})=-g_{ji}(\boldsymbol{x}) \tag{2-79}$$

通过上述判别函数，"一对一"方法可以把 c 类的分类问题转换成多个两类的分类问题。与 $\omega_i/\bar{\omega}_i$ 两分法的不同之处在于，转换成的两类问题的数目不同，而且此时的两类问题变成了 ω_i/ω_j 问题。因此，"一对一"方法又称为 ω_i/ω_j 两分法。

上述两种两分法虽然将多类问题成功转换成了多个简单的两类问题，但也存在一些问题。$\omega_i/\bar{\omega}_i$ 两分法的问题在于，如果 c 个类别中，每个类别的样本数目相差不大，那么在执行每个两分类问题时，会造成样本数目不均衡的问题。此时，一个类别的样本数大约是另一类别样本数的 $c-1$ 倍，两类分类器可能会因为样本数目相差过大而导致分类结果具有偏向性。比如，多数错分类发生在样本数目少的那一类。因为只要样本数目多的那一类大部分都分类正确，分类器就可以获得一个很高的准确率。所以，在使用 $\omega_i/\bar{\omega}_i$ 两分法的时候，需要根据每个类别样本的分布情况对算法采取适当的修正措施。与 $\omega_i/\bar{\omega}_i$ 两分法相比，ω_i/ω_j 两分法相对来说不容易存在两类样本数目过于不均衡的问题，但其所需要的分类器数目却要更多一些。

上述两种两分法存在的另一个问题是，会形成"歧义"区域。"歧义"区域的意思是存在不属于 c 类中任意一个类别的区域。如图 2-9 所示，阴影区域不属于任一类别。一般情况下，ω_i/ω_j 两分法由于使用了相对更多的分类器，其"歧义"区域要比 $\omega_i/\bar{\omega}_i$ 两分法小。"歧义"区域的存在会给分类器带来一定的干扰，从而降低分类器的性能。那么有没有一种分类方法能够消除这种"歧义"区域呢？答案是肯定的。这种方法就是下一小节要学习的多类线性分类器。

2.5.2　多类线性分类器

多类线性分类器就是对 c 个类别的每一个类别都设计一个线性判别函数，即

$$g_i(\boldsymbol{x})=\boldsymbol{w}_i{}^{\mathrm{T}}\boldsymbol{x}+w_{i0},\quad i=1,2,\cdots,c \tag{2-80}$$

决策时，如果存在某一类别 ω_i 的判别函数满足

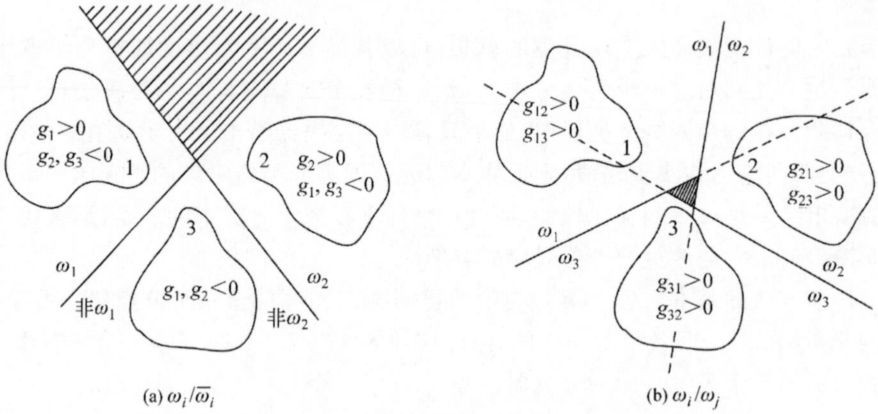

图 2-9　采用两分法实现多类分类器时可能出现的"歧义"区域

$$g_i(\boldsymbol{x}) > g_j(\boldsymbol{x}), \quad \forall j \neq i \tag{2-81}$$

则把样本归为 ω_i 类。

也可以将多类线性分类器的判别函数写成下面增广向量的形式，即

$$g_i(\boldsymbol{x}) = \boldsymbol{\alpha}_i^{\mathrm{T}}\boldsymbol{y}, \quad i = 1,2,\cdots,c \tag{2-82}$$

其中，$\boldsymbol{\alpha}_i = \begin{bmatrix} \boldsymbol{w}_i \\ w_{i0} \end{bmatrix}$ 为增广权向量，$\boldsymbol{y} = \begin{bmatrix} \boldsymbol{x} \\ 1 \end{bmatrix}$ 为增广样本向量。

不同于两分法，多类线性分类器不会形成决策"歧义"的区域，可以保证样本空间中的所有区域都被 c 个类别"完美"划分，如图 2-10 所示。

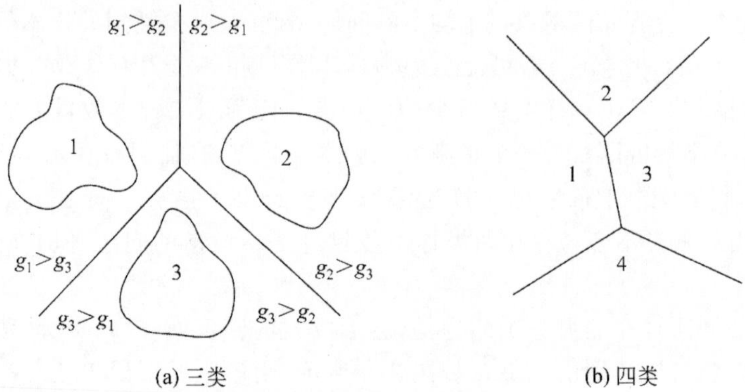

图 2-10　多类线性分类器

在多类线性可分的情况下，求解多类线性分类器的方法与两类情况下的感知器算法是类似的，可以使用单样本的固定增量法进行不断修正和求解。算法的具体步骤如下：

(1) 选择任意的初始权向量 $\boldsymbol{w}_i(0), i=1,2,\cdots,c$，置 $t=0$。

(2) 对样本集中的任意一个样本 $\boldsymbol{y}_k \in \omega_i$，计算 $\boldsymbol{\alpha}_i(t)^{\mathrm{T}}\boldsymbol{y}_k$。若 $\boldsymbol{\alpha}_i(t)^{\mathrm{T}}\boldsymbol{y}_k > \boldsymbol{\alpha}_j(t)^{\mathrm{T}}\boldsymbol{y}_k$，则表明该样本被正确分类，所有权向量不变；若存在某个类别 ω_j，使得 $\boldsymbol{\alpha}_i(t)^{\mathrm{T}}\boldsymbol{y}_k \leqslant \boldsymbol{\alpha}_j(t)^{\mathrm{T}}\boldsymbol{y}_k$，则表明该样本被错误分类，需要对相关的权向量进行修正，规则如下：

$$\begin{cases}\boldsymbol{\alpha}_i(t+1)=\boldsymbol{\alpha}_i(t)+\rho_t\boldsymbol{y}_k\\ \boldsymbol{\alpha}_j(t+1)=\boldsymbol{\alpha}_j(t)-\rho_t\boldsymbol{y}_k\\ \boldsymbol{\alpha}_l(t+1)=\boldsymbol{\alpha}_l(t),\quad l\neq i,j\end{cases}\tag{2-83}$$

其中，ρ_t 为步长，可以设定为常数，也可以设定为随时间 t 而变化的量。

(3) 继续考查样本集中的另一个样本，重复步骤(2)，直至分类器对所有样本都能正确分类为止。

与感知器算法一样，这种算法属于逐步修正法。可以证明，对于线性可分的多类样本集，该算法经过有限次迭代后会收敛到一组解向量。此外，该算法也可以引入余量 b，只需把算法步骤(2)中判别条件改成 $\boldsymbol{\alpha}_i(t)^{\mathrm{T}}\boldsymbol{y}_{ik}>\boldsymbol{\alpha}_j(t)^{\mathrm{T}}\boldsymbol{y}_{ik}+b$ 即可。当样本不是线性可分时，上述逐步修正法不能收敛，可以通过逐渐减小步长而强制算法停止在一个可以接受的解上。

例 2.4　对于一个三类别的分类问题，现有如下三个判别函数：

$$\begin{cases}g_1(x)=-2x_2+1\\ g_2(x)=-6x_1+19x_2+19\\ g_3(x)=x_1+x_2-5\end{cases}$$

试用 $\omega_i/\bar{\omega}_i$ 两分法判断样本 $\boldsymbol{x}=[7,1]^{\mathrm{T}}$ 的类别。

解：将样本 $\boldsymbol{x}$ 分别代入三个判别函数，可得

$$\begin{cases}g_1(\boldsymbol{x})=-2+1=-1<0\\ g_2(\boldsymbol{x})=-42+19+19=-4<0\\ g_3(\boldsymbol{x})=7+1-5=3>0\end{cases}$$

即 $g_1(\boldsymbol{x})<0, g_2(\boldsymbol{x})<0, g_3(\boldsymbol{x})>0$。

根据决策规则可推出：$\boldsymbol{x}\in\omega_3$。

例 2.5　对于一个三类别分类问题，现有如下三个判别函数：

$$\begin{cases}g_{12}(x)=-x_1-x_2+8.2\\ g_{13}(x)=-x_1+x_2+0.2\\ g_{23}(x)=-x_1+5.5\end{cases}$$

试用 ω_i/ω_j 两分法判断样本 $\boldsymbol{x}=[6,4]^{\mathrm{T}}$ 的类别。

解：将样本 $\boldsymbol{x}$ 分别代入三个判别函数，可得

$$\begin{cases}g_{12}(\boldsymbol{x})=-6-4+8.2=-1.8\\ g_{13}(\boldsymbol{x})=-6+4+0.2=-1.8\\ g_{23}(\boldsymbol{x})=-6+5.5=-0.5\end{cases}$$

由 $g_{ij}(\boldsymbol{x})=-g_{ji}(\boldsymbol{x})$，得

$$\begin{cases}g_{21}(\boldsymbol{x})=-g_{12}(\boldsymbol{x})=1.8\\ g_{31}(\boldsymbol{x})=-g_{13}(\boldsymbol{x})=1.8\\ g_{32}(\boldsymbol{x})=-g_{23}(\boldsymbol{x})=0.5\end{cases}$$

根据 $g_{31}(\boldsymbol{x})>0, g_{32}(\boldsymbol{x})>0$，可推出：$\boldsymbol{x}\in\omega_3$。

例 2.6　对于一个三类别分类问题，现有如下三个判别函数：

$$\begin{cases}g_1(x)=-2x_2\\ g_2(x)=-3x_1-x_2+9\\ g_3(x)=-2x_1-4x_2+11\end{cases}$$

试用多类线性分类器判断样本 $\boldsymbol{x}=[1,4]^{\mathrm{T}}$ 的类别。

解：将样本 $\boldsymbol{x}$ 分别代入三个判别函数，可得

$$\begin{cases} g_1(\boldsymbol{x})=-8 \\ g_2(\boldsymbol{x})=-3-4+9=2 \\ g_3(\boldsymbol{x})=-2-16+11=-7 \end{cases}$$

因为 $g_2(\boldsymbol{x})>g_1(\boldsymbol{x}), g_2(\boldsymbol{x})>g_3(\boldsymbol{x})$，所以，$\boldsymbol{x}\in\omega_2$。

例 2.7 已知如下所示三类训练样本：

$$\omega_1:(0,0)^{\mathrm{T}},\quad \omega_2:(-1,-1)^{\mathrm{T}},\quad \omega_3:(-1,1)^{\mathrm{T}}$$

试用线性分类器求解一组解向量 $\boldsymbol{w}_1^*$、$\boldsymbol{w}_2^*$、$\boldsymbol{w}_3^*$，并求它们相应的判别函数。

解：将训练样本写成如下增广向量的形式：

$$\boldsymbol{x}_1=(0,0,1)^{\mathrm{T}}, \boldsymbol{x}_2=(-1,-1,1)^{\mathrm{T}}, \boldsymbol{x}_3=(-1,1,1)^{\mathrm{T}}$$

其中，$\boldsymbol{x}_i(i=1,2,3)$ 的下标 i 代表其类别。选取步长 $\rho=1$，初始权向量的选择如下：

$$\boldsymbol{w}_1=(0,0,0)^{\mathrm{T}}, \boldsymbol{w}_2=(0,0,0)^{\mathrm{T}}, \boldsymbol{w}_3=(0,0,0)^{\mathrm{T}}$$

(1) 对于样本 $\boldsymbol{x}_1\in\omega_1$：

$$g_1(\boldsymbol{x}_1)=\boldsymbol{w}_1^{\mathrm{T}}\boldsymbol{x}_1=0,\ g_2(\boldsymbol{x}_1)=\boldsymbol{w}_2^{\mathrm{T}}\boldsymbol{x}_1=0,\ g_3(\boldsymbol{x}_1)=\boldsymbol{w}_3^{\mathrm{T}}\boldsymbol{x}_1=0$$

因为 $g_1(\boldsymbol{x}_1)\leqslant g_2(\boldsymbol{x}_1), g_1(\boldsymbol{x}_1)\leqslant g_3(\boldsymbol{x}_1)$，所以需要修正权向量，即

$$\begin{cases} \boldsymbol{w}_1(1)=\boldsymbol{w}_1(0)+\boldsymbol{x}_1=(0,0,1)^{\mathrm{T}} \\ \boldsymbol{w}_2(1)=\boldsymbol{w}_2(0)-\boldsymbol{x}_1=(0,0,-1)^{\mathrm{T}} \\ \boldsymbol{w}_3(1)=\boldsymbol{w}_3(0)-\boldsymbol{x}_1=(0,0,-1)^{\mathrm{T}} \end{cases}$$

(2) 对于样本 $\boldsymbol{x}_2\in\omega_2$：

$$g_1(\boldsymbol{x}_2)=\boldsymbol{w}_1^{\mathrm{T}}\boldsymbol{x}_2=1,\ g_2(\boldsymbol{x}_2)=\boldsymbol{w}_2^{\mathrm{T}}\boldsymbol{x}_2=-1,\ g_3(\boldsymbol{x}_2)=\boldsymbol{w}_3^{\mathrm{T}}\boldsymbol{x}_2=-1$$

因为 $g_2(\boldsymbol{x}_2)\leqslant g_1(\boldsymbol{x}_2),\ g_2(\boldsymbol{x}_2)\leqslant g_3(\boldsymbol{x}_2)$，所以需要修正权向量，即

$$\begin{cases} \boldsymbol{w}_1(2)=\boldsymbol{w}_1(1)-\boldsymbol{x}_2=(1,1,0)^{\mathrm{T}} \\ \boldsymbol{w}_2(2)=\boldsymbol{w}_2(1)+\boldsymbol{x}_2=(-1,-1,0)^{\mathrm{T}} \\ \boldsymbol{w}_3(2)=\boldsymbol{w}_3(1)-\boldsymbol{x}_2=(1,1,-2)^{\mathrm{T}} \end{cases}$$

(3) 对于样本 $\boldsymbol{x}_3\in\omega_3$：

$g_1(\boldsymbol{x}_3)=\boldsymbol{w}_1^{\mathrm{T}}\boldsymbol{x}_3=0,\ g_2(\boldsymbol{x}_3)=\boldsymbol{w}_2^{\mathrm{T}}\boldsymbol{x}_3=0,\ g_3(\boldsymbol{x}_3)=\boldsymbol{w}_3^{\mathrm{T}}\boldsymbol{x}_3=-2$，因为 $g_3(\boldsymbol{x}_3)\leqslant g_1(\boldsymbol{x}_3),\ g_3(\boldsymbol{x}_3)\leqslant g_2(\boldsymbol{x}_3)$，所以需要修正权向量，即

$$\begin{cases} \boldsymbol{w}_1(3)=\boldsymbol{w}_1(2)-\boldsymbol{x}_3=(2,0,-1)^{\mathrm{T}} \\ \boldsymbol{w}_2(3)=\boldsymbol{w}_2(2)-\boldsymbol{x}_3=(0,-2,-1)^{\mathrm{T}} \\ \boldsymbol{w}_3(3)=\boldsymbol{w}_3(2)+\boldsymbol{x}_3=(0,2,-1)^{\mathrm{T}} \end{cases}$$

(4) 对于样本 $\boldsymbol{x}_1\in\omega_1$：

$$g_1(\boldsymbol{x}_1)=\boldsymbol{w}_1^{\mathrm{T}}\boldsymbol{x}_1=-1,\ g_2(\boldsymbol{x}_1)=\boldsymbol{w}_2^{\mathrm{T}}\boldsymbol{x}_1=1,\ g_3(\boldsymbol{x}_1)=\boldsymbol{w}_3^{\mathrm{T}}\boldsymbol{x}_1=1$$

因为 $g_1(\boldsymbol{x}_1)\leqslant g_2(\boldsymbol{x}_1),\ g_1(\boldsymbol{x}_1)\leqslant g_3(\boldsymbol{x}_1)$，所以需要修正权向量，即

$$\begin{cases} \boldsymbol{w}_1(4)=\boldsymbol{w}_1(3)+\boldsymbol{x}_1=(2,0,0)^{\mathrm{T}} \\ \boldsymbol{w}_2(4)=\boldsymbol{w}_2(3)-\boldsymbol{x}_1=(0,-2,-2)^{\mathrm{T}} \\ \boldsymbol{w}_3(4)=\boldsymbol{w}_3(3)-\boldsymbol{x}_1=(0,2,-2)^{\mathrm{T}} \end{cases}$$

(5) 对于样本 $\boldsymbol{x}_2 \in \omega_2$:

$$g_1(\boldsymbol{x}_2)=\boldsymbol{w}_1^{\mathrm{T}}\boldsymbol{x}_2=-2,\ g_2(\boldsymbol{x}_2)=\boldsymbol{w}_2^{\mathrm{T}}\boldsymbol{x}_2=0,\ g_3(\boldsymbol{x}_2)=\boldsymbol{w}_3^{\mathrm{T}}\boldsymbol{x}_2=-4$$

因为 $g_2(\boldsymbol{x}_2)>g_1(\boldsymbol{x}_2)$, $g_2(\boldsymbol{x}_2)>g_3(\boldsymbol{x}_2)$, 所以权向量保持不变,即

$$\begin{cases}\boldsymbol{w}_1(5)=\boldsymbol{w}_1(4)=(2,0,0)^{\mathrm{T}}\\ \boldsymbol{w}_2(5)=\boldsymbol{w}_2(4)=(0,-2,-2)^{\mathrm{T}}\\ \boldsymbol{w}_3(5)=\boldsymbol{w}_3(4)=(0,2,-2)^{\mathrm{T}}\end{cases}$$

(6) 对于样本 $\boldsymbol{x}_3 \in \omega_3$:

$$g_1(\boldsymbol{x}_3)=\boldsymbol{w}_1^{\mathrm{T}}\boldsymbol{x}_3=-2,\ g_2(\boldsymbol{x}_3)=\boldsymbol{w}_2^{\mathrm{T}}\boldsymbol{x}_3=-4,\ g_3(\boldsymbol{x}_3)=\boldsymbol{w}_3^{\mathrm{T}}\boldsymbol{x}_3=0$$

因为 $g_3(\boldsymbol{x}_3)>g_1(\boldsymbol{x}_3)$, $g_3(\boldsymbol{x}_3)>g_2(\boldsymbol{x}_3)$, 所以权向量保持不变。即

$$\begin{cases}\boldsymbol{w}_1(6)=\boldsymbol{w}_1(5)=(2,0,0)^{\mathrm{T}}\\ \boldsymbol{w}_2(6)=\boldsymbol{w}_2(5)=(0,-2,-2)^{\mathrm{T}}\\ \boldsymbol{w}_3(6)=\boldsymbol{w}_3(5)=(0,2,-2)^{\mathrm{T}}\end{cases}$$

(7) 对于样本 $\boldsymbol{x}_1 \in \omega_1$:

$$g_1(\boldsymbol{x}_1)=\boldsymbol{w}_1^{\mathrm{T}}\boldsymbol{x}_1=0,\ g_2(\boldsymbol{x}_1)=\boldsymbol{w}_2^{\mathrm{T}}\boldsymbol{x}_1=-2,\ g_3(\boldsymbol{x}_1)=\boldsymbol{w}_3^{\mathrm{T}}\boldsymbol{x}_1=-2$$

因为 $g_1(\boldsymbol{x}_1)>g_2(\boldsymbol{x}_1)$, $g_1(\boldsymbol{x}_1)>g_3(\boldsymbol{x}_1)$, 所以权向量保持不变,即

$$\begin{cases}\boldsymbol{w}_1(7)=\boldsymbol{w}_1(6)=(2,0,0)^{\mathrm{T}}\\ \boldsymbol{w}_2(7)=\boldsymbol{w}_2(6)=(0,-2,-2)^{\mathrm{T}}\\ \boldsymbol{w}_3(7)=\boldsymbol{w}_3(6)=(0,2,-2)^{\mathrm{T}}\end{cases}$$

(8) 由于权向量已经连续三次没有发生改变,所以可得解向量为

$$\begin{cases}\boldsymbol{w}_1^*=\boldsymbol{w}_1(7)=(2,0,0)^{\mathrm{T}}\\ \boldsymbol{w}_2^*=\boldsymbol{w}_2(7)=(0,-2,-2)^{\mathrm{T}}\\ \boldsymbol{w}_3^*=\boldsymbol{w}_3(7)=(0,2,-2)^{\mathrm{T}}\end{cases}$$

对应的判别函数为

$$\begin{cases}g_1(\boldsymbol{x})=2x_1\\ g_2(\boldsymbol{x})=-2x_2-2\\ g_3(\boldsymbol{x})=2x_2-2\end{cases}$$

2.6 Python 实现

2.6.1 Fisher 线性分类器

现有两类样本点:

ω_1: $(3,10)^{\mathrm{T}}$, $(4,12)^{\mathrm{T}}$, $(5,12)^{\mathrm{T}}$, $(6,13)^{\mathrm{T}}$, $(7,12)^{\mathrm{T}}$, $(6,11)^{\mathrm{T}}$, $(7,11)^{\mathrm{T}}$, $(8,10)^{\mathrm{T}}$, $(5,10)^{\mathrm{T}}$,$(5,9)^{\mathrm{T}}$,$(7,8)^{\mathrm{T}}$,$(6,7)^{\mathrm{T}}$。

ω_2:$(10,7)^{\mathrm{T}}$,$(9,6)^{\mathrm{T}}$,$(11,6)^{\mathrm{T}}$,$(11,5)^{\mathrm{T}}$,$(13,5)^{\mathrm{T}}$,$(9,4)^{\mathrm{T}}$,$(10,4)^{\mathrm{T}}$,$(12,4)^{\mathrm{T}}$,$(11,3)^{\mathrm{T}}$,$(13,3)^{\mathrm{T}}$,$(10,2)^{\mathrm{T}}$,$(13,2)^{\mathrm{T}}$。

已知 ω_1 类样本点的先验概率为 $P(c_1)=0.6$,ω_2 类样本点的先验概率为 $P(c_2)=0.4$,使用 Fisher 判别分析方法,编程求出其最优投影方向 w 及阈值 ω_0,并判断样本点 $(3,7)^{\mathrm{T}}$ 和

$(8,6)^T$ 的类别。

程序代码及实验结果。

(1) 程序代码。

```
import numpy as np
import matplotlib.pyplot as plt

c1 =[[3, 10], [4, 12], [5, 12], [6, 13], [7, 12], [6, 11], [7, 11], [8, 10], [5, 10],
[5, 9], [7, 8], [6, 7]]
c2 =[[10, 7], [9, 6], [11,6], [11, 5], [13, 5], [9, 4], [10, 4], [12, 4], [11, 3], [13,
3], [10, 2], [12, 2]]
x1 =[3, 7]
x2 =[8, 6]
pc1 =0.4
pc2 =0.6

m1 =np.array([np.mean(c1, axis=0)])
m2 =np.array([np.mean(c2, axis=0)])  #计算两类样本的均值
S1 =np.zeros((2, 2))
S2 =np.zeros((2,2))
for i in c1:
    S1 +=np.matmul(np.transpose(np.array([i]) -m1), (np.array([i]) -m1))
for i in c2:
    S2 +=np.matmul(np.transpose(np.array([i]) -m2), (np.array([i]) -m2))  #计算
#两个类内离散度矩阵

Sw =S1 +S2
W =np.matmul(np.linalg.inv(Sw), np.transpose(m1 -m2))  #计算最优投影方向 W

m1_hat =np.matmul(np.transpose(W), np.transpose(m1))
m2_hat =np.matmul(np.transpose(W), np.transpose(m2))
w0 =(m1_hat +m2_hat) / 2 +np.log(pc1 / pc2) / (len(c1) +len(c2) -2)  #计算阈值 w0

if np.matmul(np.transpose(W), np.transpose(np.array([x1]))) >w0:
    print('样本点 x1 属于第一类.')
elif np.matmul(np.transpose(W), np.transpose(np.array([x1]))) <w0:
    print('样本点 x1 属于第二类.')
else:
    print('无法区分样本类别.')

if np.matmul(np.transpose(W), np.transpose(np.array([x2]))) >w0:
    print('样本点 x2 属于第一类.')
elif np.matmul(np.transpose(W), np.transpose(np.array([x2]))) <w0:
    print('样本点 x2 属于第二类.')
else:
    print('无法区分样本类别.')

print("最优投影方向 W:", W[1][0])
print("阈值 w0:", w0[0][0])
x =np.linspace(0, 15, 100)
y =w0[0][0] / W[1][0] -W[0][0] * x / W[1][0]
```

```
plt.plot(x, y, '-r')

for i in c1:
    plt.scatter(i[0], i[1], marker='^', c='red')
for i in c2:
    plt.scatter(i[0], i[1], marker='*', c='green')
plt.scatter(x1[0], x1[1], c='orange')
plt.scatter(x2[0], x2[1], c='orange')
plt.show()
```

(2) 实验结果。

程序的运行结果如下。

样本点x_1 属于第一类,样本点x_2 属于第二类。

最优投影方向 W:0.0823499662845583。

阈值 $w0$: −0.2609285464146512。

分类结果示意图如图 2-11 所示,其中三角形表示 ω_1 类的样本,五角星表示 ω_2 类的样本,圆形表示待识别样本,直线表示两类样本之间的分界线。

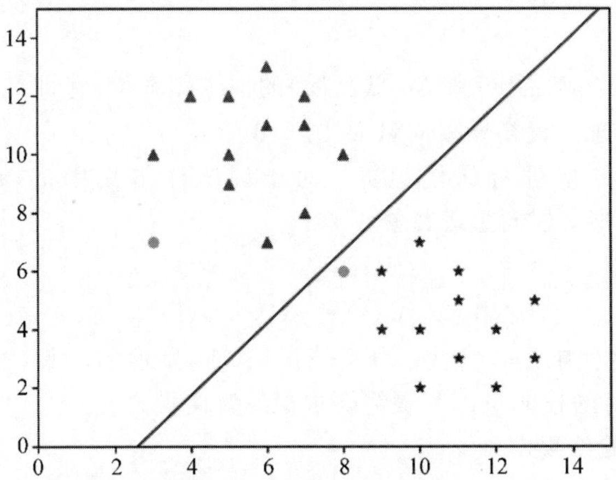

图 2-11　分类结果示意图

2.6.2　感知器

给定某一品种苹果的密度和含糖量的一些数据,如表 2-1 所示。使用感知器求取判别函数,从而可以判断苹果品质是高还是低,并绘制出分界线。

表 2-1　苹果样本特征值及类别信息

密度	含糖量/(g/100g)	高品质	类别
0.597	0.307	是	ω_1
0.534	0.257	是	
0.508	0.329	是	

续表

密度	含糖量/(g/100g)	高品质	类别
0.557	0.211	是	ω_1
0.619	0.237	是	
0.539	0.370	是	
0.566	0.249	是	
0.462	0.200	否	ω_2
0.395	0.234	否	
0.505	0.208	否	
0.437	0.198	否	
0.403	0.103	否	
0.420	0.161	否	
0.511	0.171	否	

1. 实现步骤

(1) 构建分属于 ω_1(高品质)和 ω_2(低品质)的训练样本集,将训练样本变成增广向量的形式,并进行规范化处理。置初始权向量 $\boldsymbol{w}(0)=\boldsymbol{0}$。

(2) 用全部训练样本进行迭代运算。对于训练样本集中的每一个样本 $\boldsymbol{x}_i$,计算 $\boldsymbol{w}(t)^{\mathrm{T}}\boldsymbol{x}_i$,根据以下规则对权向量进行修正。

$$\boldsymbol{w}(t+1)=\begin{cases}\boldsymbol{w}(t), & \boldsymbol{w}(t)^{\mathrm{T}}\boldsymbol{x}_i>0\\ \boldsymbol{w}(t)+\rho\boldsymbol{x}_i, & \boldsymbol{w}(t)^{\mathrm{T}}\boldsymbol{x}_i\leqslant 0\end{cases}$$

(3) 分析在本轮迭代中是否发生了分类错误,若有,则返回步骤(2)进行下一轮迭代,若没有,则迭代结束,此时的权向量即为最终要求得的解向量。

2. 程序代码及实验结果

(1) 程序代码。

在下面的程序中,设置初始权向量 $\boldsymbol{w}(0)=[0.1,0.1,0.1]^{\mathrm{T}}$,修正步长 $\rho=1$。

```
requirements: numpy、matplotlib

import numpy as np
from matplotlib import pyplot as plt
plt.rcParams['font.sans-serif'] = ['SimHei']
plt.rcParams['axes.unicode_minus'] = False

def perceptron(class1, class2, w0, e):
    功能:使用感知器求取权向量
    输入: class1 (class1 类别样本集)
          class2 (class2 类别样本集)
          w0  (初始权向量)
          e  (修正步长)
```

```
    输出：解向量 w
    #样本增广
    class1_sample_num, class1_feature_num =class1.shape
    class2_sample_num, class2_feature_num =class2.shape
    class1_ =np.ones((class1_sample_num, class1_feature_num +1))
    class2_ =np.ones((class2_sample_num, class2_feature_num +1))
    class1_[:, :-1] =class1
    class2_[:, :-1] =class2
    class1 =class1_
    class2 =class2_

    #样本规范化,class2类样本乘以(-1)
    class2 =-class2

    #把两类样本合成一个训练样本集
    classes =np.concatenate((class1, class2), axis=0)

    #权向量初始化
    w =w0

    #迭代结束标志,当不再出现错分样本时,该标志变成True,表示迭代结束
    stop =False

    #开始迭代求解
    while not stop:
        error =0  #每轮迭代开始,置错分样本数为零
        for x in classes:
            g_x =w @x.transpose()
            if g_x <=0:
                w =w +e * x
                error +=1
                #若本轮迭代没有错分样本,则迭代结束
        if error ==0:
            stop =True
    return w


def judge_function(w):
    """
    功能:根据解向量求取判别函数
    输入：w  (解向量)
    输出：判别函数表达式
    """
    w_dim =len(w)
    function =''
    for i, wi in enumerate(w):
        i +=1
        if i ==1:
            if wi ==0:
```

```
                continue
            else:
                function =function +str(('%.4f' %(wi))) +'x' +str(i)
        elif i ==w_dim:
            if len(function) ==0:
                if wi ==0:
                    continue
                elif wi >0:
                    function =function +str(('%.4f' %(wi)))
                else:
                    function =function +str(('%.4f' %(wi)))
            else:
                if wi ==0:
                    continue
                elif wi >0:
                    function =function +' +' +str(('%.4f' %(wi)))
                else:
                    function =function +' -' +str(('%.4f' %(abs(wi))))
        else:
            if len(function) ==0:
                if wi ==0:
                    continue
                elif wi >0:
                    function =function +str(('%.4f' %(wi))) +'x' +str(i)
                else:
                    function =function +str(('%.4f' %(wi))) +'x' +str(i)
            else:
                if wi ==0:
                    continue
                elif wi >0:
                    function =function +' +' +str(('%.4f' %(wi))) +'x' +str(i)
                else:
                    function =function +' -' +str(('%.4f' %(abs(wi)))) +'x' +str(i)
    return function

#苹果密度和含糖量
densitys =[0.597, 0.534, 0.508, 0.557, 0.619, 0.539, 0.566, 0.462, 0.395, 0.505,
0.437, 0.403, 0.420, 0.511]
sugars =[0.307, 0.257, 0.329, 0.211, 0.237, 0.370, 0.249, 0.200, 0.234, 0.208,
0.198, 0.103, 0.161, 0.171]

#根据样本所属类别(高品质 or 低品质)构造 class1、class2 样本集
class1, class2, x =[], [], []
for density, sugar in zip(densitys, sugars):
    x.append([density, sugar])
class1 =np.array(x[:7])
class2 =np.array(x[7:])
```

```
#指定初始权向量和修正步长
w0 =np.array([0.1, 0.1,0.1])
e =0.1

#调用感知器算法,求取解向量和判别函数
w =perceptron(class1, class2, w0, e)
object_function =judge_function(w)
print('解向量 a* =%s' %(w))
print('判别函数 g(x) =%s' %(0 if not object_function else object_function))

#画出 class1、class2 和判别函数
classes =np.concatenate((class1, class2), axis=0)
x1_range_min =np.min(classes[:, 0])
x1_range_max =np.max(classes[:, 0])
g_x1 =np.arange(x1_range_min -0.05, x1_range_max +0.05, 0.01)
g_x2 =(-w[2] -w[0] * g_x1) / w[1]
plt.scatter(class1[:, 0], class1[:, 1], marker='o', color='green', label='w1')
plt.scatter(class2[:, 0], class2[:, 1], marker='x', color='red', label='w2')
plt.scatter(g_x1, g_x2, marker='+', color='black', label='g(x)')
plt.xlabel('密度/x1')
plt.ylabel('甜度/x2')
plt.title('判别函数:g(x)=%s' %(object_function))
plt.show()
```

(2) 实验结果。

程序的运行结果如下。

解向量 $\boldsymbol{a}^* = [0.1327 \quad 0.144 \quad -0.1]$。

判别函数 $g(x) = 0.1327\,x_1 + 0.144\,x_2 - 0.1$。

分类结果示意图如图 2-12 所示,其中圆形表示 ω_1 类的样本,叉线表示 ω_2 类的样本,十字线表示两类样本之间的分界线。

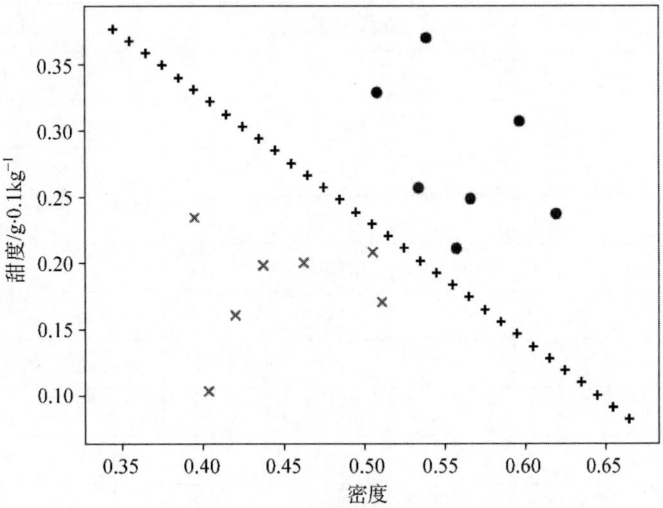

图 2-12　分类结果示意图

习　题

1. 设两类样本的类内离散度矩阵分别为 $\boldsymbol{S}_1=\begin{bmatrix}1 & \frac{1}{2}\\ \frac{1}{2} & 1\end{bmatrix}$，$\boldsymbol{S}_2=\begin{bmatrix}1 & -\frac{1}{2}\\ -\frac{1}{2} & 1\end{bmatrix}$，两类样本的均值分别为 $\boldsymbol{m}_1=(2,0)^{\mathrm{T}}$，$\boldsymbol{m}_2=(2,2)^{\mathrm{T}}$，试用 Fisher 准则求其决策面方程。

2. 已知如下所示的两类样本，试用感知器梯度下降法求取权向量 $\boldsymbol{\alpha}^*$，并写出其判别函数及决策面。

$$\omega_1: \boldsymbol{x}_1=(0,0)^{\mathrm{T}}, \boldsymbol{x}_2=(0,1)^{\mathrm{T}}$$
$$\omega_2: \boldsymbol{x}_3=(1,0)^{\mathrm{T}}, \boldsymbol{x}_4=(1,1)^{\mathrm{T}}$$

3. Python 编程练习

(1) 现有两类样本点：

c_1：$(1.5,3)^{\mathrm{T}}$，$(2.3,8)^{\mathrm{T}}$，$(1.2,7)^{\mathrm{T}}$，$(1,6.3)^{\mathrm{T}}$，$(0.8,6)^{\mathrm{T}}$，$(-2,5)^{\mathrm{T}}$，$(0,3)^{\mathrm{T}}$，$(2.5,4)^{\mathrm{T}}$，$(0.5,7)^{\mathrm{T}}$，$(3.3,9)^{\mathrm{T}}$，$(2.9,8.6)^{\mathrm{T}}$，$(0.2,1.8)^{\mathrm{T}}$

c_2：$(3,0.5)^{\mathrm{T}}$，$(4.5,0)^{\mathrm{T}}$，$(5,-1)^{\mathrm{T}}$，$(0,-5)^{\mathrm{T}}$，$(3.3,-2)^{\mathrm{T}}$，$(6.2,0)^{\mathrm{T}}$，$(5,2.3)^{\mathrm{T}}$，$(12.1,4)^{\mathrm{T}}$，$(11,3.8)^{\mathrm{T}}$，$(13.1,3.5)^{\mathrm{T}}$，$(10,2)^{\mathrm{T}}$，$(12.6,2.3)^{\mathrm{T}}$

第一类样本点的先验概率为 $P(c_1)=0.7$，第二类样本点的先验概率为 $P(c_2)=0.3$，使用 Fisher 判别分析方法判断样本点 $(0,8.8)^{\mathrm{T}}$ 和 $(8,3)^{\mathrm{T}}$ 的类别。

(2) 使用感知器学习算法解决喜鹊分类问题，喜鹊的“身体质量”和“翅膀长度”数据集如表 2-2 所示。

表 2-2　喜鹊“身体质量”和“翅膀长度”数据集

种类	身体质量/kg	翅膀长度/m
A	0.127	0.138
A	0.137	0.175
A	0.139	0.165
A	0.138	0.183
A	0.136	0.191
A	0.141	0.171
A	0.149	0.183
A	0.155	0.183
A	0.157	0.209
B	0.115	0.183
B	0.119	0.197

续表

种类	身体质量/kg	翅膀长度/m
B	0.121	0.188
B	0.127	0.201
B	0.129	0.200
B	0.131	0.197

根据喜鹊的“身体质量”和“翅膀长度”以及对应的类别信息，试求：

① 使用感知器梯度下降法求取解向量和判别函数。

② 使用[0.139,0.190]、[0.123,0.181]、[0.127,0.185]三个样本检测判别函数的分类性能，并画出图像，同时画出“身体质量”和“翅膀长度”的散点图，以及判别函数的图像。

③ 对实验结果进行分析。

第 3 章　贝叶斯分类器

模式识别的分类问题可以看作是一种决策，即根据识别对象的观测特征做出其应属于哪一类的决策。贝叶斯决策理论是处理模式识别分类问题的基本理论之一，对分类器的设计具有重要的指导意义。贝叶斯决策理论的基本思想是，给定具有特征向量的待识别样本，计算其属于某一类的概率，并将它属于某一类的概率值作为后续分类决策的依据。在具体实际应用过程中，往往需要首先根据训练样本来估计各类的概率密度函数，然后再进行分类决策。使用贝叶斯分类器时，要求满足以下两个前提条件：

(1) 每类样本的概率密度函数是已知的；

(2) 样本的类别数是已知的。

本章将详细介绍在满足以上两个条件的前提下，贝叶斯分类器的设计方法。

3.1　基本概念

介绍基本概念之前，先来看一个简单的例子。

假如路边有一棵树，需要判断树是什么种类，这就是一个分类问题。如果知道这棵树只可能是苹果树或柿子树，这就是一个二分类问题。我们讨论以下两种情况。

(1) 假如现在只知道它是一棵树，没有任何其他信息，也许会猜测这是柿子树，依据是这条路上柿子树的数量远比苹果树多。在这个过程中，你基于对过往经验的分析，认为这是柿子树的概率比苹果树的概率更大，因此做出了概率较大的决策。这些概率是事先根据已发生的事实统计的，所以称为先验概率。令苹果树和柿子树分别为 ω_1 类和 ω_2 类，那么它们的先验概率可以用 $P(\omega_1)$ 和 $P(\omega_2)$ 来表示。

(2) 假如现在可以观察树上果实的颜色，以此来判断树的种类。我们把果实的颜色记为 x，需要探讨的是在知道果实颜色为 x 的情况下，这棵树属于 ω_1 类和 ω_2 类的概率。将这两个概率分别记为 $P(\omega_1 \mid x)$ 和 $P(\omega_2 \mid x)$，这就是后验概率。根据概率论中的贝叶斯公式有

$$P(\omega_i \mid x)=\frac{p(x \mid \omega_i)P(\omega_i)}{p(x)}, \quad i=1,2 \tag{3-1}$$

其中，$p(x)$ 是所有树果实颜色的概率密度，称为总体密度；$p(x \mid \omega_i)$ 是第 i 类树果实颜色的概率密度，称为类条件概率密度；$P(\omega_i)$ 是第 i 类树的先验概率。接下来将用学术语言解释这几个概念。

3.1.1　先验概率

先验概率是根据以往经验和分析得到的概率，往往通过大量抽样实验估计得到。对于 c 类的分类问题，用 ω_i 表示第 i 个类别，则 ω_i 类的先验概率用 $P(\omega_i)$ 表示，且满足

$$\sum_{i=1}^{c} P(\omega_i)=1, \quad i=1,2,\cdots,c \tag{3-2}$$

在实际应用中，先验概率一般不作为分类决策的唯一依据。但倘若用于统计先验概率的样本数量足够大时，可将其作为分类决策的主要因素。

3.1.2　类条件概率密度

类条件概率密度是指该类样本的特征在特征空间的分布属性，即 ω_i 类样本的类条件概率密度就是在特征空间中，ω_i 类样本的特征 $\boldsymbol{x}$ 出现的概率密度。常用 $p(\boldsymbol{x} \mid \omega_i)$ 来表示 ω_i 类的类条件概率密度函数。ω_i 类的类条件概率密度只与 ω_i 类样本的分布有关系，与其他类的样本分布无关。例如：对于细胞状态的识别，假设描述细胞状态的特征用 $\boldsymbol{x}$ 来表示，细胞有正常 ω_1 和异常 ω_2 两个类别。那么，ω_1 类的类条件概率密度 $p(\boldsymbol{x} \mid \omega_1)$ 表示 ω_1 类样本的分布属性，与 ω_2 类的样本无关，反之亦然。$p(\boldsymbol{x} \mid \omega_1)$ 和 $p(\boldsymbol{x} \mid \omega_2)$ 之间没有任何关系，一般情况下，$p(\boldsymbol{x} \mid \omega_1)+p(\boldsymbol{x} \mid \omega_2) \neq 1$。

在实际应用中，如果统计数据满足正态分布，可采用正态密度函数作为类条件概率密度的函数形式。在正态密度函数中，只有期望 μ 和方差 σ^2 是未知的参数。可以通过对大量实验样本的统计估计出这两个参数，进而确定类条件概率密度函数。

3.1.3　后验概率

后验概率是指在事件发生后，由某个因素引起这一事件发生的概率，即在某一属性 $\boldsymbol{x}$ 被观测到的条件下，ω_i 类别发生的概率，常用 $P(\omega_i \mid \boldsymbol{x})$ 表示 ω_i 的后验概率。例如，对于上面细胞状态识别的例子，$p(\omega_1 \mid \boldsymbol{x})$ 表示特征是 $\boldsymbol{x}$ 的样本属于 ω_1 类的概率，$p(\omega_2 \mid \boldsymbol{x})$ 表示特征是 $\boldsymbol{x}$ 的样本属于 ω_2 类的概率。由于细胞必属于 ω_1 类和 ω_2 类中的一类，因此 $p(\omega_1 \mid \boldsymbol{x})+p(\omega_2 \mid \boldsymbol{x})=1$。

3.1.4　贝叶斯公式

贝叶斯公式由英国数学家贝叶斯于 1963 年提出，其可以将先验概率 $P(\omega_i)$、类条件概率密度 $p(\boldsymbol{x} \mid \omega_i)$ 和后验概率 $P(\omega_i \mid \boldsymbol{x})$ 联合起来。假设有 c 类样本，利用贝叶斯公式可以得到利用先验概率 $P(\omega_i)$ 和类条件概率密度 $p(\boldsymbol{x} \mid \omega_i)$ 计算后验概率 $P(\omega_i \mid \boldsymbol{x})$ 的方法，即

$$P(\omega_i \mid \boldsymbol{x})=\frac{p(\boldsymbol{x} \mid \omega_i)P(\omega_i)}{p(\boldsymbol{x})}, \quad (i=1,2,\cdots,c) \tag{3-3}$$

其中，$p(\boldsymbol{x})$ 是所有类别的概率密度，可由式(3-4)计算：

$$p(\boldsymbol{x})=\sum_{i=1}^{c} p(\boldsymbol{x} \mid \omega_i)P(\omega_i) \tag{3-4}$$

3.2 贝叶斯决策

3.1 节介绍了先验概率、类条件概率密度、后验概率的基本概念以及贝叶斯公式。依据贝叶斯公式,可以利用已知或估计出的先验概率和类条件概率密度计算各类样本的后验概率,并使用某种准则完成分类识别,这就是贝叶斯决策的基本思想。贝叶斯决策理论也称作统计决策理论,设计者按照具体问题具体分析,会采用不同的决策准则,从而产生不同的判别结果。其中,最小错误率贝叶斯决策和最小风险贝叶斯决策是最基本的两种方法。下面将分别介绍。

3.2.1 最小错误率贝叶斯决策

当按照某一种分类准则对目标样本进行分类时,一般都存在决策判断错误的概率。最小错误率贝叶斯决策方法的出发点就是使分类决策的错误率最小。例如,对于一个二类的分类问题,待识别样本记作 $\boldsymbol{x}$,两个类别分别记作 ω_1 和 ω_2,两类的先验概率用 $P(\omega_1)$ 和 $P(\omega_2)$ 来表示。如果直接使用先验概率进行决策,则决策准则可以表示为

$$\begin{cases}\text{若 } P(\omega_1) > P(\omega_2),\text{则 } \boldsymbol{x} \in \omega_1 \\ \text{若 } P(\omega_2) > P(\omega_1),\text{则 } \boldsymbol{x} \in \omega_2\end{cases} \tag{3-5}$$

对于两分类问题,两类的先验概率满足 $P(\omega_1)+P(\omega_2)=1$。如果决策 $\boldsymbol{x} \in \omega_1$,则分类错误率为 $P(\text{error})=1-P(\omega_1)=P(\omega_2)$;如果决策 $\boldsymbol{x} \in \omega_2$,则分类错误率为 $P(\text{error})=1-P(\omega_2)=P(\omega_1)$。当 $P(\omega_1) > P(\omega_2)$ 时,把 $\boldsymbol{x}$ 划分到ω_2 类带来的错误率更大,所以应把 $\boldsymbol{x}$ 划分到错误率更低的 ω_1 类。但是,如果此时按照式(3-5)所示的决策规则,会把所有的样本都归于 ω_1 类,而根本没有达到要把两类样本分开的目的。这是由于先验概率提供的有效信息太少。因此,我们还需要利用更多的观测信息来进行分类决策。

如果两类样本的类条件概率密度分别为 $p(\boldsymbol{x} \mid \omega_1)$ 和 $p(\boldsymbol{x} \mid \omega_2)$,则利用两类样本的类条件概率密度分别为 $p(\boldsymbol{x} \mid \omega_1)$ 和 $p(\boldsymbol{x} \mid \omega_2)$,利用贝叶斯公式,可由先验概率和类条件概率密度计算出后验概率 $P(\omega_1 \mid \boldsymbol{x})$ 和 $P(\omega_2 \mid \boldsymbol{x})$。利用后验概率,可以定义两类别分类问题的决策规则如下:

$$\begin{cases}\text{若 } P(\omega_1 \mid \boldsymbol{x}) > P(\omega_2 \mid \boldsymbol{x}), & \text{则 } \boldsymbol{x} \in \omega_1 \\ \text{若 } P(\omega_2 \mid \boldsymbol{x}) > P(\omega_1 \mid \boldsymbol{x}), & \text{则 } \boldsymbol{x} \in \omega_2\end{cases} \tag{3-6}$$

式(3-6)就是二分类情况下最小错误率贝叶斯决策规则,即:在先验概率和类条件概率密度已知的情况下,利用贝叶斯公式计算后验概率,并通过比较样本属于两类的后验概率,将待识别样本决策为后验概率大的一类。该决策规则可以使分类器的总体错误率最小。

对于 c 类别的分类问题,最小错误率贝叶斯决策规则可表示为

$$\text{若 } P(\omega_i \mid \boldsymbol{x}) = \max_{j=1,2,\cdots,c} \{P(\omega_j \mid \boldsymbol{x})\},\text{则 } \boldsymbol{x} \in \omega_i \tag{3-7}$$

利用贝叶斯公式 $P(\omega_i \mid \boldsymbol{x})=\dfrac{p(\boldsymbol{x} \mid \omega_i)P(\omega_i)}{\sum_{j=1}^{c} p(\boldsymbol{x} \mid \omega_j)P(\omega_j)}$,可以得到以下最小错误率贝叶斯决策规则的等价形式。

(1) 由于贝叶斯公式的分母与分类结果无关,所以决策时只需要比较贝叶斯公式分子的大小即可。决策规则可写为

$$若\ p(\boldsymbol{x} \mid \omega_i)P(\omega_i)=\max_{j=1,2,\cdots,c}\{p(\boldsymbol{x} \mid \omega_j)P(\omega_j)\},则\ \boldsymbol{x}\in\omega_i \tag{3-8}$$

(2) 对于二分类问题,式(3-6)可以表示为如下等价形式:

$$若\ l(\boldsymbol{x})=\frac{p(\boldsymbol{x} \mid \omega_1)}{p(\boldsymbol{x} \mid \omega_2)}\begin{matrix}>\\<\end{matrix}\frac{P(\omega_2)}{P(\omega_1)}=\lambda,则\ \boldsymbol{x}\in\begin{cases}\omega_1\\\omega_2\end{cases} \tag{3-9}$$

其中,$l(\boldsymbol{x})$ 称为似然比,λ 称为似然比阈值。对待识别样本 $\boldsymbol{x}$ 进行分类时,首先计算其对应的似然比 $l(\boldsymbol{x})$,然后将似然比与阈值 λ 进行比较。若似然比大于阈值,则决策 $\boldsymbol{x}\in\omega_1$;若似然比小于阈值,则决策 $\boldsymbol{x}\in\omega_2$。

(3) 在某些特定情况下,用对数形式进行计算会更加方便。对式(3-9)两边取自然对数,有

$$若\ \ln l(\boldsymbol{x})=\ln p(\boldsymbol{x} \mid \omega_1)-\ln p(\boldsymbol{x} \mid \omega_2)\begin{matrix}>\\<\end{matrix}\begin{matrix}\ln P(\omega_2)\\\ln P(\omega_1)\end{matrix},则\ \boldsymbol{x}\in\begin{cases}\omega_1\\\omega_2\end{cases} \tag{3-10}$$

下面探讨分类决策的错误率问题,并证明最小错误率贝叶斯决策确实能使分类错误率最小。这里,仅给出一维情况下的分析和证明,其结果不难推广到多维。

首先应指出,这里分类决策的错误率是指平均错误率,用 $P(e)$ 来表示,其定义为

$$P(e)=\int_{-\infty}^{\infty}P(e \mid \boldsymbol{x})p(\boldsymbol{x})\mathrm{d}\boldsymbol{x} \tag{3-11}$$

其中,$P(e \mid \boldsymbol{x})$ 表示观测值为 $\boldsymbol{x}$ 时的条件错误概率,$p(\boldsymbol{x})$ 为观测值 $\boldsymbol{x}$ 出现的概率密度函数,$\int_{-\infty}^{\infty}P(e \mid \boldsymbol{x})p(\boldsymbol{x})\mathrm{d}\boldsymbol{x}$ 表示在整个 d 维特征空间上的积分。

对于两类的分类问题,由最小错误率贝叶斯决策规则可知:当 $P(\omega_1 \mid \boldsymbol{x})>P(\omega_2 \mid \boldsymbol{x})$ 时,决策 $\boldsymbol{x}\in\omega_1$,此时样本 $\boldsymbol{x}$ 的条件错误概率为 $P(\omega_2 \mid \boldsymbol{x})$;反之,当 $P(\omega_2 \mid \boldsymbol{x})>P(\omega_1 \mid \boldsymbol{x})$ 时,决策 $\boldsymbol{x}\in\omega_2$,此时样本 $\boldsymbol{x}$ 的条件错误概率为 $P(\omega_1 \mid \boldsymbol{x})$。因此,条件错误概率 $P(e \mid \boldsymbol{x})$ 可以表示为

$$P(e \mid \boldsymbol{x})=\begin{cases}P(\omega_1 \mid \boldsymbol{x}),当\ P(\omega_2 \mid \boldsymbol{x})>P(\omega_1 \mid \boldsymbol{x})\\P(\omega_2 \mid \boldsymbol{x}),当\ P(\omega_1 \mid \boldsymbol{x})>P(\omega_2 \mid \boldsymbol{x})\end{cases} \tag{3-12}$$

令两类样本的分界面为 t,其可由方程 $P(\omega_1 \mid \boldsymbol{x})=P(\omega_2 \mid \boldsymbol{x})$ 来确定。当样本特征向量 $\boldsymbol{x}$ 的维数为一维时,t 为 x 轴上的一个点,且 t 将 x 轴分为两个判决区域:R_1 和 R_2。其中,R_1 为 ω_1 类的判决区域 $(-\infty,t)$,R_2 为 ω_2 类的判决区域 (t,∞)。该两类问题的错误率可由式(3-11)和式(3-12)推得

$$\begin{aligned}P(e)&=\int_{R_1}P(\omega_2 \mid \boldsymbol{x})p(\boldsymbol{x})\mathrm{d}\boldsymbol{x}+\int_{R_2}P(\omega_1 \mid \boldsymbol{x})p(\boldsymbol{x})\mathrm{d}\boldsymbol{x}\\&=\int_{R_1}p(\boldsymbol{x} \mid \omega_2)P(\omega_2)\mathrm{d}\boldsymbol{x}+\int_{R_2}p(\boldsymbol{x} \mid \omega_1)P(\omega_1)\mathrm{d}\boldsymbol{x}\\&=P(\omega_2)P_2(e)+P(\omega_1)P_1(e)\end{aligned} \tag{3-13}$$

其中,$P_1(e)=\int_{R_2}p(\boldsymbol{x} \mid \omega_1)\mathrm{d}\boldsymbol{x}$,$P_2(e)=\int_{R_1}p(\boldsymbol{x} \mid \omega_2)\mathrm{d}\boldsymbol{x}$。

对于区域 R_1 内任意的 $\boldsymbol{x}$ 值,都有 $P(\omega_1 \mid \boldsymbol{x})>P(\omega_2 \mid \boldsymbol{x})$,$P_2(e)$ 在每个 $\boldsymbol{x}$ 值处都取最

小者。同样,对于区域 R_2 内的任意 $\boldsymbol{x}$ 值,都有 $P(\omega_2 \mid \boldsymbol{x}) > P(\omega_1 \mid \boldsymbol{x})$,$P_1(e)$ 在每个 x 值处都取最小者。也就是说,对于样本空间中每个任意的 $\boldsymbol{x}$ 值,错误率都取最小者。因此,分类决策的平均错误率 $P(e)$ 也必然为最小。如图 3-1 所示,t 为一维特征空间的分界点。显然,t 的位置不同,错误率也不同。在图 3-1 中,左半边的阴影部分面积代表 $P(\omega_2)\ P_2(e)$,右半边阴影部分面积代表 $P(\omega_1)\ P_1(e)$,两者之和为总错误率 $P(e)$。

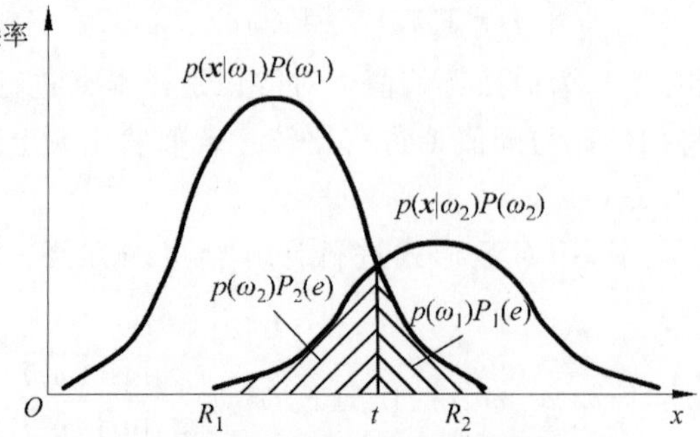

图 3-1　最小错误率贝叶斯决策错误率

例 3.1　假设存在一种机器设备,其能正常工作的概率为 70%,发生异常的概率为 30%,且发现机器在运作过程中有时存在噪声。根据历史统计得知,正常工作情况下出现噪声的概率为 10%,异常状态下出现噪声的概率为 80%。问:若发现一台机器设备出现噪声,利用最小错误率贝叶斯决策规则,应该把它判别为正常工作状态还是异常状态?

解:设正常工作状态为 ω_1,异常状态为 ω_2,则两类别的先验概率为

$$P(\omega_1)=0.7,\ P(\omega_2)=0.3$$

将"出现噪声"这一事件设为 x。当 $x=1$ 时,表示出现了噪声;当 $x=0$ 时,表示没有出现噪声。根据题意可知,"出现噪声"的类条件概率密度为

$$p(x=1 \mid \omega_1)=0.1,\ p(x=1 \mid \omega_2)=0.8$$

利用贝叶斯公式,分别计算出"出现噪声"时的后验概率:

$$P(\omega_1 \mid x=1)=\frac{p(x=1 \mid \omega_1)P(\omega_1)}{\sum_{j=1}^{2} p(x=1 \mid \omega_j)P(\omega_j)}=\frac{0.7\times 0.1}{0.7\times 0.1+0.3\times 0.8}\approx 0.226$$

$$P(\omega_2 \mid x=1)=\frac{p(x=1 \mid \omega_2)P(\omega_2)}{\sum_{j=1}^{2} p(x=1 \mid \omega_j)P(w_j)}=\frac{0.3\times 0.8}{0.7\times 0.1+0.3\times 0.8}\approx 0.774$$

根据最小错误率贝叶斯决策规则:因为 $P(\omega_2 \mid x) > P(\omega_1 \mid x)$,所以 $x\in\omega_2$,即当出现噪声时,将机器判别为异常状态。

3.2.2　最小风险贝叶斯决策

分析例 3.1 可以发现,最小错误率贝叶斯决策的分类结果取决于观测值对各类后验概率的大小,并没有考虑错误判断所带来的"风险"。在实际应用中,有时关心的不仅仅是错误率,还包括错误决策所带来的损失。显然,将机器的异常状态误判成正常工作状态所带来的风险与将机器的正常工作状态误判成异常状态所带来的风险是不同的,前者带来的损失是

更大的。因此，不同的决策所带来的损失是不同的，做决策时，要考虑错误决策所带来的损失。最小风险贝叶斯决策正是考虑各种分类错误引起的损失而提出的一种决策规则。

假定有 c 类样本，用 $\omega_j(j=1,2,\cdots,c)$ 表示类别，用 $\alpha_i(i=1,2,\cdots,k)$ 表示可以做出的决策。在实际应用中，有些样本可能不能决策其属于任何一类，有时也可以在决策时把几类样本合并成同一个大类，所以 k 不一定等于 c。对于给定样本 $\boldsymbol{x}$，令损失函数 $\lambda(\alpha_i,\omega_j)$ 表示对于 ω_j 类的样本 $\boldsymbol{x}$，采取决策 α_i 所带来的损失。每个决策都会带来一定的损失，它是由样本的真实状态 ω_j 和决策 α_i 来决定的。$\lambda(\alpha_i,\omega_j)$ 可以用表格的形式给出，即决策表，如表 3-1 所示。

表 3-1　损失函数 $\lambda(\alpha_i,\omega_j)$ 的决策表

决　策	类　型			
	ω_1	ω_2	$\cdots$	ω_c
α_1	$\lambda(\alpha_1,\omega_1)$	$\lambda(\alpha_1,\omega_2)$	$\cdots$	$\lambda(\alpha_1,\omega_c)$
α_2	$\lambda(\alpha_2,\omega_1)$	$\lambda(\alpha_2,\omega_2)$	$\cdots$	$\lambda(\alpha_2,\omega_c)$
$\vdots$	$\vdots$	$\vdots$	$\ddots$	$\vdots$
α_k	$\lambda(\alpha_k,\omega_1)$	$\lambda(\alpha_k,\omega_2)$	$\cdots$	$\lambda(\alpha_k,\omega_c)$

给定样本 $\boldsymbol{x}$，假设它的各个状态的后验概率 $P(\omega_j \mid \boldsymbol{x})(j=1,2,\cdots,c)$ 已经确定。在利用最小风险贝叶斯决策方法进行判决时，由于引入了风险的概念，就不能只根据后验概率的大小进行决策，而必须考虑所采取的决策是否使损失最小。对于样本 $\boldsymbol{x}$，如果采取决策 $\alpha_i(i=1,2,\cdots,k)$，从表 3-1 所示的决策表可以看出其对应 c 个 $\lambda(\alpha_i,\omega_j)$。因此，采取决策 α_i 的期望损失(条件风险)可定义为

$$R(\alpha_i \mid \boldsymbol{x})=E[\lambda(\alpha_i,\omega_j) \mid \boldsymbol{x}]=\sum_{j=1}^{c}\lambda(\alpha_i,\omega_j)P(\omega_j \mid \boldsymbol{x}) \tag{3-14}$$

由式(3-14)可以看出，对应 $\boldsymbol{x}$ 的不同取值，采取决策 α_i 时的条件风险值是不同的。所以，最终采取哪种决策是随 $\boldsymbol{x}$ 的取值而定的。可将决策 α 看成随 $\boldsymbol{x}$ 变化的函数，记为 $\alpha(\boldsymbol{x})$。因此，对特征空间中所有可能的样本 $\boldsymbol{x}$ 采取决策所造成的期望损失(期望风险)可由式(3-15)计算：

$$R(\alpha)=\int R(\alpha(\boldsymbol{x}) \mid \boldsymbol{x})p(\boldsymbol{x})\mathrm{d}\boldsymbol{x} \tag{3-15}$$

其中，积分运算是在整个特征空间进行的。期望风险 $R(\alpha)$ 表示的是对整个特征空间上所有 $\boldsymbol{x}$ 的取值采取决策 $\alpha(\boldsymbol{x})$ 所带来的损失；而条件风险 $R(\alpha_i \mid \boldsymbol{x})$ 表示对特定的某一样本 $\boldsymbol{x}$ 采取决策 α_i 所带来的损失。显然，进行决策时，希望采取一系列的决策 $\alpha(\boldsymbol{x})$ 的期望风险是最小的。如果采取每个决策时都使其条件风险最小，则对所有 $\boldsymbol{x}$ 做出决策时，其期望风险也必然是最小的。因此，最小风险贝叶斯决策就是最小化期望风险，即

$$\min_{\alpha} R(\alpha) \tag{3-16}$$

要使期望风险 $R(\alpha)$ 最小，就是要对所有的 $\boldsymbol{x}$ 使得 $R(\alpha(\boldsymbol{x}) \mid \boldsymbol{x})$ 最小。所以，最小风险贝叶斯决策规则可以表述为

$$\text{若}R(\alpha_i \mid \boldsymbol{x}) = \min_{j=1,2,\cdots,k} \{R(\alpha_j \mid \boldsymbol{x})\},\text{则}\alpha = \alpha_i \tag{3-17}$$

在已知先验概率和类条件概率密度的条件下，对样本 $\boldsymbol{x}$，最小风险贝叶斯决策的步骤可总结如下。

(1) 利用贝叶斯公式计算后验概率 $P(\omega_j \mid \boldsymbol{x}), j=1,2,\cdots,c$；

(2) 由决策表，利用式(3-14)计算条件风险 $R(\alpha_i \mid \boldsymbol{x}), i=1,2,\cdots,k$；

(3) 根据决策规则(3-17)，选择风险最小的决策。

例 3.2 在例 3.1 给出条件的基础上，利用表 3-2 所示的决策表，按照最小风险贝叶斯决策进行分类。

表 3-2 决策表

决策	类型	
	ω_1	ω_2
α_1	0	300
α_2	50	10

解：已知条件为

$$P(\omega_1)=0.7, \quad P(\omega_2)=0.3$$
$$p(x=1 \mid \omega_1)=0.1, \quad p(x=1 \mid \omega_2)=0.8$$
$$\lambda_{11}=0, \quad \lambda_{12}=300$$
$$\lambda_{21}=50, \quad \lambda_{22}=10$$

根据例 3.1 的计算结果，可知后验概率为

$$P(\omega_1 \mid \boldsymbol{x})=0.226, \quad P(\omega_2 \mid \boldsymbol{x})=0.774$$

根据式(3-14)计算条件风险，可得

$$R(\alpha_1 \mid \boldsymbol{x}) = \sum_{j=1}^{2} \lambda(\alpha_1, \omega_j) P(\omega_j \mid \boldsymbol{x}) = 0 \times 0.226 + 300 \times 0.774 = 232.2$$

$$R(\alpha_2 \mid \boldsymbol{x}) = \sum_{j=1}^{2} \lambda(\alpha_2, \omega_j) P(\omega_j \mid \boldsymbol{x}) = 50 \times 0.226 + 10 \times 0.774 = 19.04$$

由于 $R(\alpha_1 \mid \boldsymbol{x}) > R(\alpha_2 \mid \boldsymbol{x})$，所以决策为 ω_1 带来的风险大于决策为 ω_2 带来的风险。即当出现噪声时，将机器归为异常状态类别是风险最小的策略。

这里需要说明的是，在实际应用中，决策表通常是系统设计者和领域专家共同协商设定的。

下面讨论最小错误率贝叶斯决策和最小风险贝叶斯决策之间的关系。若损失函数 $\lambda(\alpha_i, \omega_j)$ 是一个 0-1 函数，且决策数目与类别数目一致，即

$$\lambda(\alpha_i, \omega_j) = \begin{cases} 0, & i=j \\ 1, & i \neq j \end{cases} \tag{3-18}$$

式(3-18)表明，做出正确决策时损失为 0，而做出错误决策时损失为 1。这时条件风险变为

$$R(\alpha_i \mid \boldsymbol{x}) = \sum_{j=1}^{c} \lambda(\alpha_i, \omega_j) P(\omega_j \mid \boldsymbol{x}) = \sum_{j=1, j \neq i}^{c} P(\omega_j \mid \boldsymbol{x}) = 1 - P(\omega_i \mid \boldsymbol{x}) \tag{3-19}$$

对于样本 x，基于最小风险贝叶斯决策方法的决策规则要求选择使条件风险最小的决策 α_i。由式(3-19)可知，要使条件风险 $R(\alpha_i \mid \boldsymbol{x})$ 最小，就是要使后验概率 $P(\omega_i \mid \boldsymbol{x})$ 最大。而基于最小错误率贝叶斯决策方法的决策规则就是将样本归为具有最大后验概率的一类。因此，在 0-1 损失函数的情况下，最小风险贝叶斯决策方法的结果与最小错误率贝叶斯决策方法的结果相同，即两种方法此时是等价的。

3.3　基于正态分布的最小错误率贝叶斯分类器

本节介绍正态分布概率模型下的最小错误率贝叶斯分类器。正态分布也称作高斯分布，之所以引入正态分布来解决问题，是因为对大量实际数据来说，正态分布假设是一种合理的近似。另外，正态分布在数学上具有很多好的性质，便于计算分析。

对于最小错误率贝叶斯决策，判别函数可以定义为

$$g_i(\boldsymbol{x}) = p(\boldsymbol{x} \mid \omega_i)P(\omega_i), \quad i = 1,2,\cdots,c \tag{3-20}$$

其决策规则为

$$\text{若 } g_i(\boldsymbol{x}) > g_j(\boldsymbol{x}), \quad i = 1,2,\cdots,c, \quad j \neq i, \text{则 } \boldsymbol{x} \in \omega_i \tag{3-21}$$

决策面方程为

$$g_i(\boldsymbol{x}) > g_j(\boldsymbol{x}) \tag{3-22}$$

设 $\boldsymbol{x}$ 为维数为 n 的特征向量，且 $p(\boldsymbol{x} \mid \omega_i)$ 服从正态分布，即

$$p(\boldsymbol{x} \mid \omega_i) \sim N(\boldsymbol{\mu}_i, \boldsymbol{\Sigma}_i) \tag{3-23}$$

其中，$\boldsymbol{\mu}_i$ 是 ω_i 类样本的均值向量，$\boldsymbol{\Sigma}_i$ 是 ω_i 类样本的协方差矩阵，则 ω_i 类的判别函数可表示为

$$g_i(\boldsymbol{x}) = \frac{1}{(2\pi)^{n/2} \left|\boldsymbol{\Sigma}_i\right|^{1/2}} \exp\left[-\frac{1}{2}(\boldsymbol{x}-\boldsymbol{\mu}_i)^{\mathrm{T}} \boldsymbol{\Sigma}_i^{-1}(\boldsymbol{x}-\boldsymbol{\mu}_i)\right] P(\omega_i) \tag{3-24}$$

其中，$\boldsymbol{\Sigma}_i^{-1}$ 是协方差矩阵 $\boldsymbol{\Sigma}_i$ 的逆矩阵，$|\boldsymbol{\Sigma}_i|$ 是协方差矩阵 $\boldsymbol{\Sigma}_i$ 对应行列式的值。为了便于计算，两边取对数，可得判别函数的等价形式：

$$\boldsymbol{g}_i(\boldsymbol{x}) = -\frac{1}{2}(\boldsymbol{x}-\boldsymbol{\mu}_i)^{\mathrm{T}} \boldsymbol{\Sigma}_i^{-1}(\boldsymbol{x}-\boldsymbol{\mu}_i) - \frac{n}{2}\ln 2\pi - \frac{1}{2}\ln|\boldsymbol{\Sigma}_i| + \ln P(\omega_i) \tag{3-25}$$

其中，$\frac{n}{2}\ln 2\pi$ 与类别无关，不影响分类决策，可以去掉。因此，式(3-25)可以进一步简化为

$$g_i(\boldsymbol{x}) = -\frac{1}{2}(\boldsymbol{x}-\boldsymbol{\mu}_i)^{\mathrm{T}} \boldsymbol{\Sigma}_i^{-1}(\boldsymbol{x}-\boldsymbol{\mu}_i) - \frac{1}{2}\ln|\boldsymbol{\Sigma}_i| + \ln P(\omega_i) \tag{3-26}$$

将式(3-26)代入式(3-22)，可得决策面方程为

$$-\frac{1}{2}\left[(\boldsymbol{x}-\boldsymbol{\mu}_i)^{\mathrm{T}} \boldsymbol{\Sigma}_i^{-1}(\boldsymbol{x}-\boldsymbol{\mu}_i) - (\boldsymbol{x}-\boldsymbol{\mu}_i)^{\mathrm{T}} \boldsymbol{\Sigma}_j^{-1}(\boldsymbol{x}-\boldsymbol{\mu}_i)\right] - \frac{1}{2}\ln\frac{|\boldsymbol{\Sigma}_i|}{|\boldsymbol{\Sigma}_j|} + \ln\frac{P(\omega_i)}{P(\omega_j)} = 0 \tag{3-27}$$

为了进一步理解多元正态分布下的判别函数和决策面，下面分几种情况讨论。

1. $\boldsymbol{\Sigma}_i = \boldsymbol{\sigma}^2 \boldsymbol{I}$

这种情况意味着每一类的协方差矩阵都是相等的，且类内各特征维度间相互独立，具有

相同的方差。从几何形状上看，相当于各个样本都集中在以该类的均值 μ_i 点为中心的同等大小和形状的超球体内。此时，协方差矩阵 $\boldsymbol{\Sigma}_i$ 为

$$\boldsymbol{\Sigma}_i=\boldsymbol{\sigma}^2\boldsymbol{I}=\begin{bmatrix}\boldsymbol{\sigma}^2 & \cdots & 0\\ \vdots & \vdots & \vdots\\ 0 & \cdots & \boldsymbol{\sigma}^2\end{bmatrix} \tag{3-28}$$

进一步简化式(3-26)，去掉与类别无关的项 $-\frac{1}{2}\ln|\boldsymbol{\Sigma}_i|$，判别函数可表示为

$$g_i(\boldsymbol{x})=-\frac{1}{2}(\boldsymbol{x}-\boldsymbol{\mu}_i)^{\mathrm{T}}\boldsymbol{\Sigma}_i^{-1}(\boldsymbol{x}-\boldsymbol{\mu}_i)+\ln P(\omega_i) \tag{3-29}$$

将式(3-28)代入式(3-29)，可得

$$g_i(\boldsymbol{x})=-\frac{1}{2\sigma^2}(\boldsymbol{x}-\boldsymbol{\mu}_i)^{\mathrm{T}}(\boldsymbol{x}-\boldsymbol{\mu}_i)+\ln P(\omega_i) \tag{3-30}$$

其中，$(\boldsymbol{x}-\boldsymbol{\mu}_i)^{\mathrm{T}}(\boldsymbol{x}-\boldsymbol{\mu}_i)$ 为 $\boldsymbol{x}$ 到类 ω_i 的均值向量 $\boldsymbol{\mu}_i$ 的欧氏距离的平方，即

$$(\boldsymbol{x}-\boldsymbol{\mu}_i)^{\mathrm{T}}(\boldsymbol{x}-\boldsymbol{\mu}_i)=\|\boldsymbol{x}-\boldsymbol{\mu}_i\|^2 \tag{3-31}$$

对于待识别样本 $\boldsymbol{x}$，决策规则为

$$\text{若 } g_k(\boldsymbol{x})=\max_i g_i(\boldsymbol{x}),\quad \text{则 } \boldsymbol{x}\in\omega_k \tag{3-32}$$

其中，$i=1,2,\cdots,c$。相应的决策面方程为

$$g_i(\boldsymbol{x})=g_j(\boldsymbol{x}) \tag{3-33}$$

下面再分两种情况讨论。

(1) c 类的先验概率不等，即 $P(\omega_i)\neq P(\omega_j)$。

当 c 类的先验概率 $P(\omega_i),i=1,2,\cdots,c$ 相互之间不相等时，进一步化简如式(3-30)所示的判别函数，并忽略与类别无关的项，可得

$$g_i(\boldsymbol{x})=-\frac{1}{2\sigma^2}(-2\boldsymbol{\mu}_i^{\mathrm{T}}\boldsymbol{x}+\boldsymbol{\mu}_i^{\mathrm{T}}\boldsymbol{\mu}_i)+\ln P(\omega_i)=\boldsymbol{w}_i^{\mathrm{T}}\boldsymbol{x}+w_{i0} \tag{3-34}$$

其中，$\boldsymbol{w}_i=\frac{1}{\sigma^2}\boldsymbol{\mu}_i$，$w_{i0}=-\frac{1}{2\sigma^2}\boldsymbol{\mu}_i^{\mathrm{T}}\boldsymbol{\mu}_i+\ln P(\omega_i)$。由式(3-32)可以看出，判别函数 $g_i(\boldsymbol{x})$ 是关于 $\boldsymbol{x}$ 的线性函数，所以此时最小错误率贝叶斯分类器为线性分类器。

将式(3-34)代入式(3-33)，决策面方程可表示为

$$\boldsymbol{w}^{\mathrm{T}}(x-x_0)=0 \tag{3-35}$$

其中，$\boldsymbol{w}=\boldsymbol{\mu}_i-\boldsymbol{\mu}_j$，$x_0=\frac{1}{2}(\boldsymbol{\mu}_i+\boldsymbol{\mu}_j)-\frac{\sigma^2(\mu_i-\mu_j)}{\|\mu_i-\mu_j\|^2}\ln\frac{P(\omega_i)}{P(\omega_j)}$。由式(3-35)可知，$\boldsymbol{w}$ 是由点 μ_j 到点 μ_i 的向量，决策面通过 x_0 点，且与向量 $\boldsymbol{w}$ 正交。由于 $\boldsymbol{\Sigma}_i=\boldsymbol{\sigma}^2\boldsymbol{I}$，特征向量之间的协方差都为 0，所以此时等概率面皆为超球体。当不同类的先验概率不同时，其决策界面将会远离先验概率较大的均值点。如图 3-2 所示，对于两分类问题，$P(\omega_2)>P(\omega_1)$，决策面将会远离 ω_2 类的均值点 μ_2。

(2) c 类的先验概率相等，即 $P(\omega_i)=P(\omega_j)$。

当 c 类的先验概率 $P(\omega_i),i=1,2,\cdots,c$ 都相等时，则可以去除判别函数式(3-30)中的 $\ln P(\omega_i)$ 项，进一步化简为

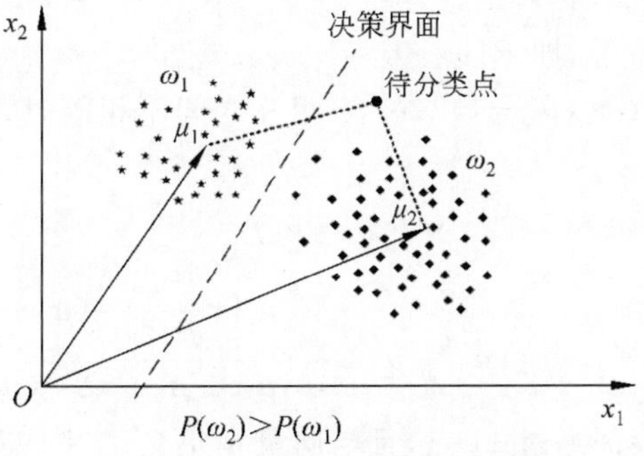

图 3-2　先验概率不同时的决策面

$$g_i(\boldsymbol{x}) = -\frac{1}{2\boldsymbol{\sigma}^2}(\boldsymbol{x}-\boldsymbol{\mu}_i)^{\mathrm{T}}(\boldsymbol{x}-\boldsymbol{\mu}_i) \tag{3-36}$$

进一步化简，可得

$$g_i(\boldsymbol{x}) = -\frac{\|\boldsymbol{x}-\boldsymbol{\mu}_i\|^2}{2\boldsymbol{\sigma}^2} \tag{3-37}$$

由式(3-37)可以看出，此时分类决策的结果只与每类的均值 $\boldsymbol{\mu}_i$ 有关。在对样本 $\boldsymbol{x}$ 进行分类时，只要计算样本 $\boldsymbol{x}$ 到各类均值 $\boldsymbol{\mu}_i$ 的欧氏距离的平方 $\|\boldsymbol{x}-\boldsymbol{\mu}_i\|^2$，并把样本 $\boldsymbol{x}$ 归到具有 $\min\limits_{i=1,2,\cdots,c}\|\boldsymbol{x}-\boldsymbol{\mu}_i\|^2$ 的类。因此，这种分类器又叫作"最小距离分类器"。

此时，决策面方程为

$$\boldsymbol{w}^{\mathrm{T}}(x-x_0)=0 \tag{3-38}$$

其中，$w=u_i-u_j$，$x_0=1/2(u_i+u_j)$，由式(3-38)可以看出，决策面通过点 μ_i 和点 μ_j 连线的中点 x_0，并与点 μ_i 和点 μ_j 的连线正交。如图 3-3 所示，对于两分类问题，当 $P(\omega_1)=P(\omega_2)$ 时，决策面为 μ_1 和 μ_2 连线的垂直平分线。

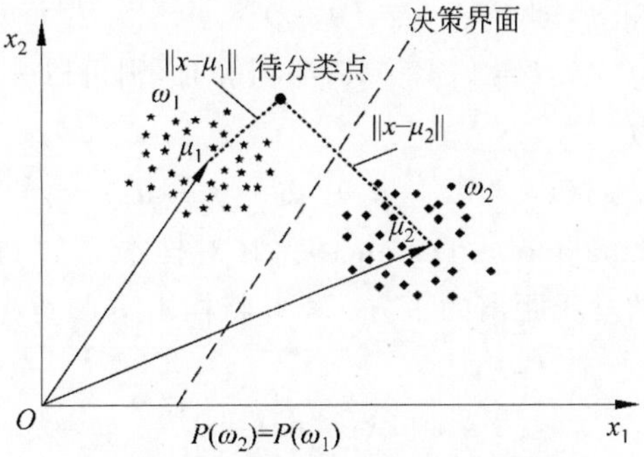

图 3-3　先验概率相同时的决策面

2. $\boldsymbol{\Sigma}_i=\boldsymbol{\Sigma}$

在这种情况下，每类的协方差矩阵均相等。从几何形状上看，相当于各个样本都集中在以该类的均值 μ_i 点为中心的同等大小和形状的超椭球体内。

由于 $\boldsymbol{\Sigma}_1=\boldsymbol{\Sigma}_2=\cdots=\boldsymbol{\Sigma}_c=\boldsymbol{\Sigma}$，所以 $\boldsymbol{\Sigma}_i$ 与类别无关，判别函数式(3-26)可化简为

$$g(\boldsymbol{x}) = -\frac{1}{2}(\boldsymbol{x}-\boldsymbol{\mu})^{\mathrm{T}}\boldsymbol{\Sigma}^{-1}(\boldsymbol{x}-\boldsymbol{\mu})+\ln P(\omega_i) \tag{3-39}$$

同样，下面分两种情况进行讨论。

(1) c 类的先验概率不等，即 $P(\omega_i) \neq P(\omega_j)$。

当 c 类的先验概率 $P(\omega_i), i=1,2,\cdots,c$ 相互之间不相等时，决策面方程式(3-27)可化简为

$$\boldsymbol{w}^{\mathrm{T}}(x-x_0)=0 \tag{3-40}$$

其中，$\boldsymbol{w}=\boldsymbol{\Sigma}^{-1}(\boldsymbol{\mu}_i-\boldsymbol{\mu}_j)$，$x_0=\dfrac{1}{2}(\boldsymbol{\mu}_i+\boldsymbol{\mu}_j)-\dfrac{\ln\dfrac{P(\omega_i)}{P(\omega_j)}(\boldsymbol{\mu}_i-\boldsymbol{\mu}_j)}{(\boldsymbol{\mu}_i-\boldsymbol{\mu}_j)^{\mathrm{T}}\boldsymbol{\Sigma}^{-1}(\boldsymbol{\mu}_i-\boldsymbol{\mu}_j)}$。

由式(3-40)可知，决策面通过 x_0 点，且与向量 $\boldsymbol{w}$ 正交。当不同类的先验概率不同时，x_0 点不是点 μ_i 和点 μ_j 连线的中点。由于 $\boldsymbol{w}=\boldsymbol{\Sigma}^{-1}(\boldsymbol{\mu}_i-\boldsymbol{\mu}_j)$ 通常不在 $(\boldsymbol{\mu}_i-\boldsymbol{\mu}_j)$ 方向，所以决策面通常不与 $(\boldsymbol{\mu}_i-\boldsymbol{\mu}_j)$ 正交。如图 3-4 所示，对于两分类问题，$P(\omega_2)>P(\omega_1)$，决策面不通过 μ_1 和 μ_2 连线的中点，而是远离先验概率较大的均值点 μ_2。

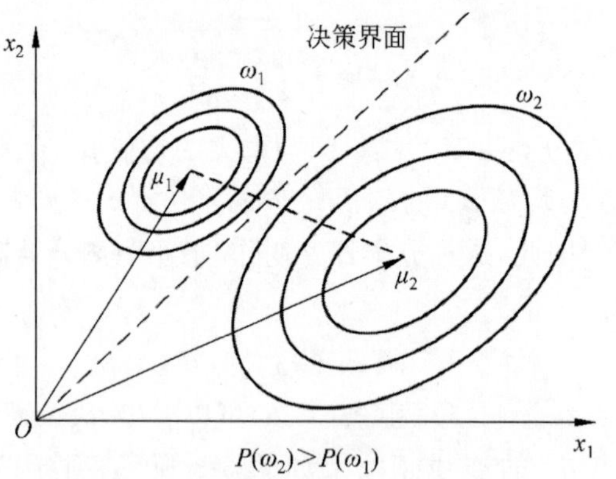

图 3-4　先验概率不同时的决策面

(2) c 类的先验概率相等，即 $P(\omega_i)=P(\omega_j)$。

当 c 类的先验概率 $P(\omega_i), i=1,2,\cdots,c$ 都相等时，则可以去除判别函数式(3-39)中的 $\ln P(\omega_i)$ 项，进一步化简为

$$g_i(\boldsymbol{x})=(\boldsymbol{x}-\boldsymbol{\mu}_i)^{\mathrm{T}}\boldsymbol{\Sigma}^{-1}(\boldsymbol{x}-\boldsymbol{\mu}_i)=\gamma^2 \tag{3-41}$$

其中，γ 表示马氏距离(Mahalanobis Distance)。在对样本 x 进行分类时，只需要计算出样本 x 到每一类均值点 $\boldsymbol{\mu}_i$ 的马氏距离的平方 γ^2，并将样本 x 归类为 γ^2 最小的类别。此时，决策面方程为

$$\boldsymbol{w}^{\mathrm{T}}(\boldsymbol{x}-\boldsymbol{x}_0)=0 \tag{3-42}$$

其中，$w=\boldsymbol{\Sigma}^{-1}(\boldsymbol{\mu}_i-\boldsymbol{\mu}_j)$，$x_0=1/2(\boldsymbol{\mu}_i+\boldsymbol{\mu}_j)$。由式(3-42)可以看出，决策面通过点 $\boldsymbol{\mu}_i$ 和点 $\boldsymbol{\mu}_j$ 连线的中点，并与向量 $\boldsymbol{w}$ 正交。如图 3-5 所示，对于两分类问题，当 $P(\omega_1)=P(\omega_2)$ 时，决策面过 $\boldsymbol{\mu}_1$ 和 $\boldsymbol{\mu}_2$ 的连线中点，但不与 $\boldsymbol{\mu}_1$ 和 $\boldsymbol{\mu}_2$ 的连线正交。

3. 各类协方差矩阵不相等

这种情况是多元正态分布的一般情况，即 $\boldsymbol{\Sigma}_i$ 任意，各类的协方差矩阵不相等。此时，判别函数为二次型函数，可表示为

$$g_i(\boldsymbol{x})=\boldsymbol{x}^{\mathrm{T}}\boldsymbol{W}_i\boldsymbol{x}+\boldsymbol{w}_i^{\mathrm{T}}\boldsymbol{x}+w_{i0} \tag{3-43}$$

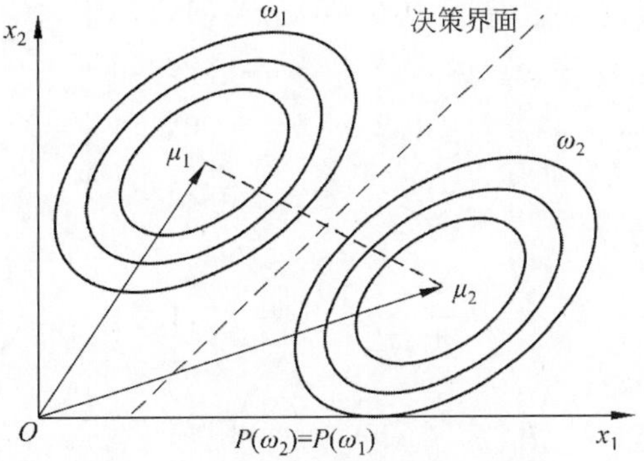

图 3-5　先验概率相同时的决策面

其中，$\boldsymbol{W}_i=-\frac{1}{2}\boldsymbol{\Sigma}_i^{-1}$，$\boldsymbol{w}_i=\boldsymbol{\Sigma}_i^{-1}\boldsymbol{\mu}_i$，$w_{i0}=-\frac{1}{2}\boldsymbol{\mu}_i^{\mathrm{T}}\boldsymbol{\Sigma}_i^{-1}\boldsymbol{\mu}_i-\frac{1}{2}\ln|\boldsymbol{\Sigma}_i|+\ln P(\omega_i)$。

决策面方程为

$$\boldsymbol{x}^{\mathrm{T}}(\boldsymbol{W}_i-\boldsymbol{W}_j)\boldsymbol{x}+(\boldsymbol{w}_i-\boldsymbol{w}_j)^{\mathrm{T}}\boldsymbol{x}+w_{i0}-w_{j0}=0 \tag{3-44}$$

由式(3-44)决定的决策面为超曲面，随着 $\boldsymbol{\Sigma}_i$、$\boldsymbol{\mu}_i$、$P(\omega_i)$ 的不同而呈现出不同的超二次曲面，如超球面、超椭球面、超抛物面、超双曲面或超平面。图 3-6 给出了二元正态分布下两类决策面的 5 种形式。在这 5 种形式中，假定变量 x_1 和变量 x_2 是类条件独立的，即协方差矩阵为对角阵；两类的先验概率是相等的，即不同的决策面仅仅是由于方差的不同引起的。

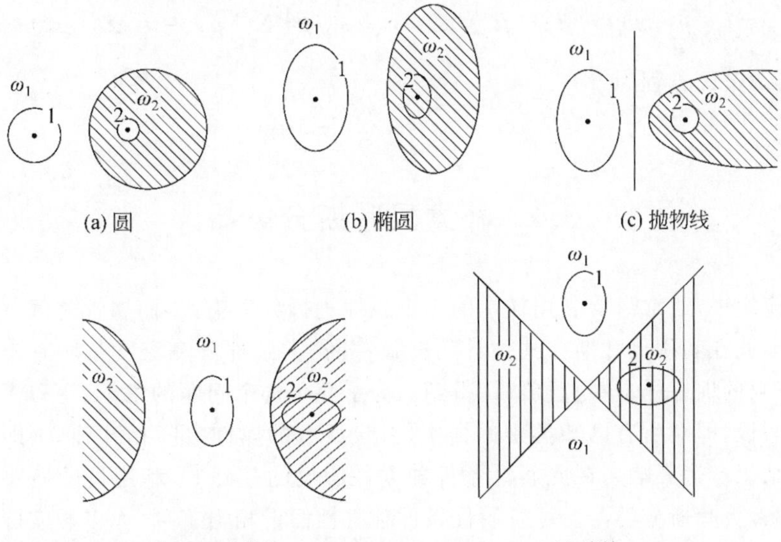

图 3-6　正态分布下几种决策面的形式

例 3.3　设有两类正态分布的样本，每类有 4 个样本：

$$\omega_1:[0,0,0]^{\mathrm{T}},[1,1,0]^{\mathrm{T}},[1,0,1]^{\mathrm{T}},[1,0,0]^{\mathrm{T}}$$

$$\omega_2:[0,0,1]^{\mathrm{T}},[0,1,1]^{\mathrm{T}},[0,1,0]^{\mathrm{T}},[1,1,1]^{\mathrm{T}}$$

若两类样本的先验概率相等，试求利用最小错误率贝叶斯决策进行分类的决策面方程。

解：由已知条件可得

$$x_{11}=[0,0,0]^{\mathrm{T}}, x_{12}=[1,1,0]^{\mathrm{T}}$$
$$x_{13}=[1,0,1]^{\mathrm{T}}, x_{14}=[1,0,0]^{\mathrm{T}}$$
$$x_{21}=[0,0,1]^{\mathrm{T}}, x_{22}=[0,1,1]^{\mathrm{T}}$$
$$x_{23}=[0,1,0]^{\mathrm{T}}, x_{24}=[1,1,1]^{\mathrm{T}}$$

两类样本的均值向量为

$$\boldsymbol{\mu}_1=\frac{1}{4}\sum_{i=1}^{4}\boldsymbol{x}_{1i}=\frac{1}{4}[3,1,1]^{\mathrm{T}}$$

$$\boldsymbol{\mu}_2=\frac{1}{4}\sum_{i=1}^{4}\boldsymbol{x}_{2i}=\frac{1}{4}[1,3,3]^{\mathrm{T}}$$

由公式 $\boldsymbol{\Sigma}_i=E[(\boldsymbol{x}-\boldsymbol{\mu}_i)(\boldsymbol{x}-\boldsymbol{\mu}_i)^{\mathrm{T}}]$ 计算两类样本的协方差矩阵为

$$\boldsymbol{\Sigma}_1=\boldsymbol{\Sigma}_2=\frac{1}{16}\begin{bmatrix}3 & 1 & 1\\ 1 & 3 & -1\\ 1 & -1 & 3\end{bmatrix}$$

由已知条件和上述计算结果可知，两类样本的先验概率相同，且协方差矩阵相等，所以决策面方程为

$$\boldsymbol{w}^{\mathrm{T}}(\boldsymbol{x}-\boldsymbol{x}_0)=0$$

其中，$\boldsymbol{w}=\boldsymbol{\Sigma}^{-1}(\boldsymbol{\mu}_i-\boldsymbol{\mu}_j)$，$\boldsymbol{x}_0=\frac{1}{2}(\boldsymbol{\mu}_i+\boldsymbol{\mu}_j)$。即

$$g_1(\boldsymbol{x})-g_2(\boldsymbol{x})=(\boldsymbol{\mu}_1-\boldsymbol{\mu}_2)^{\mathrm{T}}\boldsymbol{\Sigma}_1^{-1}\boldsymbol{x}-\frac{1}{2}(\boldsymbol{\mu}_1^{\mathrm{T}}\boldsymbol{\Sigma}_1^{-1}\boldsymbol{\mu}_1-\boldsymbol{\mu}_2^{\mathrm{T}}\boldsymbol{\Sigma}_1^{-1}\boldsymbol{\mu}_2)=0$$

经计算，可得决策面方程为

$$2\boldsymbol{x}_1-2\boldsymbol{x}_2-2\boldsymbol{x}_3+1=0$$

3.4 朴素贝叶斯分类器

在实际应用中，通常需要利用样本的多个属性进行分类决策，而属性之间往往具有一定的关联性。因此在利用贝叶斯公式估计后验概率时，类条件概率密度是所有属性的联合概率，很难从有限的训练样本中直接估计得到。为了简化这个问题的求解，可以考虑采用属性条件独立性假设，即对所有已知类别的样本，假设所有的属性之间相互独立，即每个属性独立地对分类结果产生影响。在此属性条件独立性假设的基础上，利用贝叶斯决策理论进行分类，称为朴素贝叶斯分类器。尽管属性条件独立性假设相当苛刻，大多数实际分类系统中属性之间往往是互相联系、存在依赖的，并不满足此假设。但是，研究发现：在大多数情况下，尤其是应用于大型数据库时，朴素贝叶斯分类器表现出良好的性能。

假设有独立同分布的 c 类样本，每个样本 $\boldsymbol{x}$ 具有 d 维属性特征，即 $\boldsymbol{x}=[x_1,x_2,\cdots,x_d]$。样本的总个数为 n，每类样本的个数为 $n_i(i=1,2,\cdots,c)$，则第 i 类样本的先验概率为

$$P(\omega_i)=\frac{n_i}{n} \tag{3-45}$$

对于离散属性的取值 x_j 来说，令 n_i^j 为第 i 类样本中属性取值为 x_j 的样本个数，则类条件概率可由式(3-46)估计出：

$$P(x_j \mid \omega_i)=\frac{n_i^j}{n_i} \tag{3-46}$$

对于连续属性，可考虑概率密度函数的取值。假定对于第 i 类样本，属性 x_j 服从正态分布，即 $\sigma_{i,j}^2 p(x_i|w_j)\cdot N(u_{i,j},\sigma_{i,j}^2)$，则有属性 x_j 对应的类条件概率密度函数为

$$p(x_j \mid \omega_i)=\frac{1}{\sqrt{2\pi}\sigma_{i,j}}\exp\left(-\frac{(x_j-\mu_{i,j})^2}{2\sigma_{i,j}^2}\right) \tag{3-47}$$

其中，$u_{i,j}$ 和 $\sigma_{i,j}^2$ 分别为第 i 类样本在属性 x_j 上取值的均值和方差。

基于属性条件独立性假设，贝叶斯公式可改写为

$$P(\omega_i \mid x)=\frac{P(\omega_i)\prod_{j=1}^{d}p(x_j \mid \omega_i)}{p(x)},\quad i=1,2,\cdots,c \tag{3-48}$$

其中，d 为属性的数目，x_j 为 x 在第 j 个属性上的取值。

对于所有类别来说，$p(x)$ 是相同的，其与最后的分类结果无关。因此，朴素贝叶斯分类器的判别函数可定义为

$$g_i(x)=P(\omega_i)\prod_{j=1}^{d}P(x_j \mid \omega_i) \tag{3-49}$$

相应的决策规则可定义为

$$若\ g_k(\boldsymbol{x})=\max_{i=1,2,\cdots,c} g_i(\boldsymbol{x})，则\ \boldsymbol{x}\in\omega_k \tag{3-50}$$

朴素贝叶斯分类器的步骤可总结如下。

(1) 对每个类别，计算先验概率 $P(\omega_i)$，$i=1,2,\cdots,c$；

(2) 对每个特征属性，计算其对应的类条件概率密度 $p(x_j \mid \omega_i)$，$i=1,2,\cdots,c$；

(3) 利用式(3-49)计算每类样本对应的判别函数 $g_i(x)$；

(4) 根据决策规则(3-50)，对待识别样本进行分类。

例 3.4　现给定一个果树数据集，共有2个类别，其中规定苹果树为正例(+)、柿子树为反例(−)。数据集共有8个已知类别标号的样本(序号为1～8)，每个样本有3个属性特征，即：树干、果实和高度，且每种树的属性“高度”服从正态分布，样本集如表3-3所示。试用朴素贝叶斯分类器对序号为9的样本进行分类。

表 3-3　果树数据集

编号	树干	果实	高度/m	树种	编号	树干	果实	高度/m	树种
1	灰褐	青色	6.3	+	6	浅褐	青色	9.1	+
2	黑褐	青色	10.3	−	7	浅褐	橘色	12.5	−
3	黑褐	红色	4.8	+	8	灰褐	橘色	11.4	−
4	灰褐	红色	8.2	+	9	浅褐	青色	7.4	?
5	黑褐	橘色	8.6	−					

解：由表 3-3 可计算两类样本的先验概率分别为

$$P(\text{树种}=+)=\frac{4}{8}=0.5$$

$$P(\text{树种}=-)=\frac{4}{8}=0.5$$

由于每类样本都服从正态分布，可分别计算出两类样本属性“高度”所对应的类条件概率密度的均值和标准差。令 n_1 表示“树种＝＋”的样本个数，n_2 表示“树种＝－”的样本个数。分析表 3-3 可知，$n_1=4$，$n_2=4$。令 x_i^+ 表示“树种＝＋”的样本的“高度”属性值，x_i^- 表示“树种＝－”的样本的“高度”属性值，则当“树种＝＋”时，其对应的均值和标准差分别为

$$\mu_2=\frac{1}{n_2}\sum_{i=1}^{4}x_i^+=\frac{1}{4}(10.3+8.6+12.5+11.4)=10.7$$

$$\begin{aligned}\sigma_2&=\sqrt{\frac{1}{n_2-1}\sum_{i=1}^{4}(x_i^- -\mu_2)^2}\\&=\sqrt{\frac{1}{3}[(10.3-10.7)^2+(8.6-10.7)^2+(12.5-10.7)^2+(11.4-10.7)^2]}\\&\approx 1.663\end{aligned}$$

接着，计算每个属性的类条件概率密度：

$$P_{\text{浅褐}|+}=P(\text{树干}=\text{浅褐}\mid\text{树种}=+)=\frac{1}{4}=0.25$$

$$P_{\text{浅褐}|-}=P(\text{树干}=\text{浅褐}\mid\text{树种}=-)=\frac{1}{4}=0.25$$

$$P_{\text{青色}|+}=P(\text{果实}=\text{青色}\mid\text{树种}=+)=\frac{2}{4}=0.5$$

$$P_{\text{青色}|-}=P(\text{果实}=\text{青色}\mid\text{树种}=-)=\frac{1}{4}=0.25$$

$$\begin{aligned}p_{\text{高度}:7.4|+}&=P(\text{高度}=7.4\mid\text{树种}=+)\\&=\frac{1}{\sqrt{2\pi}\sigma_1}\exp\left(-\frac{(7.4-\mu_1)^2}{2\sigma_1^2}\right)\\&=\frac{1}{\sqrt{2\pi}\times 1.927}\exp\left(-\frac{(7.4-7.1)^2}{2\times 1.927^2}\right)\approx 0.202\end{aligned}$$

$$\begin{aligned}p_{\text{高度}:7.4|-}&=P(\text{高度}=7.4\mid\text{树种}=-)\\&=\frac{1}{\sqrt{2\pi}\sigma_2}\exp\left(-\frac{(7.4-\mu_2)^2}{2\sigma_2^2}\right)\\&=\frac{1}{\sqrt{2\pi}\times 1.663}\exp\left(-\frac{(7.4-10.7)^2}{2\times 1.663^2}\right)\approx 0.009\end{aligned}$$

可以求得样本 x 属于每一类的后验概率为

$$P(+\mid x)=P(\text{树种}=+)\cdot P_{\text{浅褐}|+}\cdot P_{\text{青色}|+}\cdot p_{\text{高度}:7.4|+}\approx 0.013$$

$$P(-\mid x)=P(\text{树种}=-)\cdot P_{\text{浅褐}|-}\cdot P_{\text{青色}|-}\cdot p_{\text{高度}:7.4|-}\approx 2.81\times 10^{-4}$$

由于 $P(+\mid x)>P(-\mid x)$，因此，应将序号为 9 的样本判别为苹果树(＋)。

在例 3.4 中，测试样本中属性的取值应均在训练集的某一类样本中出现过。倘若出现了训练样本中从未出现的属性值，使用朴素贝叶斯分类器进行决策将出现问题。例如，如果测试样本中含有"果实＝红色"的属性时，计算对应的条件概率：

$$P_{红色|-}=P(果实=红色 \mid 树种=-)=\frac{0}{4}=0$$

在这种情况下，根据式(3-46)进行连乘的结果均为 0，该样本的其余属性无论取什么值，分类的结果都将是"树种＝＋"。这也是朴素贝叶斯分类器的局限所在。为了避免这一情况发生，在估计概率值时可以进行"平滑"处理。具体地，式(3-45)和式(3-46)可以分别修正为

$$\hat{P}(\omega_i)=\frac{n_i+1}{n+c} \tag{3-51}$$

$$\hat{P}(x_j \mid \omega_i)=\frac{n_i^j+1}{n_i+c_i} \tag{3-52}$$

其中，c 为样本的类别数，c_i 为第 i 个属性可能的取值数。

对于例 3.4，类先验概率可以估计为

$$\hat{P}(树种=+)=\frac{4+1}{8+2}=0.5$$

$$\hat{P}(树种=-)=\frac{4+1}{8+2}=0.5$$

由于果实的颜色有"青色""红色""橘色"三种取值，因此对于"果实＝红色"属性，对应的条件概率可以估计为

$$\hat{P}_{红色|-}=\hat{P}(果实=红色 \mid 树种=-)=\frac{0+1}{4+3}\approx 0.143$$

由以上分析可知，通过引入先验知识，"平滑"处理可以避免某些条件概率为 0 的问题。尤其是当训练样本集增大时，"平滑"处理过程中引入的先验知识的影响会逐渐削弱，使得估计值逐步逼近真实值。

3.5 Python 实现

3.5.1 最小错误率贝叶斯决策和最小风险贝叶斯决策

假定某个局部区域细胞识别中正常 ω_1 和异常 ω_2 的两类先验概率分别为

$$P(\omega_1)=0.9$$

$$P(\omega_2)=0.1$$

现有一系列待识别细胞，其观察值为 x，如表 3-4 所示。已知类条件概率密度函数 $P(X \mid \omega_1)$ 和 $P(X \mid \omega_2)$ 分别服从正态分布 $N(-2,0.25)$、$N(2,4)$。条件风险决策表如表 3-5 所示。试对上述观察值 x 分别按照最小错误率贝叶斯决策和最小风险贝叶斯决策进行分类。

表 3-4　待识别细胞的观察值 x

−3.9847	−3.5549	−1.2401	−0.9780	−0.7932	−2.8531

续表

−2.7605	−3.7287	−3.5414	−2.2692	−3.4549	−3.0752
−3.9934	2.8792	0.9780	0.7932	1.1882	3.0682
−1.5799	−1.4885	−0.7431	−0.4221	−1.1186	4.2532

表 3-5 条件风险决策表

	ω_1	ω_2
α_1	0	6
α_2	1	0

程序代码及实验结果。

(1) 程序代码。

最小错误率贝叶斯程序如下。

```
import numpy as np
from scipy.stats import norm
import matplotlib.pyplot as plt
#输入数据
Data=[-3.9847, -3.5549, -1.2401, -0.9780, -0.7932, -2.8531,
-2.760, -3.7287, -3.5414, -2.2692, -3.4549, -3.0752,
      -3.9934, 2.8792, -0.9780, 0.7932, 1.1882, 3.0682,
      -1.5799, -1.4885, -0.7431, -0.4221, -1.1186, 4.2532]

#两个类型的先验概率
Pw1, Pw2 =0.9, 0.1

#两个类型的类概率密度函数服从(u,sig^2)的正态分布,均值 u,标准差 sig
u1, sig1 =-2, 0.5
u2, sig2 =2, 2

#决策风险表
r11, r12 =0, 6
r21, r22 =1, 0

#为类型 1 和类型 2 开辟内存,以便后续使用
P1_save =[]
P2_save =[]

for x in Data:
#计算后验概率
    #P(w1/x) =(p(x/w1) * p(w1))/p(x) =(p(x/w1) * p(w1))/((p(x/w1) * p(w1))+(p(x/
#w2) * p(w2)))
    #P(w2/x) =(p(x/w2) * p(w2))/p(x) =(p(x/w2) * p(w2))/((p(x/w1) * p(w1))+(p(x/
#w2) * p(w2)))
    P1 =(norm.pdf(x, u1, sig1)  *  Pw1)/(norm.pdf(x, u1, sig1) * Pw1 +norm.pdf(x,
u2, sig2) * Pw2)
```

```
    P2 =(norm.pdf(x, u2, sig2) * Pw2) / (norm.pdf(x, u1, sig1) * Pw1 +norm.pdf(x,
u2, sig2) * Pw2)

    if P1 >P2:
        P1_save.append(x)
        print("观测数据:", x, "被分为类型 1 的后验概率为:", P1, "被分为类型 2 的后验概
率为:", P2)
        print("所以观测数据", x, "应该为类型 1")
    else:
        P2_save.append(x)
        print("观测数据:", x, "被分为类型 1 的后验概率为:", P1, "被分为类型 2 的后验概
率为:", P2)
        print("所以观测数据", x, "应该为类型 2")

#在-5 到 5 之间以 0.01 步长采样进行画图
data_sample =np.arange(-5, 5, 0.01)
P1_sample =[[]for i in range(len(data_sample))]
P2_sample =[[]for i in range(len(data_sample))]
for i in range(0, len(data_sample)):

    P1 =(norm.pdf(data_sample[i], u1, sig1) * Pw1) /(norm.pdf(data_sample[i],
u1, sig1) * Pw1 +norm.pdf(data_sample[i], u2, sig2) * Pw2)
    P2 = (norm.pdf(data_sample[i], u2, sig2) * Pw2)/(norm.pdf(data_sample[i],
u1, sig1) * Pw1 +norm.pdf(data_sample[i], u2, sig2) * Pw2)
    P1_sample[i] =P1
    P2_sample[i] =P2

#使用 matplotlib 库函数进行画图
plt.plot(data_sample, P1_sample, "r", label="R1")
plt.plot(data_sample, P2_sample, "b", label="R2")
plt.plot(P1_save, len(P1_save) * [0], "r.", label="w1")
plt.plot(P2_save, len(P2_save) * [0], "b^", label="w2")
#设置曲线图的属性,不能使用中文
plt.xlabel("x")      #设置 X 轴的文字
plt.ylabel("R")      #设置 Y 轴的文字
plt.legend()
plt.show()
```

最小风险贝叶斯程序如下。

```
import numpy as np
from scipy.stats import norm
import matplotlib.pyplot as plt

#输入数据
Data =[-3.9847, -3.5549, -1.2401, -0.9780, -0.7932, -2.8531,
       -2.760,  -3.7287, -3.5414, -2.2692, -3.4549, -3.0752,
       -3.9934,  2.8792, -0.9780,  0.7932,  1.1882,  3.0682,
       -1.5799, -1.4885, -0.7431, -0.4221, -1.1186,  4.2532]

#两个类型的先验概率
```

```
Pw1, Pw2 =0.9, 0.1

#两个类型的类概率密度函数服从(u,sig^2)的正态分布,均值 u,标准差 sig
u1, sig1 =-2, 0.5
u2, sig2 =2, 2

#决策风险表
r11, r12 =0, 6
r21, r22 =1, 0

#为类型 1 和类型 2 开辟内存,以便后续使用
R1_save =[]
R2_save =[]

for x in Data:
    #计算后验概率
    #P(w1/x) =(p(x/w1) * p(w1))/p(x) =(p(x/w1) * p(w1))/((p(x/w1) * p(w1))+(p(x/
#w2) * p(w2)))
    #P(w2/x) =(p(x/w2) * p(w2))/p(x) =(p(x/w2) * p(w2))/((p(x/w1) * p(w1))+(p(x/
#w2) * p(w2)))
    P1 =(norm.pdf(x, u1, sig1) * Pw1)/(norm.pdf(x, u1, sig1) * Pw1 +norm.pdf(x,
u2, sig2) * Pw2)
    P2 =(norm.pdf(x, u2, sig2) * Pw2) / (norm.pdf(x, u1, sig1) * Pw1 +norm.pdf(x,
u2, sig2) * Pw2)
    #计算决策风险
    #R(w1/x) =P(w1/x) * r11 +P(w2/x) * r12
    #R(w2/x) =P(w1/x) * r21 +P(w2/x) * r22
    R1 =P1 * r11 +P2 * r12
    R2 =P1 * r21 +P2 * r22
    if R1 >R2:
        R2_save.append(x)
        print("观测数据:", x, "被分为类型 1 的风险为:", R1, "被分为类型 2 的风险为:",
R2)
        print("所以观测数据", x, "应该为类型 2")
    else:
        R1_save.append(x)
        print("观测数据:", x, "被分为类型 1 的风险为:", R1, "被分为类型 2 的风险为:",
R2)
        print("所以观测数据", x, "应该为类型 1")

#在-5 到 5 之间以 0.01 步长采样进行画图
data_sample =np.arange(-5, 5, 0.01)
R1_sample =[[]for i in range(len(data_sample))]
R2_sample =[[]for i in range(len(data_sample))]
for i in range(0, len(data_sample)):
    P1 =(norm.pdf(data_sample[i], u1, sig1) * Pw1)/(norm.pdf(data_sample[i],
u1, sig1) * Pw1 +norm.pdf(data_sample[i], u2, sig2) * Pw2)
    P2 =(norm.pdf(data_sample[i], u2, sig2) * Pw2)/(norm.pdf(data_sample[i],
u1, sig1) * Pw1 +norm.pdf(data_sample[i], u2, sig2) * Pw2)
    R1_sample[i] =P1 * r11 +P2 * r12
    R2_sample[i] =P1 * r21 +P2 * r22
```

```
#使用 matplotlib 库函数进行画图
plt.plot(data_sample, R1_sample, "r", label="R1")
plt.plot(data_sample, R2_sample, "b", label="R2")
plt.plot(R1_save, len(R1_save) * [0], "r.", label="w1")
plt.plot(R2_save, len(R2_save) * [0], "b^", label="w2")
#设置曲线图的属性,不能使用中文
plt.xlabel("x")      #设置 X 轴的文字
plt.ylabel("R")      #设置 Y 轴的文字
plt.legend()
plt.show()
```

(2) 实验结果。

程序的运行结果如下。

① 最小错误率贝叶斯程序运行结果。

由于篇幅原因,这里只给出前五个样本的分类结果。

观测数据: -3.9847,被分为类型 1 的后验概率为: 0.5455062299841593,被分为类型 2 的后验概率为: 0.4544937700158406;
所以观测数据 -3.9847 应该为类型 1。
观测数据: -3.5549,被分为类型 1 的后验概率为: 0.931195825156259,被分为类型 2 的后验概率为: 0.068804174843741;
所以观测数据 -3.5549 应该为类型 1。
观测数据: -1.2401,被分为类型 1 的后验概率为: 0.9768175399712223,被分为类型 2 的后验概率为: 0.02318246002877768;
所以观测数据 -1.2401 应该为类型 1。
观测数据: -0.978,被分为类型 1 的后验概率为: 0.9310615582911299,被分为类型 2 的后验概率为: 0.06893844170887009;
所以观测数据 -0.978 应该为类型 1。
观测数据: -0.7932,被分为类型 1 的后验概率为: 0.8383540747852113,被分为类型 2 的后验概率为: 0.16164592521478868;
所以观测数据 -0.7932 应该为类型 1。

分类结果示意图如图 3-7 所示,其中圆点表示该数据分类至 ω_1 类,叉号表示该数据分类至 ω_2 类。R1 代表各点分为 ω_1 类的后验概率,R2 代表各点分为 ω_2 类的后验概率。

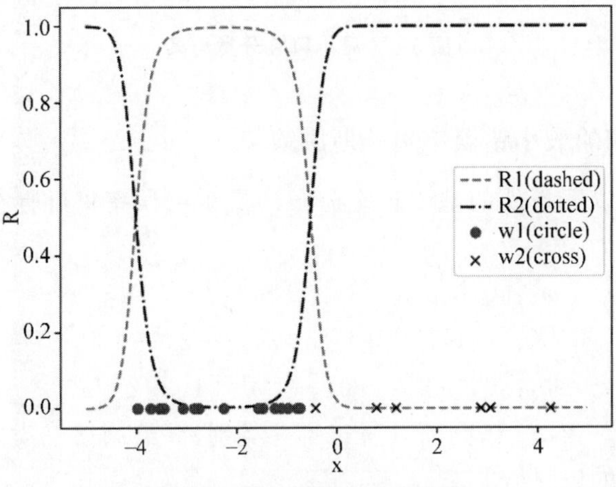

图 3-7　最小错误率分类结果

② 最小风险贝叶斯程序运行结果。

由于篇幅原因，这里只给出前五个样本的分类结果。

```
观测数据：-3.9847，被分为类型 1 的风险为：2.7269626200950436，被分为类型 2 的风险为：0.5455062299841593；
所以观测数据 -3.9847 应该为类型 2。
观测数据：-3.5549，被分为类型 1 的风险为：0.412825049062446，被分为类型 2 的风险为：0.931195825156259；
所以观测数据 -3.5549 应该为类型 1。
观测数据：-1.2401，被分为类型 1 的风险为：0.1390947601726661，被分为类型 2 的风险为：0.9768175399712223；
所以观测数据 -1.2401 应该为类型 1。
观测数据：-0.978，被分为类型 1 的风险为：0.41363065025322054，被分为类型 2 的风险为：0.9310615582911299；
所以观测数据 -0.978 应该为类型 1。
观测数据：-0.7932，被分为类型 1 的风险为：0.969875551288732，被分为类型 2 的风险为：0.8383540747852113；
所以观测数据 -0.7932 应该为类型 2。
```

分类结果示意图如图3-8所示，其中圆点表示该数据分类至ω_1类，叉号表示该数据分类至ω_2类。R1代表各点分为ω_1类的风险值，R2代表各点分为ω_2类的风险值。

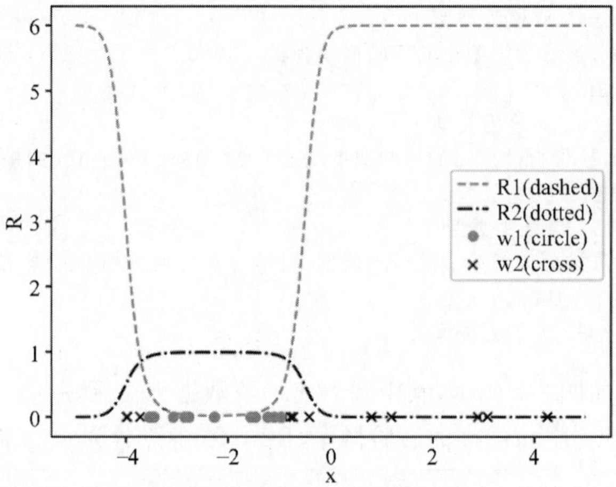

图 3-8　最小风险分类结果

3.5.2　基于正态分布的最小错误率贝叶斯决策

请编程实现满足以下条件的基于正态分布的最小错误率贝叶斯分类器。已知有三个类别：

$$\omega_1:[0,0]^T,[2,1]^T,[1,0]^T;$$

$$\omega_2:[-1,1]^T,[-2,0]^T,[-2,-1]^T;$$

$$\omega_3:[0,-2]^T,[0,-1]^T,[1,-2]^T$$

对于待识别样本$[-2,2]^T$，判断其属于哪一类别，并绘制出三类之间的分界面。请分别给出以下两种情况的识别结果。

① 各类的协方差矩阵不相等。

② 各类的协方差矩阵相等。

程序代码及实验结果。

(1) 程序代码。

```
import numpy as np
import math
import matplotlib.pyplot as plt

x1 =np.array([[0,2,1],[0,1,0]])
x2 =np.array([[-1,-2,-2],[1,0,-1]])
x3 =np.array([[0,0,1],[-2,-1,-2]])
#求各类均值点
u1 =np.matrix(np.mean(x1,axis =1)).T
u2 =np.matrix(np.mean(x2,axis =1)).T
u3 =np.matrix(np.mean(x3,axis =1)).T
#求协方差矩阵
c1 =np.cov(x1)
c2 =np.cov(x2)
c3 =np.cov(x3)
#求协方差矩阵的逆
c1_inv =np.linalg.inv(c1)
c2_inv =np.linalg.inv(c2)
c3_inv =np.linalg.inv(c3)
#样本点
p =np.array([[-2],[2]])
#协方差矩阵不相等的情况,计算出各类判别函数 g(x)
print('协方差不相等的情况:')
g1 =float(-0.5 * np.dot(np.dot((p-u1).T,c1_inv),(p-u1))-0.5 * math.log(np.
linalg.det(c1))+math.log(1/3))
g2 =float(-0.5 * np.dot(np.dot((p-u2).T,c2_inv),(p-u2))-0.5 * math.log(np.
linalg.det(c2))+math.log(1/3))
g3 =float(-0.5 * np.dot(np.dot((p-u3).T,c3_inv),(p-u3))-0.5 * math.log(np.
linalg.det(c3))+math.log(1/3))
print("g1=",g1)
print("g2=",g2)
print("g3=",g3)
#判别样本[-2,2].T 属于哪一类
gx =np.array([g1,g2,g3])
a =np.argmax(gx)+1
print('此样本属于第',a,'类')
#绘制分界面曲线
def interface12(x,y):
    z=np.zeros(shape=(200,200))
    for i in range(200):
        for j in range(200):
            vector =np.matrix([x[i, j], y[i, j]]).T
            z[i,j] =float(-0.5 * np.dot(np.dot((vector -u1).T, c1_inv), (vector-
u1)) -0.5 * math.log(
                np.linalg.det(c1)) +math.log(1 / 3)) -float(
```

```
                -0.5 * np.dot(np.dot((vector -u2).T, c2_inv), (vector -u2)) -0.5
* math.log(np.linalg.det(c2)) +math.log(1 / 3))
    return z

def interface13(x,y):
    z=np.zeros(shape=(200,200))
    for i in range(200):
        for j in range(200):
            vector =np.matrix([x[i, j], y[i, j]]).T
            z[i,j] =float(-0.5 * np.dot(np.dot((vector -u1).T, c1_inv), (vector
-u1)) -0.5 * math.log(
                np.linalg.det(c1)) +math.log(1 / 3)) -float(
                -0.5 * np.dot(np.dot((vector -u3).T, c3_inv), (vector -u3)) -0.5
* math.log(np.linalg.det(c3)) +math.log(1 / 3))
    return z

def interface23(x,y):
    z=np.zeros(shape=(200,200))
    for i in range(200):
        for j in range(200):
            vector =np.matrix([x[i, j], y[i, j]]).T
            z[i,j] =float(-0.5 * np.dot(np.dot((vector -u2).T, c2_inv), (vector
-u2)) -0.5 * math.log(
                np.linalg.det(c2)) +math.log(1 / 3)) -float(
                -0.5 * np.dot(np.dot((vector -u3).T, c3_inv), (vector -u3)) -0.5
* math.log(np.linalg.det(c3)) +math.log(1 / 3))
    return z

#绘制边界线与分类点
x=np.linspace(-4,4,200)
y=np.linspace(-4,4,200)
x,y=np.meshgrid(x,y)
plt.contour(x,y,interface12(x,y),0,colors ='blue')
plt.contour(x,y,interface13(x,y),0,colors ='green')
plt.contour(x,y,interface23(x,y),0,colors ='red')
p1=plt.scatter(x1[0], x1[1], marker =' * ',linewidths=0.5)
p2=plt.scatter(x2[0], x2[1], c='r',marker =' * ',linewidths=0.5)
p3=plt.scatter(x3[0], x3[1], c='g',marker =' * ',linewidths=0.5)
p4=plt.scatter(p[0],p[1],c='k',marker ='x',linewidths=1)
plt.xlabel('X1')
plt.ylabel('X2')
plt.title('Covariances are not the same')
label=['w1','w2','w3','(-2,2)T']
plt.legend([p1, p2, p3, p4],label,loc=0)
plt.show()

#协方差矩阵相等的情况,计算出各类判别函数 g(x)
print('协方差相等的情况:')
c =c1+c2+c3
c_inv =np.linalg.inv(c)
g1 =float(-0.5*np.dot(np.dot((p-u1).T,c_inv),(p-u1))+math.log(1/3))
g2 =float(-0.5*np.dot(np.dot((p-u2).T,c_inv),(p-u2))+math.log(1/3))
```

```
g3 =float(-0.5 * np.dot(np.dot((p-u3).T,c_inv),(p-u3))+math.log(1/3))
print("g1=",g1)
print("g2=",g2)
print("g3=",g3)
#判别样本[-2,2].T 属于哪一类
gx =np.array([g1,g2,g3])
a =np.argmax(gx)+1
print('此样本属于第',a,'类')
#绘制分界面曲线
def interface12(x,y):
    z=np.zeros(shape=(200,200))
    for i in range(200):
        for j in range(200):
            vector =np.matrix([x[i, j], y[i, j]]).T
            z[i,j] =float(-0.5 * np.dot(np.dot((vector -u1).T, c_inv), (vector
-u1)) +math.log(1 / 3)) -float(
            -0.5 * np.dot(np.dot((vector -u2).T, c_inv), (vector -u2)) +math.log
(1/3))
    return z

def interface13(x,y):
    z=np.zeros(shape=(200,200))
    for i in range(200):
        for j in range(200):
            vector =np.matrix([x[i, j], y[i, j]]).T
            z[i,j] =float(-0.5 * np.dot(np.dot((vector -u1).T, c_inv), (vector
-u1)) +math.log(1 / 3)) -float(
                -0.5 * np.dot(np.dot((vector -u3).T, c_inv), (vector -u3)) +
math.log(1 / 3))
    return z

def interface23(x,y):
    z=np.zeros(shape=(200,200))
    for i in range(200):
        for j in range(200):
            vector =np.matrix([x[i, j], y[i, j]]).T
            z[i,j] =float(-0.5 * np.dot(np.dot((vector -u2).T, c_inv), (vector
-u2)) +math.log(1 / 3)) -float(
                -0.5 * np.dot(np.dot((vector -u3).T, c_inv), (vector -u3)) +
math.log(1 / 3))
    return z

#绘制边界线与分类点
x=np.linspace(-4,4,200)
y=np.linspace(-4,4,200)
x,y=np.meshgrid(x,y)
plt.contour(x,y,interface12(x,y),0,colors ='blue')
plt.contour(x,y,interface13(x,y),0,colors ='green')
plt.contour(x,y,interface23(x,y),0,colors ='red')
p1=plt.scatter(x1[0], x1[1], marker ='*',linewidths=0.5)
p2=plt.scatter(x2[0], x2[1], c='r',marker ='*',linewidths=0.5)
p3=plt.scatter(x3[0], x3[1], c='g',marker ='*',linewidths=0.5)
```

```
p4=plt.scatter(p[0],p[1],c='k',marker ='x',linewidths=1)
plt.xlabel('X1')
plt.ylabel('X2')
plt.title('Covariances are  the same')
label=['w1','w2','w3','(-2,2)T']
plt.legend([p1, p2, p3, p4],label,loc=0)
plt.show()
```

(2) 实验结果。

程序的运行结果如下。

协方差不相等的情况:

```
g1=-64.52282563044075
g2=-12.522825630440776
g3=-20.522825630440785
```

此样本属于第 2 类。

协方差相等的情况:

```
g1=-7.809723399779223
g2=-3.009723399779221
g3=-12.076390066445889
```

此样本属于第 2 类。

图 3-9 表示协方差不相等情况下的分类结果,图 3-10 表示协方差相等情况下的分类结果。图中叉号为待分类样本,星形表示 ω_1 类的样本,圆点表示 ω_2 类的样本,三角形表示 ω_3 类的样本。实线、虚线、点画线表示各类分界面。

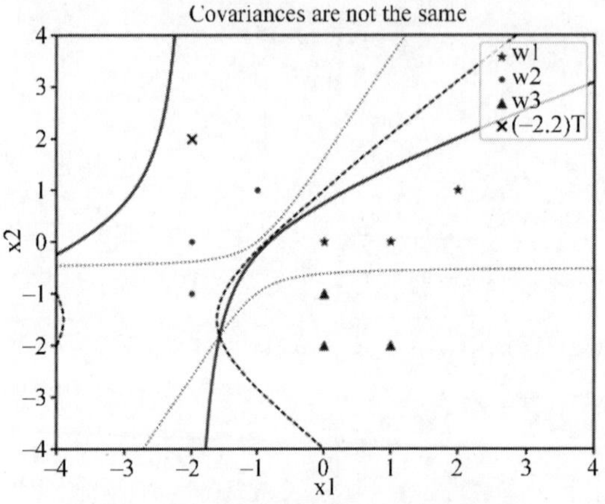

图 3-9　协方差不相等情况下的分类结果

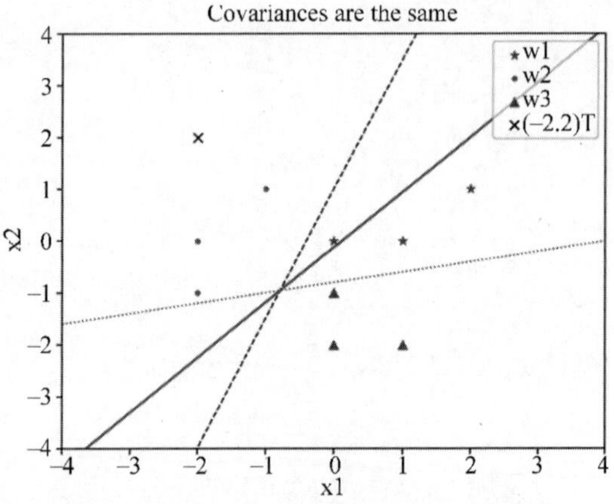

图 3-10　协方差相等情况下的分类结果

3.5.3　朴素贝叶斯分类器

基于表 3-6 的果树数据集,使用 Python 搭建朴素贝叶斯分类器,并对以下样本进行分类。

表 3-6　果树数据集

树　干	果　实	高度/m	树　种
黑褐	橘色	7.1	?

(1) 代码如下。

```
import numpy as np
import math
import matplotlib.pyplot as plt

def count(dataset,testset,label):
    n =0
    for i in range(0,len(dataset)):
        if testset[label]==dataset[i][label]:
            n +=1
return n

def get_gaussian(x, avg, var):
    ex =math.exp(-(pow(x-avg,2)/(2 * var)))
    out =ex/math.sqrt(2 * math.pi * var)
return out

if __name__ =='__main__':

    #输入训练集
    dataset_pos =[{"树干":"灰褐","果实":"青色","高度":6.3},
                  {"树干":"黑褐","果实":"红色","高度":4.8},
                  {"树干":"灰褐","果实":"红色","高度":8.2},
                  {"树干":"浅褐","果实":"青色","高度":9.1}]
    dataset_neg =[{"树干":"黑褐","果实":"青色","高度":10.3},
                  {"树干":"黑褐","果实":"橘色","高度":8.6},
                  {"树干":"浅褐","果实":"橘色","高度":12.5},
                  {"树干":"灰褐","果实":"橘色","高度":11.4}]
    testset ={"树干":"黑褐","果实":"青色","高度":10.1}
    n =len(dataset_pos)
    m =len(dataset_neg)

    #计算先验概率
    prior_pos =n/(n+m)
    prior_neg =m/(n+m)

    #统计频次计算条件概率
    con_pos =[]
    con_neg =[]
    value_pos =[]
    value_neg =[]
    for label in testset.keys():
        if isinstance(testset[label],str):
            con_pos.append(count(dataset_pos,testset,label)/n)
            con_neg.append(count(dataset_neg,testset,label)/m)
        else:
            for i in range(0,n):
                value_pos.append(dataset_pos[i][label])
            for i in range(0,m):
                value_neg.append(dataset_neg[i][label])
            con_pos.append(get_gaussian(testset[label],
```

```
                    np.mean(value_pos),np.var(value_pos,ddof=1)))
        con_neg.append(get_gaussian(testset[label],
                    np.mean(value_neg),np.var(value_neg,ddof=1)))

    #求后验概率并输出结果
    pos =prior_pos
    neg =prior_neg
    for x in con_pos:
        pos =pos * x
    for x in con_neg:
        neg =neg * x
    print(["+","-"][pos<neg])
    print("pos:",pos)
    print("neg:",neg)
```

(2) 程序运行结果如下。

```
pos: 0.00385131195784049
neg: 0.014046119556827115
```

显然,将该果树分为 neg 的后验概率更大。

习 题

1. 什么是先验概率、后验概率和类条件概率密度函数?

2. 最小错误率贝叶斯决策与最小风险贝叶斯决策有什么相同点与不同点?

3. 假设进行某地区的肺炎普查,正常人员 ω_1 与患病人员 ω_2 两类的先验概率分别为 $P(\omega_1)=0.95$ 和 $P(\omega_2)=0.05$。现有一待检查的样本,其观察值为 x,根据大量的统计数据查得类条件概率:

$$p(\boldsymbol{x} \mid \omega_1)=0.3, p(\boldsymbol{x} \mid \omega_2)=0.6$$

试根据最小错误率贝叶斯决策准则对该样本 x 进行分类。

4. 基于第 3 题的分类问题,除已知的数据外,若假定损失函数的值分别为 $\lambda_{11}=0, \lambda_{12}=8, \lambda_{21}=3, \lambda_{22}=0$,试用最小风险贝叶斯决策准则对样本 x 进行分类。

5. 已知一类生产的产品可被分为两类,分别是优质产品和劣质产品。假设这类产品根据历史的长期统计,发现优质产品占比 84%,劣质产品占比 16%。但不管产品是优质的还是劣质的,都存在缺陷点。对于缺陷点有 5 处的产品,根据最小错误率贝叶斯决策,它应该被归为哪一类?平均错误率又是多少?(已知在优质产品中缺陷点有 5 处的产品占优质产品 18%,在劣质产品中缺陷点有 5 处的产品占劣质产品 23%)。

6. 某地处于地震活跃带,从历史数据中可以发现,过去 20000 天中,有 1500 天发生过地震。地震前动物往往会出现异常反应,通过调查,发现发生地震前动物出现异常反应的概率为 60%,没有发生地震却发现动物异常的概率为 5%。若有一天发现动物出现了异常,此时按照最小错误率贝叶斯策略是否应该拉响地震警报?若拉响警报而没有地震造成的损失指数为 10,拉响警报且存在地震造成的损失指数为 50,没有拉响警报并且没有地震造成的损失为 0，没有拉响警报却存在地震造成的损失为 150，此时按照最小风险贝叶斯策略是否应该拉响地震警报？

7. 设如下模式类别具有正态概率密度函数：

$$\omega_1: x_1=[1,0]^{\mathrm{T}}, x_2=[3,0]^{\mathrm{T}}$$
$$x_3=[3,2]^{\mathrm{T}}, x_4=[1,2]^{\mathrm{T}}$$
$$\omega_2: x_5=[5,4]^{\mathrm{T}}, x_6=[7,4]^{\mathrm{T}}$$
$$x_7=[7,6]^{\mathrm{T}}, x_8=[5,6]^{\mathrm{T}}$$

若两类的先验概率相等，试用最小错误率贝叶斯策略求出判别界面方程。

8. 已知一组男女生身高、体重的数据如表 3-7 所示，设类条件概率密度是正态分布，使用 Python 对基于最小错误率准则的贝叶斯分类器进行仿真，讨论在男女生的协方差矩阵相等和不相等的两种情况下，判断样本 11、12 分别属于哪一类，并画出两类的分界线。

表 3-7 样本数据

编号	身高/cm	体重/kg	性别	编号	身高/cm	体重/kg	性别
1	185	91	男	7	169	54	女
2	172	68	男	8	160	50	女
3	175	64	男	9	165	53	女
4	168	72	男	10	156	45	女
5	189	78	男	11	163	58	?
6	158	48	女	12	176	65	?

9. 表 3-8 是某公司的职员数据库，包含"部门""年龄""入职时长""月薪""分级"5 个属性，其中"分级"是类标号属性。

表 3-8 某公司的职员数据库

部门	年龄	入职时长/年	月薪/1000 元	分级
销售	26	5	7.2	低
销售	31	7	8.9	高
销售	39	3	6.8	低
销售	27	2	6.4	低
采购	36	6	7.9	高
采购	24	3	6.3	低
采购	26	2	6.5	低
技术	28	4	11.6	高
技术	22	1	8.7	低
技术	30	7	9.4	高
售后	23	0.5	6.1	低

续表

部门	年龄	入职时长/年	月薪/1000元	分级
售后	29	3	7.0	低
售后	33	6	8.4	高
售后	41	2	6.9	低

现给定一个职员数据，它在属性"部门""年龄""入职时长""月薪"上的值分别为"售后""30""4""7.4"，利用Python编程，求该数据"分级"属性的朴素贝叶斯分类结果。

第 4 章　概率密度函数估计

第 3 章讨论了几种经典的贝叶斯分类器的设计方法，即在先验概率 $P(\omega_i)$ 和类条件概率密度 $p(x \mid \omega_i)$ 已知的情况下，按照一定的决策规则确定判别函数和决策面。在模式识别的实际应用中，通常不能得到有关问题的概率结构的全部知识。在很多情况下，能够利用的只有有限个样本，而先验概率 $P(\omega_i)$ 和类条件概率密度 $p(x \mid \omega_i)$ 是未知的。此时，能够利用的就是有限数目的样本，贝叶斯分类器的设计步骤可分为以下两步。

(1) 利用统计推断中的估计理论，由样本集估计先验概率 $P(\omega_i)$ 和类条件概率密度 $p(x \mid \omega_i)$，分别记为：$\hat{P}(\omega_i)$ 和 $\hat{p}(x \mid \omega_i)$；

(2) 将估计量 $\hat{P}(\omega_i)$ 和 $\hat{p}(x \mid \omega_i)$ 代入贝叶斯决策规则中，完成分类器设计。

上述分类器的设计过程称为基于样本的两步贝叶斯决策。这种分类器的性能与第 3 章理论上的贝叶斯分类器有所不同。我们希望当样本数 $N \to \infty$ 时，基于样本的两步贝叶斯分类器能够收敛于理论上的结果。为了做到这一点，利用统计学中估计量的性质，只要能够说明当 $N \to \infty$ 时，估计量 $\hat{P}(\omega_i)$ 和 $\hat{p}(x \mid \omega_i)$ 分别收敛于 $P(\omega_i)$ 和 $p(x \mid \omega_i)$ 即可。

对于类条件概率密度函数的估计，可分为参数估计和非参数估计两类。在参数估计中，概率密度函数的形式是已知的，但其中的部分或全部参数是未知的。此时，概率密度函数的估计问题就是利用样本集对概率密度函数的某些参数进行估计。最常用的参数估计方法主要有最大似然估计和贝叶斯估计。其中，最大似然估计是把参数看作是确定性的量，只是其取值未知。贝叶斯估计则把待估计的参数看成是符合某种先验概率分布的随机变量。在非参数估计中，概率密度函数的形式是未知的，直接利用学习样本对概率密度函数进行估计。常用的非参数估计方法主要有 Parzen 窗估计法和近邻估计法。

4.1　基本概念

参数估计是统计推断的基本问题之一。讨论具体问题之前，先介绍几个参数估计中的基本概念。

(1) 统计量：样本中包含总体的信息，针对不同要求构造出样本的某种函数，通过样本集把有关信息抽取出来。若观测样本为 $x_1, x_2, \cdots, x_N$，则函数 $f(x_1, x_2, \cdots, x_N)$ 是样本集的统计量。

(2) 参数空间：总体分布未知参数 θ 的全部可容许值组成的集合称为参数空间，记为 Θ。

(3) 点估计、估计量和估计值：点估计就是要构造一个统计量 $d(x_1, x_2, \cdots, x_N)$ 作为参

数 θ 的估计 $\hat{\theta}$。在统计学中，称 $\hat{\theta}$ 为 θ 的估计量。把样本的观测值代入统计量 d，得到一个具体数值，这个数值在统计学中称为 θ 的估计值。

(4) 区间估计：用区间 $[d_1, d_2]$ 作为 θ 可能取值范围的一种估计。这个区间称为置信区间，这类估计称为区间估计。

在本章中，需要估计的概率密度函数的某些参数，属于点估计问题。本章将介绍两种点估计方法——最大似然估计和贝叶斯估计。评价一个估计的"好坏"，不能仅仅以一次抽样结果得到的估计值和参数真实值之间的偏差大小来确定，而必须从平均数和方差的角度出发分析。统计学中有很多关于估计量偏差的定义和描述。用来衡量估计好坏的常用标准主要为无偏性、有效性和一致性。如果参数 θ 的估计量 $\hat{\theta}$ 的数学期望等于 θ，即 $\theta = E(\hat{\theta})$，则称估计是无偏的。如果样本数 N 趋于无穷时，估计才具有无偏性，则称为渐进无偏。如果一种估计的方差比另一种估计的方差小，则称方差小的估计更有效。对于任意给定的正数 ε，总有 $\lim\limits_{n\to\infty} P(|\hat{\theta}_N - \theta| > \varepsilon) = 0$，则称 $\hat{\theta}$ 是 θ 的一致估计。对于以上 3 个标准，无偏性和有效性都是对于多次估计来说的，并不能保证具体的一次估计的性能；而一致性则保证当样本数无穷多时，每一次的估计量都将在概率意义上任意地接近其真实值。下面介绍两种常用的参数估计方法。

4.2 最大似然估计方法

为了解释最大似然估计(Maximum Likelihood Estimation)，现做以下假设。

(1) 待估计参数 θ 是确定(非随机)的未知量。

(2) 按类别把样本集分成 c 类，即 $X_1, X_2, \cdots, X_c$。第 i 类的样本共 N 个，$X_i = (x_1, x_2, \cdots, x_N)$，且它们均是从概率密度 $p(x \mid \omega_i)$ 的总体中独立抽取出来的。

(3) 类条件概率密度 $p(x \mid \omega_i)$ 具有某种确定的函数形式，但是其参数向量 $\boldsymbol{\theta}_i$ 是未知的。例如，当 x 是一维正态分布 $N(\mu, \sigma^2)$ 时，第 i 类的概率密度函数中未知的参数可能是 $\boldsymbol{\theta}_i = \mu_i$，$\boldsymbol{\theta}_i = \sigma_i^2$ 或 $\boldsymbol{\theta}_i = [\mu_i, \sigma_i^2]^{\mathrm{T}}$，$p(x \mid \omega_i)$ 也可以写作 $p(x \mid \omega_i, \boldsymbol{\theta}_i)$ 或 $p(x \mid \theta_i)$。

(4) 各类样本只包含本类的分布信息，不同类别的参数是独立的。X_i 中的样本只对参数 θ_i 提供有关信息，而没有关于参数 $\theta_j (j \neq i)$ 的任何信息。

在这些假设的前提下，可以分别处理 c 个独立的问题，即：只利用第 i 类的学习样本集 X_i 估计第 i 类的类条件概率密度，其他类的类条件概率密度由其他类的样本来估计。假设样本集包含 N 个样本，即

$$X = (x_1, x_2, \cdots, x_N) \tag{4-1}$$

由于样本是独立地从 $p(x|\theta)$ 中抽取出来的，所以在概率密度为 $p(x|\theta)$ 时，获得样本集 X 的概率是

$$l(\theta) = p(X \mid \theta) = p(x_1, x_2, \cdots, x_N \mid \theta) = \prod_{k=1}^{N} p(x_k \mid \theta) \tag{4-2}$$

式(4-2)反映了在概率密度函数的参数为 θ 时，从总体中抽取到样本 $x_1, x_2, \cdots, x_N$ 的概率，称为参数 θ 相对于样本集 X 的似然函数。由于 θ 是未知的参数，因此似然函数 $l(\theta)$ 反映了

在不同参数取值下取得样本集 X 的可能性。$p(x_k \mid \theta)$ 表示 θ 相对于样本 x_k 的似然函数，反映了在不同参数取值下抽取到样本 x_k 的可能性。

最大似然估计的目的是确定所抽取的样本来自哪个概率密度函数的可能性最大，即在参数空间 Θ 中找到一个参数值 $\hat{\theta}$，它能使似然函数 $l(\theta)$ 极大化。这里，$\hat{\theta}$ 是参数 θ 的最大似然估计量，记作

$$\hat{\theta} = \operatorname{argmax} l(\theta) \tag{4-3}$$

其中，argmax 表示使似然函数 $l(\theta)$ 取得最大值时参数 θ 的取值。因此，参数 θ 的最大似然估计量是下面方程的解：

$$\frac{\mathrm{d}l(\theta)}{\mathrm{d}\theta} = 0 \tag{4-4}$$

对数函数的单调递增性质决定了使对数似然函数达到最大值的 $\hat{\theta}$ 同时也是使似然函数达到最大值的 $\hat{\theta}$。因此，为了便于分析，还可以定义对数似然函数：

$$H(\theta) = \ln l(\theta) = \ln \prod_{i=1}^{N} p(x_i \mid \theta) = \sum_{i=1}^{N} \ln p(x_i \mid \theta) \tag{4-5}$$

可以证明，这时 θ 的最大似然估计量是下面方程的解：

$$\frac{\mathrm{d}H(\theta)}{\mathrm{d}\theta} = 0 \tag{4-6}$$

下面介绍最大似然估计量的求解方法。在似然函数满足连续、可微的条件下，如果 θ 是一维变量，即只有一个待估计参数，其最大似然估计量就是微分方程式(4-4)或式(4-6)的解。如果未知参数不止一个，即当 $\boldsymbol{\theta} = [\theta_1, \theta_2, \cdots, \theta_s]^{\mathrm{T}}$ 是由多个参数组成的向量时，求解似然函数的最大值就需要对 $\boldsymbol{\theta}$ 的每一维分别求偏导。由式(4-6)可获得以下的微分方程：

$$\begin{cases} \sum_{k=1}^{N} \frac{\partial}{\partial \theta_1} \ln p(x_k \mid \boldsymbol{\theta}) = 0 \\ \sum_{k=1}^{N} \frac{\partial}{\partial \theta_2} \ln p(x_k \mid \boldsymbol{\theta}) = 0 \\ \qquad \vdots \\ \sum_{k=1}^{N} \frac{\partial}{\partial \theta_s} \ln p(x_k \mid \boldsymbol{\theta}) = 0 \end{cases} \tag{4-7}$$

事实上，式(4-7)给出的方程组只是获得 $\boldsymbol{\theta}$ 的最大似然估计量的必要条件。如果式(4-7)的解 $\hat{\theta}$ 能使似然函数值最大，则 $\hat{\boldsymbol{\theta}}$ 就是 $\boldsymbol{\theta}$ 的最大似然估计量。但是，在某些情况下，似然函数可能有多个极值，此时式(4-7)可能会没有唯一解，其中使似然函数值最大的解才是最大似然估计量。例如，在图 4-1 中有 7 个解，虽然它们都是微分方程的解，但是只有 $\hat{\boldsymbol{\theta}}$ 才能使似然函数取最大值。

在有些情况下，用式(4-7)求极大值不一定可行。例如，若一维随机变量 x 服从均匀分布，但参数 θ_1、θ_2 未知，则

$$p(x \mid \theta) = \begin{cases} \frac{1}{\theta_2 - \theta_1}, & \theta_1 < x < \theta_2 \\ 0, & \text{其他} \end{cases} \tag{4-8}$$

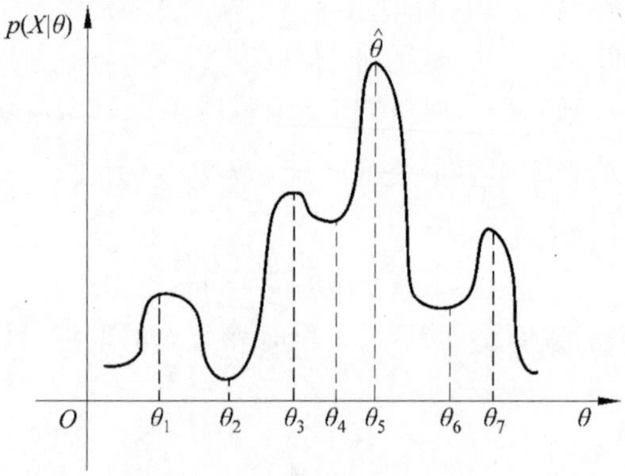

图 4-1　最大似然估计示意图

若从总体中独立抽取 N 个样本 $x_1, x_2, \cdots, x_N$，则似然函数为

$$l(\theta) = p(X \mid \theta) = \begin{cases} p(x_1, x_2, \cdots, x_N \mid \theta_1, \theta_2) = \dfrac{1}{(\theta_2 - \theta_1)^N} \\ 0 \end{cases} \tag{4-9}$$

其对数似然函数为

$$H(\theta) = -N\ln(\theta_2 - \theta_1) \tag{4-10}$$

分别关于参数 θ_1、θ_2 求偏导，可得

$$\frac{\partial H}{\partial \theta_1} = N \cdot \frac{1}{\theta_2 - \theta_1} \tag{4-11}$$

$$\frac{\partial H}{\partial \theta_2} = -N \cdot \frac{1}{\theta_2 - \theta_1} \tag{4-12}$$

由式(4-11)和式(4-12)解出的参数 θ_1 和 θ_2 至少有一个为无穷大，这是无意义的结果。造成这种问题的原因是似然函数在最大值的地方没有零斜率，所以必须用其他方法来找最大值。从式(4-8)可以看出，$\theta_2 - \theta_1$ 的值越小，似然函数的值越大。对于给定的有 N 个观察值 $x_1, x_2, \cdots, x_N$ 的样本集，如果用 x' 表示观察值中最小的一个，用 x'' 表示观察值中最大的一个。由于 $\theta_1 < x < \theta_2$，所以 θ_1 不能大于 x'，θ_2 不能小于 x''。因此，$\theta_2 - \theta_1$ 的最小可能取值是 $x'' - x'$，这时 θ 的最大似然估计量是：

$$\hat{\theta}_1 = x' \tag{4-13}$$

$$\hat{\theta}_2 = x'' \tag{4-14}$$

例 4.1　设样本集 $X = (x_1, x_2, \cdots, x_N)$ 是从总体中独立抽取的，且服从单变量正态分布 $N(\mu, \sigma^2)$，其均值 μ 和方差 σ^2 均未知，求均值 μ 和方差 σ^2 的最大似然估计量。

解：设 $\theta_1 = \mu, \theta_2 = \sigma^2, \boldsymbol{\theta} = [\theta_1, \theta_2]^{\mathrm{T}}$，总体概率密度为

$$p(x \mid \boldsymbol{\theta}) = \frac{1}{\sqrt{2\pi}\sigma} \exp\left[-\frac{1}{2}\left(\frac{x-\mu}{\sigma}\right)^2\right]$$

样本集 X 的似然函数为

$$l(\boldsymbol{\theta}) = \prod_{k=1}^{N} p(x_k \mid \boldsymbol{\theta}) = \frac{1}{(2\pi)^{N/2}\sigma^N} \exp\left\{-\sum_{k=1}^{N} \frac{(x_k - \mu)^2}{2\sigma^2}\right\}$$

$$=\frac{1}{(2\pi)^{N/2}\boldsymbol{\theta}_2^{N/2}}\exp\left\{-\sum_{k=1}^{N}\frac{(x_k-\theta_1)^2}{2\theta_2}\right\}$$

对数似然函数为

$$H(\boldsymbol{\theta})=\ln l(\boldsymbol{\theta})=-\frac{N}{2}\ln 2\pi-\frac{N}{2}\ln\theta_2-\frac{1}{2\theta_2}\sum_{k=1}^{N}(x_k-\theta_1)^2$$

对 $H(\boldsymbol{\theta})$ 分别关于 θ_1 和 θ_2 求偏导,可得

$$\frac{\partial H(\boldsymbol{\theta})}{\partial\theta_1}=\frac{1}{\theta_2}\sum_{k=1}^{N}(x_k-\theta_1)$$

$$\frac{\partial H(\boldsymbol{\theta})}{\partial\theta_2}=\frac{1}{2\theta_2^2}\sum_{k=1}^{N}(x_k-\theta_1)^2-\frac{N}{2\theta_2}$$

参数 θ 的最大似然估计 $\hat{\theta}_1$、$\hat{\theta}_2$ 满足以下的方程组:

$$\begin{cases}\dfrac{1}{\theta_2}\displaystyle\sum_{k=1}^{N}(x_k-\theta_1)=0\\ \dfrac{1}{2\theta_2^2}\displaystyle\sum_{k=1}^{N}(x_k-\theta_1)^2-\dfrac{N}{2\theta_2}=0\end{cases}$$

解方程组可得 θ_1 和 θ_2 的最大似然估计为

$$\hat{\theta}_1=\hat{\mu}=\frac{1}{N}\sum_{k=1}^{N}x_k$$

$$\hat{\theta}_2=\sigma_2^2=\frac{1}{N}\sum_{k=1}^{N}(x_k-\hat{\mu})^2$$

对于多元正态分布,分析方法和例 4.1 是类似的,只是运算复杂一些,其最大似然估计的结果在形式上也是类似的。设 d 维样本集 $X=(x_1,x_2,\cdots,x_N)$ 服从 d 元正态分布,其概率密度函数的均值向量 $\boldsymbol{\mu}$ 和协方差矩阵 $\boldsymbol{\Sigma}$ 均是未知的参数,且总体分布形式为

$$p(x\mid\mu,\Sigma)=\frac{1}{(\sqrt{2\pi})^d\ |\Sigma|^{\frac{1}{2}}}\exp\left[-\frac{1}{2}(x-\mu)^{\mathrm{T}}\boldsymbol{\Sigma}^{-1}(x-\mu)\right]\tag{4-15}$$

通过与例 4.1 类似的计算可得,均值向量 $\boldsymbol{\mu}$ 和协方差矩阵 $\boldsymbol{\Sigma}$ 的最大似然估计为

$$\hat{\boldsymbol{\mu}}=\frac{1}{N}\sum_{k=1}^{N}x_k\tag{4-16}$$

$$\hat{\boldsymbol{\Sigma}}=\frac{1}{N}\sum_{k=1}^{N}(x_k-\hat{\mu})(x_k-\hat{\mu})^{\mathrm{T}}\tag{4-17}$$

由以上结果可以得出结论:均值向量 $\boldsymbol{\mu}$ 的最大似然估计是样本均值,协方差矩阵 $\boldsymbol{\Sigma}$ 的最大似然估计是 N 个矩阵 $(x_k-\hat{\mu})(x_k-\hat{\mu})^{\mathrm{T}}$ 的算术平均。

例 4.2　设样本集 $X=(x_1,x_2,\cdots,x_N)$ 是从总体中独立抽取的,且服从多元正态分布 $N(\boldsymbol{\mu},\boldsymbol{\Sigma})$,若协方差矩阵 $\boldsymbol{\Sigma}$ 是已知的,均值向量 $\boldsymbol{\mu}$ 未知,求均值向量 $\boldsymbol{\mu}$ 的最大似然估计量。

解:由题意可知,样本的总体概率密度为

$$p(\boldsymbol{x}\mid\boldsymbol{\mu},\boldsymbol{\Sigma})=\frac{1}{(\sqrt{2\pi})^d\ |\boldsymbol{\Sigma}|^{\frac{1}{2}}}\exp\left[-\frac{1}{2}(\boldsymbol{x}-\boldsymbol{\mu})^{\mathrm{T}}\boldsymbol{\Sigma}^{-1}(\boldsymbol{x}-\boldsymbol{\mu})\right]$$

样本集 X 的似然函数为

$$l(\boldsymbol{\mu})=\prod_{k=1}^{N}p(x_k\mid\boldsymbol{\mu})=\prod_{k=1}^{N}\frac{1}{(\sqrt{2\pi})^d\ |\boldsymbol{\Sigma}|^{\frac{1}{2}}}\exp\left[-\frac{1}{2}(x_k-\boldsymbol{\mu})^{\mathrm{T}}\boldsymbol{\Sigma}^{-1}(x_k-\boldsymbol{\mu})\right]$$

对数似然函数为

$$H(\boldsymbol{\mu})=\sum_{k=1}^{N}\ln p(x_k\mid\boldsymbol{\mu})=\sum_{k=1}^{N}\left[-\frac{1}{2}(x_k-\boldsymbol{\mu})^{\mathrm{T}}\boldsymbol{\Sigma}^{-1}(x_k-\boldsymbol{\mu})\right]-\frac{d}{2}\ln 2\pi-\frac{1}{2}\ln|\boldsymbol{\Sigma}|$$

对上式关于均值向量 $\boldsymbol{\mu}$ 求偏导得

$$\frac{\partial}{\partial\boldsymbol{\mu}}H(\boldsymbol{\mu})=-\sum_{k=1}^{N}\boldsymbol{\Sigma}^{-1}(x_k-\boldsymbol{\mu})=0$$

可以推出：

$$\boldsymbol{\Sigma}^{-1}\sum_{k=1}^{N}(x_k-\boldsymbol{\mu})=0$$

即

$$\sum_{k=1}^{N}(x_k-\boldsymbol{\mu})=0$$

所以，均值向量 $\boldsymbol{\mu}$ 的最大似然估计为

$$\hat{\boldsymbol{\mu}}=\frac{1}{N}\sum_{k=1}^{N}x_k$$

4.3 贝叶斯估计与贝叶斯学习

贝叶斯估计是另一种常用的概率密度函数参数估计方法。贝叶斯估计方法在很多情况下都可以获得与最大似然估计方法相同或相近的结果，但是它们在对问题的处理方法上是不同的。最大似然估计把待估计的参数看作是固定的未知量，要做的是根据观测数据估计这个量的取值；而贝叶斯估计把待估计的参数看作是具有某种先验分布的随机变量，要做的是根据观测数据对参数的分布进行估计。贝叶斯学习则是根据贝叶斯估计的原理直接从数据对概率密度函数进行迭代估计。

4.3.1 贝叶斯估计

在贝叶斯估计中，把待估计的参数 θ 看作是具有先验分布密度 $p(\theta)$ 的随机变量，其目标就是根据样本集 $X=(x_1,x_2,\cdots,x_N)$ 估计最优的参数 θ（记作 θ^*）。

假设估计量为 $\hat{\theta}$，则将该估计所带来的损失 $\lambda(\hat{\theta},\theta)$ 称作损失函数。

设样本的取值空间是 E^d，参数的取值空间是 Θ，则估计量为 $\hat{\theta}$ 时，总期望风险为

$$\begin{aligned}R&=\int_{E^d}\int_{\Theta}\lambda(\hat{\theta},\theta)p(x,\theta)\,\mathrm{d}\theta\mathrm{d}x\\&=\int_{E^d}\int_{\Theta}\lambda(\hat{\theta},\theta)p(\theta\mid x)p(x)\,\mathrm{d}\theta\mathrm{d}x\end{aligned}\tag{4-18}$$

定义在样本 x 下估计量为 $\hat{\theta}$ 的条件风险为

$$R(\hat{\theta}\mid x)=\int_{\Theta}\lambda(\hat{\theta},\theta)p(\theta\mid x)\mathrm{d}\theta\tag{4-19}$$

将式(4-19)代入式(4-18),得

$$R=\int_{E^d} R(\hat{\theta} \mid x) p(x) \mathrm{d} x \tag{4-20}$$

式(4-20)表示在所有可能 x 情况下条件风险的积分。与基于最小风险的贝叶斯决策方法类似,贝叶斯估计希望期望风险最小。由于条件风险是非负的,所以求期望风险最小等价于对所有可能的 x 求条件风险最小,即

$$\theta^{*}=\underset{\hat{\theta}}{\operatorname{argmin}} R(\hat{\theta} \mid X)=\int_{\Theta} \lambda(\hat{\theta}, \theta) p(\theta \mid X) \mathrm{d} \theta \tag{4-21}$$

在实际应用中,最常用的损失函数是平方误差损失函数,即

$$\lambda(\hat{\theta}, \theta)=(\theta-\hat{\theta})^{2} \tag{4-22}$$

可以证明,如果损失函数是平方误差损失函数,则在样本 x 条件下,θ 的贝叶斯估计量 θ^* 是在给定样本 x 条件下 θ 的条件期望,即

$$\theta^{*}=E[\theta \mid x]=\int_{\Theta} \theta p(\theta \mid x) \mathrm{d} \theta \tag{4-23}$$

更进一步,在给定样本集 X 的条件下,θ 的贝叶斯估计量是

$$\theta^{*}=E[\theta \mid X]=\int_{\Theta} \theta p(\theta \mid X) \mathrm{d} \theta \tag{4-24}$$

综上所述,在最小平方误差损失函数下,贝叶斯估计的步骤如下。

(1) 确定参数 θ 的先验分布密度 $p(\theta)$,其中待估计的参数 θ 为随机变量。

(2) 由于样本是独立同分布的,且样本的条件概率密度函数的形式 $p(x \mid \theta)$ 是已知的,可求出样本集的联合条件概率密度函数,即

$$p(X \mid \theta)=\prod_{i=1}^{N} p(x_i \mid \theta) \tag{4-25}$$

(3) 利用贝叶斯公式求参数 θ 的后验概率分布,即

$$p(\theta \mid X)=\frac{p(X \mid \theta) p(\theta)}{\int_{\Theta} p(X \mid \theta) p(\theta) \mathrm{d} \theta} \tag{4-26}$$

(4) 利用式(4-24)求参数 θ 的贝叶斯估计量 θ^*。

这里需要说明一点,进行贝叶斯估计的最终目的是确定概率密度函数 $p(x \mid X)$。由于假定概率密度函数的形式已知,才可以将问题的求解转换为估计概率密度函数中的参数。在贝叶斯估计的框架下,在由式(4-26)得到参数的后验概率 $p(\theta \mid X)$ 后,可以不利用步骤(4)求解参数 θ 的贝叶斯估计量,而是利用式(4-27)直接求样本的概率密度函数:

$$p(x \mid X)=\int_{\Theta} p(x \mid \theta) p(\theta \mid X) \mathrm{d} \theta \tag{4-27}$$

由式(4-27),可以将概率密度函数 $p(x \mid X)$ 看作是所有可能的参数取值下样本概率密度的加权平均,其中权重就是给定样本集 X 的条件下参数 θ 的后验概率。分析式(4-26)可以发现:分母是概率密度函数的归一化因子,不会影响分布的形状。分布形状是由分子项决定的,其中 $p(X \mid \theta)$ 表示在不同参数取值情况下得到观测样本 X 的可能性;$p(\theta)$ 表示参数的先验分布密度。通常情况下,参数的后验概率 $p(\theta \mid X)$ 由似然函数 $p(X \mid \theta)$ 和先验概率 $p(\theta)$ 共同决定。一个极端情况是,如果没有先验知识,可以认为 $p(\theta)$ 是均匀分布,此时

$p(\theta \mid X)$ 就完全取决于 $p(X \mid \theta)$。另一个极端情况是，如果先验知识非常充分，$p(\theta)$ 就是某一特定取值 θ_0 上的一个脉冲函数，此时除非在该特定取值 θ_0 处 $p(X \mid \theta_0)$ 为 0，否则最后的贝叶斯估计结果就是 θ_0。一般情况下，似然函数 $p(X \mid \theta)$ 在其最大似然估计量 $\hat{\theta}$ 附近会有一个尖峰，如果先验概率在 $\hat{\theta}$ 处不为 0，且变化比较缓慢，则参数的后验概率 $p(\theta \mid X)$ 就会在 $\hat{\theta}$ 附近。此时，贝叶斯估计的结果就与最大似然估计的结果接近了。

例 4.3 设样本集 $X=(x_1,x_2,\cdots,x_N)$ 是从总体中独立抽取的，且服从单变量正态分布 $N(\mu,\sigma^2)$，其方差 σ^2 是已知的，均值 μ 未知。假定均值 μ 服从均值为 μ_0、方差为 σ_0^2 的正态分布，求均值 μ 的贝叶斯估计量。

解：由题意知，样本总体概率密度为

$$p(x \mid \mu)=\frac{1}{\sqrt{2\pi}\sigma}\exp\left[-\frac{1}{2}\left(\frac{x-\mu}{\sigma}\right)^2\right] \tag{4-28}$$

均值 μ 的概率密度为

$$p(\mu)=\frac{1}{\sqrt{2\pi}\ \sigma_0}\exp\left[-\frac{1}{2}\left(\frac{\mu-\mu_0}{\sigma_0}\right)^2\right] \tag{4-29}$$

利用贝叶斯公式，可得

$$p(\mu \mid X)=\frac{p(X \mid \mu)p(\mu)}{\int_{\Theta} p(X \mid \mu)p(\mu)\mathrm{d}\mu} \tag{4-30}$$

由于分母只是用来对估计出的后验概率密度进行归一化的常数项，因此下面只讨论式(4-30)的分子部分，即

$$\begin{aligned}
p(X \mid \mu)p(\mu) &= p(\mu)\prod_{k=1}^{N} p(x_k \mid \mu) \\
&= \frac{1}{\sqrt{2\pi}\ \sigma_0}\exp\left[-\frac{1}{2}\left(\frac{\mu-\mu_0}{\sigma_0}\right)^2\right]\prod_{k=1}^{N}\frac{1}{\sqrt{2\pi}\sigma}\exp\left[-\frac{1}{2}\left(\frac{x_k-\mu}{\sigma}\right)^2\right] \\
&= \alpha\exp\left\{-\frac{1}{2}\left[\sum_{k=1}^{N}\left(\frac{x_k-\mu}{\sigma}\right)^2+\left(\frac{\mu-\mu_0}{\sigma_0}\right)^2\right]\right\} \\
&= \alpha'\exp\left\{-\frac{1}{2}\left[\left(\frac{N}{\sigma^2}+\frac{1}{\sigma_0^2}\right)\mu^2-2\left(\frac{1}{\sigma^2}\sum_{k=1}^{N}x_k+\frac{\mu_0}{\sigma_0^2}\right)\mu\right]\right\}
\end{aligned} \tag{4-31}$$

在式(4-31)中，与 μ 不依赖的量都全部包含在常数 α 和 α' 中。由此可见，$p(\mu \mid X)$ 也是一个正态分布，可以写为

$$p(\mu \mid X)=\frac{1}{\sqrt{2\pi}\ \sigma_N}\exp\left[-\frac{1}{2}\left(\frac{\mu-\mu_N}{\sigma_N}\right)^2\right] \tag{4-32}$$

使用待定系数法，令式(4-31)、式(4-32)中对应的系数相等，可求得

$$\begin{cases}
\dfrac{1}{\sigma_N^2}=\dfrac{N}{\sigma^2}+\dfrac{1}{\sigma_0^2} \\[2ex]
\dfrac{\mu_N}{\sigma_N^2}=\dfrac{N}{\sigma^2}m_N+\dfrac{\mu_0}{\sigma_0^2}
\end{cases} \tag{4-33}$$

其中，$m_N=\frac{1}{N}\sum_{k=1}^{N}x_k$ 解式(4-33)中的方程，可得

$$\mu_N=\frac{N\sigma_0^2}{N\sigma_0^2+\sigma^2}m_N+\frac{\sigma^2}{N\sigma_0^2+\sigma^2}\mu_0 \tag{4-34}$$

$$\sigma_N^2=\frac{\sigma^2\sigma_0^2}{N\sigma_0^2+\sigma^2} \tag{4-35}$$

均值 μ 的贝叶斯估计量为

$$\hat{\mu}=\int\mu p(\mu\mid X)\mathrm{d}\mu=\int\frac{\mu}{\sqrt{2\pi}\,\sigma_N}\exp\left[-\frac{1}{2}\left(\frac{\mu-\mu_N}{\sigma_N}\right)^2\right]\mathrm{d}\mu=\mu_N \tag{4-36}$$

由例 4.3 的结果可以看出，正态分布下对均值 μ 的贝叶斯估计的结果是由两项的加权组成的。第一项是样本的算术平均值，第二项是对均值的先验知识。当样本数量 N 趋于无穷多时，第一项的权重系数趋于 1，而第二项的权重系数趋于 0，此时贝叶斯估计的结果就是样本的算术平均值，即 $\mu_N=m_N$。当样本的数目 N 有限，且先验知识非常确定时，先验分布的方差 σ_0^2 很小，此时第一项的权重系数很小，第二项的权重系数接近 1，对均值 μ 的贝叶斯估计结果主要由先验知识来确定。一般情况下，均值 μ 的贝叶斯估计结果是样本算术平均值和先验分布均值之间进行加权平均。因此，与最大似然估计方法相比，贝叶斯估计方法不但可以利用样本集提供的信息，而且可以利用待估计参数的先验知识，并且可以根据样本数目的多少和先验知识的确定程度来调整两部分的相对贡献。

4.3.2　贝叶斯学习

与贝叶斯估计对概率密度函数的参数进行估计不同，贝叶斯学习是直接求解概率密度函数。给定包含 N 个样本的样本集 $X^N=(x_1,x_2,\cdots,x_N)$，贝叶斯学习是指在求出未知参数 θ 的后验分布 $p(\theta\mid X^N)$ 后，不再求参数 θ 的估计量 $\hat{\theta}$，而是直接求样本的概率密度函数 $p(x\mid X^N)$，即

$$p(x\mid X^N)=\int_{\Theta}p(x,\theta\mid X^N)\mathrm{d}\theta=\int_{\Theta}p(x\mid\theta)p(\theta\mid X^N)\mathrm{d}\theta \tag{4-37}$$

其中：

$$p(\theta\mid X^N)=\frac{p(X^N\mid\theta)p(\theta)}{\int_{\Theta}p(X^N\mid\theta)p(\theta)\mathrm{d}\theta} \tag{4-38}$$

下面讨论 $p(x\mid X^N)$ 是否收敛于 $p(x)$ 的问题。当 $N>1$ 时，有

$$p(X^N\mid\theta)=p(x_N\mid\theta)p(X^{N-1}\mid\theta) \tag{4-39}$$

将式(4-39)代入式(4-38)，可得

$$\begin{aligned}p(\theta\mid X^N)&=\frac{p(x_N\mid\theta)p(X^{N-1}\mid\theta)p(\theta)}{\int_{\Theta}p(x_N\mid\theta)p(X^{N-1}\mid\theta)p(\theta)\mathrm{d}\theta}\\&=\frac{p(x_N\mid\theta)p(\theta\mid X^{N-1})p(X^{N-1})}{\int_{\Theta}p(x_N\mid\theta)p(\theta\mid X^{N-1})p(X^{N-1})\mathrm{d}\theta}\end{aligned}$$

$$=\frac{p(x_N \mid \theta)p(\theta \mid X^{N-1})}{\int_{\Theta} p(x_N \mid \theta)p(\theta \mid X^{N-1})\mathrm{d}\theta} \tag{4-40}$$

由式(4-40)可知，随着样本数目的增加，可以得到一系列对概率密度函数参数的估计：

$$p(\theta),p(\theta \mid x_1),p(\theta \mid x_1,x_2),\cdots,p(\theta \mid x_1,x_2,\cdots,x_N),\cdots \tag{4-41}$$

这个过程称为递推的贝叶斯估计。如果随着样本数目的增加，式(4-39)的后验概率密度序列会逐步收敛于以 θ 的真实值为中心的一个尖峰，即

$$\lim_{N\to\infty} p(x \mid x^N)=p(x) \tag{4-42}$$

这一过程称作贝叶斯学习。此时，用式(4-35)估计的概率密度函数逼近真实的概率密度函数。

对于例 4.3，贝叶斯学习就是在求出 μ 的后验分布后，直接推断样本的概率密度函数 $p(x \mid X)$，即

$$p(x \mid X)=\int p(\mu \mid X)p(x \mid \mu)\mathrm{d}\mu \tag{4-43}$$

由于 σ_N^2 随着样本数量 N 的增加而单调减小，且当 $N\to\infty$ 时，σ_N^2 趋于 0，所以，每增加一个样本都可以减少对 μ 估计的不确定性。随着 N 的增大，$p(\mu \mid X)$ 就变得越来越尖峰突起，当 $N\to\infty$ 时，它就趋于 δ 函数，如图 4-2 所示。

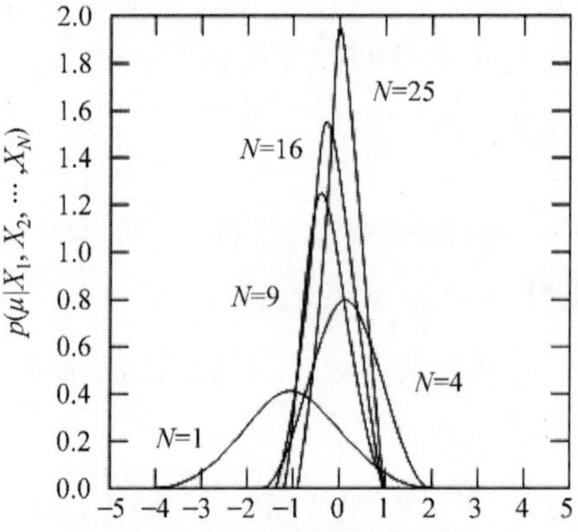

图 4-2　贝叶斯学习示意图

4.4　非参数估计的基本原理

上面介绍的最大似然估计方法和贝叶斯估计方法都属于参数估计方法，要求待估计的概率密度函数的形式已知，只是利用样本集估计函数的参数。在实际应用中，往往并不知道概率密度函数的形式，而且有些样本集的分布也很难用已知的函数形式描述。在这种情况下，就需要用非参数估计方法来确定样本的概率密度函数。非参数估计方法不对概率密度函数的形式作任何假设，而是直接用样本估计出整个函数。

下面讨论非参数估计的基本原理。非参数估计的问题可以定义为：已知样本集 $X=\{x_1,x_2,\cdots,x_N\}$ 中的样本来自同一个类别，且它们是从服从概率密度函数 $p(x)$ 的总体中

独立抽取出来的，求 $p(x)$ 的估计 $\hat{p}(x)$。

设样本 x 是从总体中独立抽取出来的，其概率密度函数为 $p(x)$，空间中有一区域 Ω，则 x 落入区域 Ω 的概率 P 是

$$P=\int_{\Omega}p(x)\mathrm{d}x \tag{4-44}$$

由式(4-44)可以看出，概率 P 是概率密度函数 $p(x)$ 的一种平均形式。

假设样本集 $X=\{x_1,x_2,\cdots,x_N\}$ 中的 N 个样本是从总体中独立抽取的，则这 N 个样本中有 k 个样本落入区域 Ω 的概率符合二项分布，其值为

$$P_k=\mathrm{C}_N^k P^k(1-P)^{N-k} \tag{4-45}$$

其中，C_N^k 表示从 N 个样本中取 k 个样本的组合数，即

$$\mathrm{C}_N^k=\frac{N!}{k!(N-k)!} \tag{4-46}$$

可以证明，k 的数学期望为

$$E(k)=\sum_{k=1}^{N}k\,P_k=NP \tag{4-47}$$

因此，当小区域中实际落入 k 个样本时，可以认为 k/N 是概率 P 的一个很好的估计，也就是概率密度函数 $p(x)$ 平均值的一个好的估计，即

$$\hat{P}=\frac{k}{N} \tag{4-48}$$

假设 $p(x)$ 是连续的，且区域 Ω 的范围很小，以至于 $p(x)$ 在 Ω 上几乎是不变的，则式(4-44)可以近似为

$$P=\int_{\Omega}p(x)\mathrm{d}x\approx p(x)V \tag{4-49}$$

其中，V 是区域 Ω 的体积。由式(4-48)和式(4-49)可知，$p(x)$ 的估计为

$$p(x)\approx\frac{P}{V}\approx\frac{k}{NV} \tag{4-50}$$

式(4-50)就是 x 点概率密度函数 $p(x)$ 的估计值，它与 x 的区域 Ω 的体积 V 及落入 V 中的样本数 k 有关。对于式(4-50)，如果体积 V 固定，样本数 N 趋于 ∞，则比值 k/N 将在概率上收敛，即

$$p(x)\rightarrow\frac{P}{V}=\frac{\int_{\Omega}p(x)\mathrm{d}x}{\int_{\Omega}\mathrm{d}x} \tag{4-51}$$

此时，得到的概率密度函数 $p(x)$ 是空间平均估计值。因此，若想得到理想的估计 $\hat{p}(x)$，而不是 $p(x)$ 的空间平均估计值，需要让区域 Ω 的体积 V 趋于 0。若把样本数 N 固定，令 V 趋于 0，就会使区域 Ω 不断缩小，以至于最后不包含任何样本，此时就会得出 $\hat{p}(x)=0$ 这种没有意义的估计结果。如果恰好有一个或几个样本同 x 点重合，此时 $\hat{p}(x)$ 就会无穷大，同样没有意义。实际上，样本数总是有限的，所以体积 V 不能任意小。因此，采用这种方法得到的估计结果存在一定的随机性。

但是，如果只从理论上来考虑，假定有无限多的样本可供利用，可以采用下面的步骤进

行估计 x 点处的密度。首先构造一个包含 x 的区域序列 $\Omega_1, \Omega_2, \cdots$，对区域 Ω_1 采用 1 个样本进行估计，对区域 Ω_2 采用 2 个样本进行估计……以此类推。设 V_N 是区域 Ω_N 的体积，k_N 是落入区域 Ω_N 的样本数，$\hat{p}_N(x)$ 是对 $p(x)$ 的第 N 次估计，则：

$$\hat{p}_N(x) = \frac{k_N}{N \cdot V_N} \tag{4-52}$$

若满足以下 3 个条件：

$$(1)\ \lim_{N \to \infty} V_N = 0 \tag{4-53}$$

$$(2)\ \lim_{N \to \infty} k_N = \infty \tag{4-54}$$

$$(3)\ \lim_{N \to \infty} \frac{k_N}{N} = 0 \tag{4-55}$$

则 $\hat{p}_N(x)$ 收敛于 $p(x)$。以上 3 个条件表明：当样本数 N 增加时，区域 Ω_N 中的样本数 k_N 也增加，体积 V_N 不断减少，且落入区域 Ω_N 中的样本数 k_N 要远远小于样本数 N，以使 $\hat{p}_N(x)$ 收敛于 $p(x)$。满足上述 3 个条件的区域序列一般有以下两种选择方法：

(1) Parzen 窗口估计法，使区域序列 Ω_N 以 N 的某个函数(例如 $V_N = 1/\sqrt{N}$)的关系不断缩小，并对 k_N 和 k_N/N 加以限制，以使 $\hat{p}_N(x)$ 收敛于 $p(x)$。

(2) k_N 近邻估计法，让 k_N 为 N 的某个函数(例如 $k_N = \sqrt{N}$)，而使落入区域 Ω_N 中的样本数恰好为 k_N。

4.5 Parzen 窗口估计法

首先，假定 $\boldsymbol{x}$ 为 d 维空间中的一个点，定义一个以 $\boldsymbol{x}$ 为中心，h_N 为边长的超立方体。该超立方体的体积为

$$V_N = h_N^d \tag{4-56}$$

对于 d 维空间中的任意一个样本点 $\boldsymbol{x}_i$，若向量 $\boldsymbol{x} - \boldsymbol{x}_i$ 中的每一个分量的绝对值都小于 $h_N/2$，则 $\boldsymbol{x}_i$ 位于超立方体内，否则就位于超立方体外。

为了计算落入超立方体内的样本数 k_N，定义一个 d 维的窗口函数如下：

$$\varphi(u) = \begin{cases} 1, & |u_j| \leqslant \frac{1}{2};\quad j = 1, 2, \cdots, d \\ 0, & \text{其他} \end{cases} \tag{4-57}$$

其中，$u = (u_1, u_2, \cdots, u_d)$。由式(4-57)可知，当样本 x_i 落入以 $\boldsymbol{x}$ 为中心、体积为 V_N 的超立方体内时，$\varphi\left(\frac{\boldsymbol{x} - \boldsymbol{x}_i}{h_N}\right) = 1$，否则为 0。因此，落入超立方体内的样本数为

$$k_N = \sum_{i=1}^{N} \varphi\left(\frac{\boldsymbol{x} - \boldsymbol{x}_i}{h_N}\right) \tag{4-58}$$

将式(4-58)代入式(4-52)，得

$$\hat{p}_N(x) = \frac{1}{N} \sum_{i=1}^{N} \frac{1}{V_N} \varphi\left(\frac{\boldsymbol{x} - \boldsymbol{x}_i}{h_N}\right) \tag{4-59}$$

式(4-59)就是 Parzen 窗口估计法的基本公式。为了使估计量 $\hat{p}_N(\boldsymbol{x})$ 是一个合理的概率密度函数,要求窗口函数满足以下两个条件:

$$(1)\ \varphi(u) \geqslant 0 \tag{4-60}$$

$$(2)\ \int \varphi(u)\mathrm{d}u = 1 \tag{4-61}$$

式(4-60)和式(4-61)表明,如果窗口函数本身满足概率密度函数的要求,则 $\hat{p}_N(\boldsymbol{x})$ 一定是概率密度函数。下面进行证明。首先,在 $\varphi(u) \geqslant 0$ 的限制下,由式(4-59)可知, $\hat{p}_N(\boldsymbol{x}) \geqslant 0$。由于 $u = (\boldsymbol{x} - \boldsymbol{x}_i)/h_N$,进一步有

$$\begin{aligned}\int \hat{p}_N(\boldsymbol{x})\mathrm{d}x &= \int \frac{1}{N}\sum_{i=1}^{N}\frac{1}{V_N}\varphi\left(\frac{\boldsymbol{x}-\boldsymbol{x}_i}{h_N}\right)\mathrm{d}x \\ &= \frac{1}{N}\sum_{i=1}^{N}\int \frac{1}{V_N}\varphi\left(\frac{\boldsymbol{x}-\boldsymbol{x}_i}{h_N}\right)\mathrm{d}x \\ &= \frac{1}{N}\sum_{i=1}^{N}\int \varphi(u)\mathrm{d}u = \frac{1}{N}\cdot N = 1\end{aligned} \tag{4-62}$$

从而证明了 $\hat{p}_N(\boldsymbol{x})$ 确实是一个概率密度函数。

上面介绍的超立方体窗口函数一般称为方窗函数。除此之外,还可以选择其他的窗口函数。下面以一维窗口函数为例,介绍 3 种常用的窗口函数。

(1) 方窗函数(如图 4-3(a)所示)。

$$\varphi(u) = \begin{cases}1, & |u| \leqslant \dfrac{1}{2} \\ 0, & 其他\end{cases} \tag{4-63}$$

(2) 正态窗函数(如图 4-3(b)所示)。

$$\varphi(u) = \frac{1}{\sqrt{2\pi}}\exp\left\{-\frac{1}{2}u^2\right\} \tag{4-64}$$

(3) 指数窗函数(如图 4-3(c)所示)。

$$\varphi(u) = \exp\{-|u|\} \tag{4-65}$$

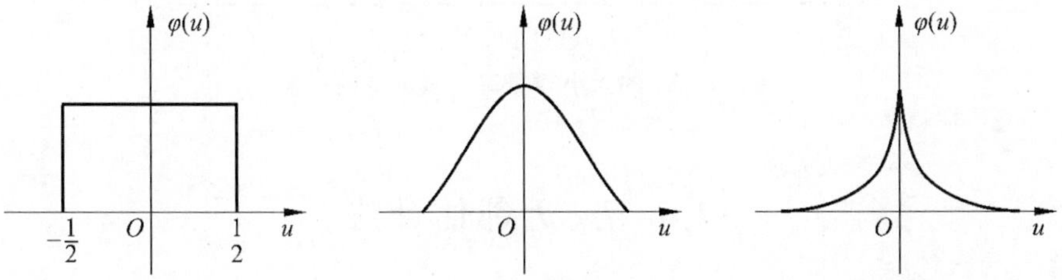

(a) 方窗函数　(b) 正态窗函数　(c) 指数窗函数

图 4-3　3 种窗口函数

下面分析窗口宽度 h_N 对估计量 $\hat{p}_N(\boldsymbol{x})$ 的影响。首先,定义下面的函数:

$$\delta_N(\boldsymbol{x}) = \frac{1}{V_N}\varphi\left(\frac{\boldsymbol{x}}{h_N}\right) \tag{4-66}$$

则 $\hat{p}_N(\boldsymbol{x})$ 可以写成如下平均值的形式。

$$\hat{p}_N(x)=\frac{1}{N}\sum_{i=1}^{N}\delta_N(\boldsymbol{x}-\boldsymbol{x}_i) \tag{4-67}$$

由于 $V_N=h_N^d$，所以 h_N 影响 $\delta_N(\boldsymbol{x})$ 的幅度。若 h_N 很大，则 δ_N 的幅度就很小。同时，$\boldsymbol{x}-\boldsymbol{x}_i$ 的值需要很大才能够使 $\delta_N(0)$ 与 $\delta_N(\boldsymbol{x}_i-\boldsymbol{x})$ 有较大差别，$\hat{p}_N(\boldsymbol{x})$ 变成了 N 个宽度较大且函数值变化缓慢的函数的叠加，从而它是 $p(\boldsymbol{x})$ 的一个平均的估计，使估计的分辨率降低。反之，若 h_N 很小，则 δ_N 的幅度就很大，$\hat{p}_N(\boldsymbol{x})$ 变成了 N 个宽度较小的函数值变化剧烈的尖峰函数的叠加，其估计值的变动很大，抗干扰的能力较差。当 $h_N\to 0$ 时，$\delta_N(\boldsymbol{x}_i-\boldsymbol{x})$ 趋于一个以 x_i 为中心的 δ 函数，使得 $\hat{p}_N(x)$ 趋于以样本为中心的 δ 函数的叠加。因此，h_N 选取的大小对概率密度函数的估计有很大影响，如图 4-4 所示。在实际应用中，样本数目一般是有限的，就需要根据情况对 h_N 的大小选取适当折中。当样本数目无限时，可以使 h_N 缓慢趋近于 0，但要注意这里 h_N 趋于 0 的速度要远低于样本数目 N 趋近于无限的速度，从而使 $\hat{p}_N(x)$ 收敛。

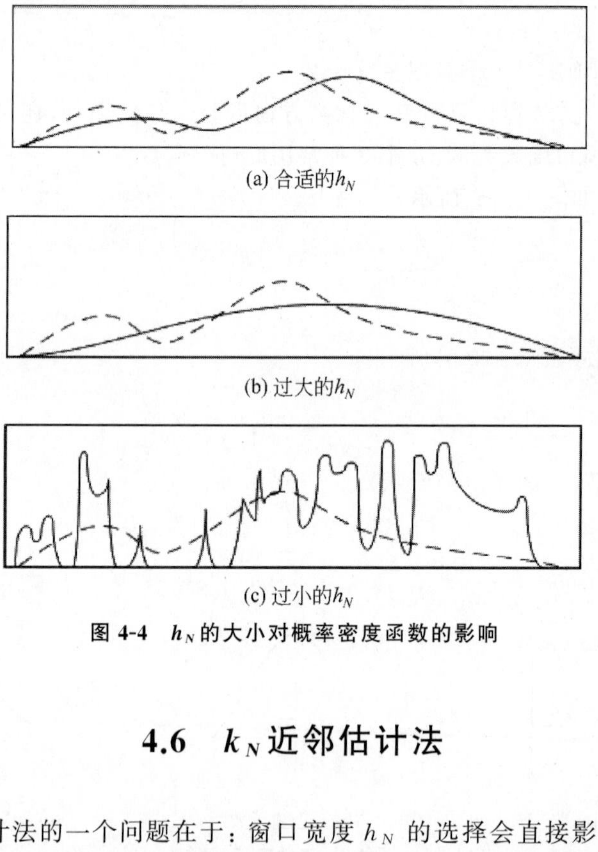

(a) 合适的h_N

(b) 过大的h_N

(c) 过小的h_N

图 4-4　h_N的大小对概率密度函数的影响

4.6　k_N近邻估计法

Parzen 窗口估计法的一个问题在于：窗口宽度 h_N 的选择会直接影响概率密度函数估计的结果。在样本分布密度较高的区域，过大的窗口宽度 h_N 可能导致估计过于平滑以及"冲洗"掉可能以某种方式从数据提取到的结构；在样本分布密度较低的区域，过小的窗口宽度 h_N 可能产生噪声估计。因此，无论是过小或过大的窗口宽度 h_N，都会影响概率密度函数对真实分布的反映效果。

对于概率密度函数估计的计算公式，即式(4-52)，我们考虑：能否使用一个固定的 k_N

值，并用这个 k_N 值去找到合适的 V 值呢？答案是肯定的，本节要介绍的 k_N 近邻估计法能够解决上面的问题。

在 k_N 近邻估计法中，需要选定以下参数：样本集合 R、样本总数 N、近邻样本数 k_N、需要进行概率密度估计的位置，即(样本) x。

为了找到最合适的 V，以估计密度 $p(x)$，选择任一样本点作为一个小球体的中心点，不断地增长球体半径，直到该球体包含 k_N 个样本为止。假设有一个 $N=9$ 的样本集合，并使得 $k_N=3$，选取其中 3 个点 x_a、x_b、x_c，如图 4-5(a)所示。

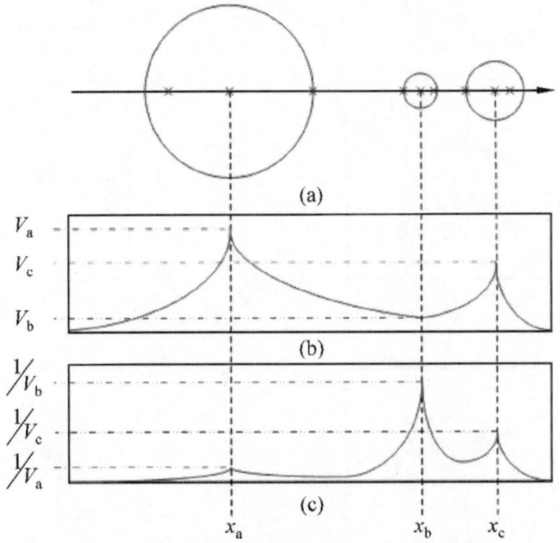

图 4-5　对某样本集的部分样本点的概率估计

图 4-5(b)的纵坐标分别是以图 4-5(a)中的三个样本点为中心的超球体对应的体积大小。由于 k_N/N 是一个常数，有 $\hat{p}_N \propto 1/V$。因此，图 4-5(c)能够有效地反映样本点的密度分布。那么，密度 $p(x)$ 的估计值可由式(4-66)给出：

$$\hat{p}_N(x)=\frac{k_N/N}{V} \tag{4-68}$$

其中，V 为所得到的球体的体积。如图 4-5(c)所示，纵坐标是不同参数 k_N 使用相同的数据集进行估计的结果。不难看出，k_N 的值影响曲线平滑的程度。因此，需要对 k_N 有一个合适的选择，既不能选得太大，也不能选得太小。需要注意的是，由 k_N 近邻估计法产生的模型并不是一个真正的密度模型。式(4-68)的约束条件为

(1) N 与 k_N 同向变化。

(2) N 的变化速度远大于 k_N 的变化速度。

(3) N 趋于无穷时，“容器”体积趋于 0。

不难得出，样本点 x 若处在样本分布密集的区域，则以该点为中心的超球体的体积 V 较小，x 对应的 $\hat{p}_N(x)$ 较大；相反地，样本点 x 若处在样本分布稀疏的区域，则以该点为中心的超球体的体积 V 较大，x 对应的 $\hat{p}_N(x)$ 较小。因此，对于 k_N 近邻估计法来说，k_N 的选取是至关重要的。通常，选取 $k_N=\alpha\sqrt{N}$，要注意的是 $1<k_N<N$。当样本数 N 有限时，估计

的结果受 α 的选择影响；当 $N \to \infty$，$\hat{p}_N(x)$ 将收敛于未知分布 $\hat{p}(x)$。图 4-6 给出了用 k_N 近邻分布对单一的正态分布和两个均匀分布进行估计的结果。

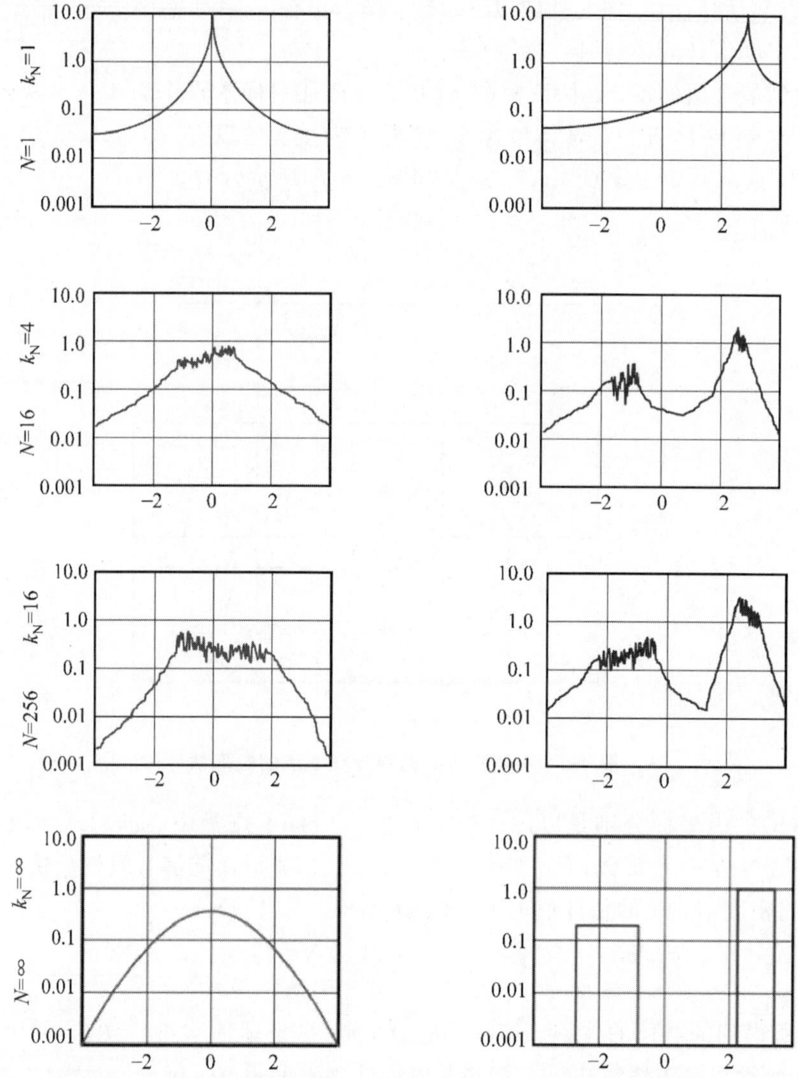

图 4-6　k_N 近邻分布对单一的正态分布和两个均匀分布进行估计

事实上，k_N 近邻估计法的应用还能够扩展到分类问题上。可将该方法分别应用于每一类，然后利用贝叶斯定理进行估计。假设有包含 N 个点、p 个类别的数据集 R，每一类别 C_j 中的数据点数量为 $N_j\left(\sum_{j}^{p} N_j = N\right)$。如果想对一个新的数据点 x 进行分类，可以以 x 为中心构造一个超球体，并不断增加其半径，直至包含 k_N 个数据点为止。设此时该超球体的体积为 V，并包含了 q 个类别 $(q \leqslant p)$，其中包含某一类别 C_i 的数据点个数为 $k_i\left(\sum_{i}^{q} k_i = k_N\right)$。则式(4-69)提供了 x 与每一个类别相关的概率密度估计：

$$p(x \mid C_i) = \frac{k_i}{N_i V} \tag{4-69}$$

当类别 C_i 的先验概率如式(4-70)所示：

$$p(C_i) = \frac{N_i}{N} \tag{4-70}$$

可以得到 $p(x)$ 为

$$p(x) = \frac{k_N}{NV} \tag{4-71}$$

联合式(4-69)～式(4-71)及贝叶斯定理，可以得到数据点 x 属于类别 C_i 的后验概率为

$$p(C_i \mid x) = \frac{k_i}{k_N} \tag{4-72}$$

从式(4-70)可以看出，如果希望最小化对待识别数据点 x 错误分类的概率，可以通过将点 x 划分到能使后验概率最大的类，即令 k_i 最大的类。综上所述，为了对一个样本点进行分类，可以从数据集中识别出 k_N 个最近的点，然后将这个样本点划分到这 k_N 个点中的 k_i 最大的类别 C_i。

4.7　Python 实现

4.7.1　Parzen 窗口估计法

试编程随机生成一组服从参数为 $u=0$，$\sigma^2=1$ 的高斯分布的一维样本 $\{x_1, x_2, \cdots, x_N\}$，$N=1024$，设定 $h_N=0.5$，V_N 分别取 0.05、0.3、1.0 及 2.0，用 Parzen 窗口估计法绘制出相应的概率密度函数 $\hat{p}_N(x)$ 的曲线。

程序代码及实验结果。

(1) 程序代码。

```
import math
import numpy as np
import matplotlib.pyplot as plt

N =1024
a =-1
b =2
hn =[0.05, 0.3, 1, 2]
x =[]
for i in range(N):  #生成[a,b)随机数
    x.append(a +(b -a) * np.random.random())
    x.sort()


def square_Win(u):
```

```
    if abs(u) <1 / 2:
        return 1
    return 0

def vn_search(xlist, x_ind, hn):  #采用双指针找符合在 vn 内的数,由于预先已经排序好,
#从目标点向两侧搜索
    l_ind, r_ind =-1, 1
    vn =math.pow(hn, 1)  #本题中使用一维样本
    sum_Square_Win =0
    while 1:
        if x_ind +l_ind <0:  #左溢出
            break
        if square_Win((xlist[x_ind] -xlist[x_ind +l_ind]) / vn) ==0:  #或是方窗函
#数值为 0
            break
        l_ind -=1
        sum_Square_Win +=1
    while 1:
        if x_ind +r_ind >len(xlist) -1:  #右溢出
            break
        if square_Win((xlist[x_ind] -xlist[x_ind +r_ind]) / vn) ==0:  #或是方窗函
#数值为 0
            break
        r_ind +=1
        sum_Square_Win +=1
    return sum_Square_Win


if __name__ =='__main__':
    fig =plt.figure("4-3")
    for i in range(len(hn)):
        pnx = []
        assert hn[i] <b -a  #'重新确认 vn 与 a b 的大小'
        plt.subplot(int(math.sqrt(len(hn))), int(math.sqrt(len(hn))), i +1)
        for j in range(len(x)):
            sum_Square_Win =vn_search(x, j, hn[i])
            pnx.append(1 / hn[i] / N * sum_Square_Win)  #方窗函数的估计
        plt.title('Vn =' +str(math.pow(hn[i], 1)) +" N =" +str(N))
        plt.subplots_adjust(left=None, bottom=None, right=None, top=None,
wspace=0.4, hspace=0.5)
        plt.plot(x, pnx)
    plt.show()
```

(2) 实验结果。

V_N 分别取 0.05、0.3、1.0 及 2.0 时,概率密度函数 $\hat{p}_N(x)$ 的曲线如图 4-7 所示。

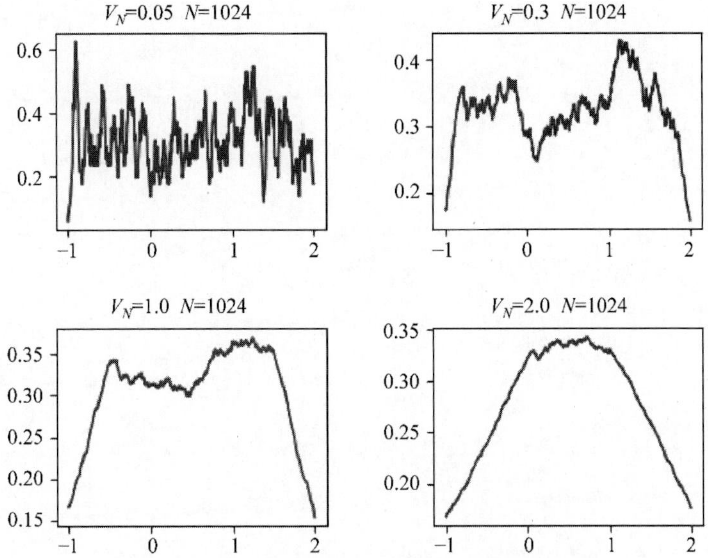

图 4-7　不同参数下 Parzen 窗口估计法运行结果

4.7.2　k_N 近邻估计法

试编程随机生成一组服从参数为 $u=0, \sigma^2=1$ 的高斯分布的一维样本 $(x_1, x_2, \cdots, x_N)$，设定 $k_N=\sqrt{N}$，k_N 分别取 32、128、256、512，用 Parzen 窗口估计法绘制出相应的概率密度函数 $\hat{p}_N(x)$ 的曲线。

(1) 程序代码。

```
import math
import matplotlib.pyplot as plt
import numpy as np

N =1024
alpha =[1, 4, 8, 16]
x =np.random.normal(size=(N, 1))
x.sort(axis=0)
kn =[]
for a in alpha:
    kn.append(math.sqrt(N) * a)


def kn_search(xlist, x_ind, l_ind, r_ind, x_kn_neibor):   #采用双指针找 KNN
    if x_ind +l_ind <0:  #左溢出
        x_kn_neibor.append(xlist[x_ind +r_ind][0])
        r_ind +=1
    elif x_ind +r_ind >len(xlist) -1:  #右溢出
```

```
        x_kn_neibor.append(xlist[x_ind +l_ind][0])
        l_ind -=1
    elif np.linalg.norm(xlist[x_ind] -xlist[x_ind +l_ind]) >\
            np.linalg.norm(xlist[x_ind] -xlist[x_ind +r_ind]):  #选择离 x 距离更
#近的样本点
        #if(x_ind==1022):
        #    print('---------------',x_ind,l_ind,x_ind+l_ind)
        x_kn_neibor.append(xlist[x_ind +r_ind][0])
        r_ind +=1
    elif np.linalg.norm(xlist[x_ind] -xlist[x_ind +l_ind]) <=\
            np.linalg.norm(xlist[x_ind] -xlist[x_ind +r_ind]):  #选择离 x 距离更
#近的样本点
        x_kn_neibor.append(xlist[x_ind +l_ind][0])
        l_ind -=1
    else:
        print("有地方出错了")
    return l_ind, r_ind

def findx_knn(kn, xlist):
    pnkx =[]
    for it in range(len(xlist)):
        x_kn_neibor =[]  #定义近邻列表
        l_ind =-1
        r_ind =1
        for ki in range(int(kn)):
            l_ind, r_ind =kn_search(xlist, it, l_ind, r_ind, x_kn_neibor)
            #print(l_ind,r_ind)
        V =np.linalg.norm(xlist[it] -x_kn_neibor[-1])  #体积为最远的近邻点和自身
#的距离
        pnkx.append(kn / len(xlist) / V)  #计算估计的概率密度
    return xlist, pnkx

if __name__ =='__main__':
    fig =plt.figure("4-4")
    for i in range(len(kn)):
        assert kn[i]<N  #'重新确认 kn 与 N 的大小'
        plt.subplot(int(math.sqrt(len(kn))),int(math.sqrt(len(kn))),i+1)
        xlist,pnkx =findx_knn(kn[i], x)
        plt.title('kn ='+str(int(kn[i]))+" N ="+str(int((kn[i]) * * 2)))
        plt.subplots_adjust(left=None, bottom=None, right=None, top=None,
wspace=0.4, hspace=0.5)
        plt.plot(xlist,pnkx)
    plt.show()
```

(2) 实验结果。

运行结果如图 4-8 所示。

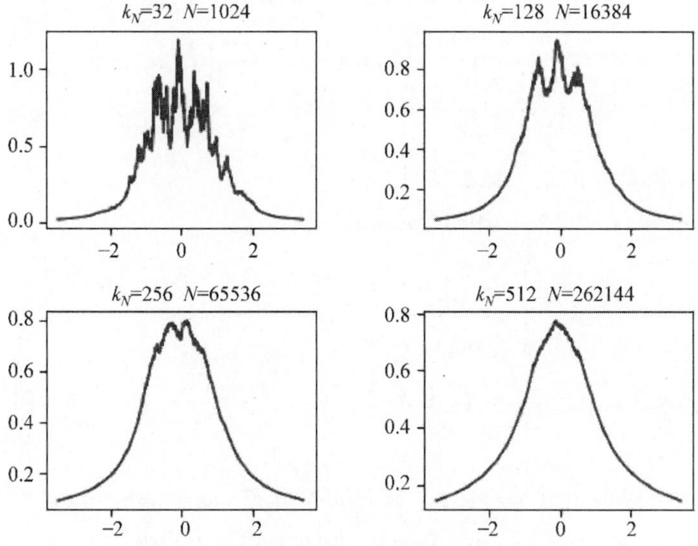

图 4-8　不同参数下k_N近邻估计法运行结果

习　　题

1. 请简述参数估计方法和非参数估计方法的主要区别是什么。

2. 在最大似然估计中，k_N 近邻估计和 Parzen 窗估计分别属于参数估计还是非参数估计？简述最大似然估计的基本原理。

3. 设样本集 $R=(X_1,X_2,\cdots,X_N)$，其中样本服从概率密度函数分布

$$p(x \mid \theta)=\begin{cases}\theta\exp\left(-\dfrac{x}{\theta}\right), & x \geqslant 0 \\ 0, & 其他\end{cases}$$

求参数 θ 的最大似然估计 $\hat{\theta}$。

4. 二维空间中有一点 $x_0=(1,1)$，区域 Ω_N 以其为中心，边长 $h_N=2$，试着画出 Ω_N 的范围示意图，并标记 $x_1=(-2,1)$，$x_2=(0,0)$，$x_3=(2,2)$ 在图上的位置，并利用方窗函数判断哪几个样本处于区域 Ω_N 内。

5. 给出样本：$x_1=-0.7$，$x_2=-1.2$，$x_3=-2.7$，$x_4=-0.6$，$x_5=-0.9$，$x_6=-2.6$，$x_7=3.8$，$x_8=3.1$，$x_9=-1.7$。设 $k_N=3$，试画图判断哪 k_N 个样本落在以点 $x_1=-0.7$ 为中心的超球体内，并使用 k_N 近邻法求出 $p_N(x_1)$。

6. 设 $x_1,x_2,\cdots,x_N$ 是从总体中独立抽取的样本，均值为 $u=E(x_i)$，方差 $\sigma^2=E[(x_i-u)^2]$，试证明：

(1) 样本均值 $x=\dfrac{1}{N}\sum_{i=1}^{N}x_i$ 是 μ 的无偏估计。

(2) 样本方差 $s^2=\frac{1}{N-1}\sum_{i=1}^{N}(x_i-x)^2$ 是 σ^2 的无偏估计。

7. 设样本集 $R=(x_1,x_2,\cdots,x_n)$，其中样本服从概率密度函数分布

$$p(x\mid\theta)=\begin{cases}\frac{1}{\theta^N}\prod_{k=1}^{N}\exp\left(-\frac{x_k-\mu}{\theta}\right), & x\geqslant 0\\ 0, & \text{其他}\end{cases}$$

编程实现求参数 θ、μ 的最大似然估计 $\hat{\theta}$、$\hat{\mu}$。

8. 编程实现生成 N 个 ($N=1024$) 满足：

$$g(x)=\begin{cases}\frac{1}{b-a}, & a<x<b, a=-1, b=-2\\ 0, & \text{其他}\end{cases}$$

的随机一维样本 $(x_1,x_2,\cdots,x_n)$，设定 $k_N=\frac{3}{2}\sqrt{N}$，用 Parzen 窗法估计概率密度函数 $\hat{p}_N(x)$。

9. 编程实现：生成 N 个 ($N=1024$) 满足正态分布 ($u=1,\sigma^2=0$) 的数据集合 R，并用 $k_N=\alpha_i\sqrt{N}$ (其中 $\alpha_i=1,10,100,1000$) 的 k_N 近邻估计法估计概率密度函数 $\hat{p}_N(x)$。

第 5 章　其他典型分类方法

5.1　近　邻　法

近邻法是由 Cover 和 Hart 于 1968 年提出的，是最重要的非参数分类方法之一。已知贝叶斯分类器在特殊条件下可以简化为最小距离分类器，即通过计算待识别样本到每类样本均值的距离，将待识别样本归为具有最小距离的那一类。对最小距离分类器进行拓展，将训练样本集划分为若干子类，从每个子类中选取一个代表点，将待识别样本归为最近代表点所属的类别。近邻法将训练样本集中的每个样本都作为代表点，实质上是一种分段线性分类器。

5.1.1　最近邻法

最近邻分类器是最小距离分类器的一种极端情况，以全部训练样本作为代表点，计算待识别样本与所有训练样本的距离，并将待识别样本归为最近邻的训练样本所属类别。

假定样本集有 m 个类别 $\omega_1, \omega_2, \cdots, \omega_m$，每个类别中有 $N_i(i=1,2,\cdots,m)$ 个样本，以每个训练样本作为一个子类，计算待识别样本 $\boldsymbol{x}$ 与每一个子类的距离，则将样本归为 ω_i 类的判别函数为

$$g_i(\boldsymbol{x}) = \min_i \| \boldsymbol{x} - \boldsymbol{x}_i^k \|, \quad k=1,2,\cdots,N_i \tag{5-1}$$

其中，$\boldsymbol{x}_i^k$ 表示第 i 类的第 k 个样本。此时，判别准则为

$$g_l(\boldsymbol{x}) = \min_{i=1,2,\cdots,m} g_i(\boldsymbol{x}), \text{则 } \boldsymbol{x} \in \omega_l \tag{5-2}$$

当训练样本数量无限增多时，待识别样本 $\boldsymbol{x}$ 的最近邻样本在极限意义上讲就是 $\boldsymbol{x}$ 本身。对于两类别的分类问题，假设待识别样本 $\boldsymbol{x}$ 属于两类的后验概率分别为 $P(\omega_1 \mid \boldsymbol{x})$ 和 $P(\omega_2 \mid \boldsymbol{x})$，则当待识别样本与它的最近邻样本都属于同一类时，才能决策正确，因此正确分类率为 $\sum_{i=1}^{C} P^2(\omega_i \mid \boldsymbol{x})$。所以，当训练样本数量无限多时，待识别样本 x 分类错误的概率为

$$\lim_{N \to \infty} P_N(e \mid X) = 1 - \sum_{i=1}^{c} P^2(\omega_i \mid \boldsymbol{x}) \tag{5-3}$$

在该条件下的平均错误率为

$$\begin{aligned} P &= \lim_{N \to \infty} P_N(e) \\ &= \lim_{N \to \infty} \int P_N(e \mid X) P(X) \mathrm{d}X \end{aligned}$$

$$=\int \lim_{N\to\infty} P_N(e \mid X)P(X)\mathrm{d}X$$

$$=\int\left[1-\sum^{c} P^2(\omega_i \mid \boldsymbol{x})\right]P(X)\mathrm{d}X \tag{5-4}$$

P 也被称为渐进平均错误率。

贝叶斯错误率为

$$P^* = \int P^*(e \mid X)P(X)\mathrm{d}X \tag{5-5}$$

其中，$P^*(e \mid X)=1-P^*(\omega_m \mid X)$，$P^*(\omega_m \mid X)=\max\limits_i[P(\omega_i \mid X)]$

最近邻法的错误率虽然高于贝叶斯错误率，但是当样本数目无限时，最近邻法的错误率不会超过贝叶斯错误率的两倍。令最近邻法分类器的错误率为 P，贝叶斯分类器的错误率为 P^*，那么它们之间存在如下关系：

$$P^* \leqslant P \leqslant P^*\left(2-\frac{m}{m-1}P^*\right) \tag{5-6}$$

其中，m 为类别数。一般情况下，P^* 很小，因此也可粗略地表示为

$$P^* \leqslant P \leqslant 2P^* \tag{5-7}$$

5.1.2 k-近邻法

尽管最近邻样本和待识别样本在距离意义下是最相似的，但是如果最近邻样本和待识别样本不属于同一类别，则会直接导致分类错误。因此，最近邻法的缺点在于受随机噪声影响较大，尤其是在两类的交叠区域。

k-近邻法(k-Nearest Neighbor)是最近邻法的扩展。k-近邻法的基本规则是：在所有 N 个样本中找到待识别样本的 k 个最近邻者，设 k 个样本中属于第 i 类的样本有 k_i 个，即

$$k=k_1+k_2+\cdots+k_m \tag{5-8}$$

则定义判别函数为

$$g_i(\boldsymbol{x})=k_i,\quad i=1,2,\cdots,m \tag{5-9}$$

此时，判别准则为

$$\text{若}\,g_j(\boldsymbol{x})=\max_i k_i\text{，则}\,\boldsymbol{x}\in\omega_j \tag{5-10}$$

我们称这种方法为 k-近邻法，相应的分类器称为 k-近邻分类器。k-近邻法中的 k 一般采用奇数，类似于投票表决，避免因两种票数相等而难以决策。k-近邻法可以理解为，从样本点 $\boldsymbol{x}$ 开始生长，不断扩大区域，直到包含 k 个训练样本为止，并且把待识别样本点 $\boldsymbol{x}$ 的类别归为最近的 k 个训练样本点中出现频率最高的样本对应的类别。

k-近邻法错误率的上下界同最近邻法一样，均在一倍到两倍贝叶斯分类器的错误率范围内。在 $k\to\infty$ 的条件下，k-近邻法的错误率要低于最近邻法，同时趋近于贝叶斯错误率。

例 5.1 有 7 个二维样本向量：$\boldsymbol{x}_1=\begin{pmatrix}1\\0\end{pmatrix}$，$\boldsymbol{x}_2=\begin{pmatrix}0\\1\end{pmatrix}$，$\boldsymbol{x}_3=\begin{pmatrix}0\\-1\end{pmatrix}$，$\boldsymbol{x}_4=\begin{pmatrix}0\\0\end{pmatrix}$，$\boldsymbol{x}_5=\begin{pmatrix}0\\2\end{pmatrix}$，$\boldsymbol{x}_6=\begin{pmatrix}0\\-2\end{pmatrix}$，$\boldsymbol{x}_7=\begin{pmatrix}-2\\0\end{pmatrix}$，假定前 3 个为 ω_1 类，后 4 个为 ω_2 类。试分别根据最近邻法和 k-近邻法

$(k=3)$判断 $\boldsymbol{x}=\begin{pmatrix}1\\2\end{pmatrix}$ 属于哪一类别。

解：首先计算样本 $\boldsymbol{x}=\begin{pmatrix}1\\2\end{pmatrix}$ 与7个样本之间的距离：

$$d_1=\sqrt{(1-1)^2+(2-0)^2}=2 \qquad d_2=\sqrt{(1-0)^2+(2-1)^2}=\sqrt{2}$$

$$d_3=\sqrt{(1-0)^2+(2+1)^2}=\sqrt{10} \qquad d_4=\sqrt{(1-0)^2+(2-0)^2}=\sqrt{5}$$

$$d_5=\sqrt{(1-0)^2+(2-2)^2}=1 \qquad d_6=\sqrt{(1-0)^2+(2+2)^2}=\sqrt{17}$$

$$d_7=\sqrt{(1+2)^2+(2-0)^2}=\sqrt{13}$$

(1) 最近邻法。

对于 ω_1 类：$g_1(\boldsymbol{x})=\min\{2,\sqrt{2},\sqrt{10}\}=\sqrt{2}$。

对于 ω_2 类：$g_2(\boldsymbol{x})=\min\{\sqrt{5},1,\sqrt{17},\sqrt{13}\}=1$。

根据最近邻法，因为 $g_2(\boldsymbol{x})<g_1(\boldsymbol{x})$，所以 $\boldsymbol{x}=\begin{pmatrix}1\\2\end{pmatrix}$ 属于 ω_2 类。

(2) k-近邻法$(k=3)$。

最近的3个距离为：$1,\sqrt{2},2$。

3个近邻分别为：$\boldsymbol{x}_5=(0,2)^{\mathrm{T}},\boldsymbol{x}_2=(0,1)^{\mathrm{T}},\boldsymbol{x}_1=(1,0)^{\mathrm{T}}$。

3个近邻中有两个属于 ω_1 类，有一个属于 ω_2 类，所以 $\boldsymbol{x}$ 属于 ω_1 类。

5.1.3 改进的近邻法

近邻法的改进原理大致可分为以下两种：一种是对样本集进行组织与整理，分群分层，尽可能将计算压缩到在接近测试样本邻域的小范围内，避免盲目地与训练样本集中每个样本进行距离计算，例如快速搜索近邻法。另一种是在原有样本集中挑选出对分类计算有效的样本，使样本总数合理地减少，以同时达到既减少计算量，又减少存储量的双重效果，例如剪辑近邻法和压缩近邻法。

快速搜索近邻法的基本思想是：将样本集按近邻关系分解成组，给出每组的质心所在，以及组内样本到质心的最大距离。这些组又可形成层次结构，将组分为子组，类似树的结构。因此待识别样本可将搜索近邻的范围从某一大组逐渐深入到其中的子组，直到树的叶节点所代表的组，确定其相邻关系。这种方法可以有效减少计算量，但不能减少存储量。

令 p 代表树中的一个节点，K_p 是 p 对应的一个样本子集，N_p 是 K_p 对应的一个样本子集，M_p 代表 K_p 中的样本均值，r_p 代表 K_p 中任一样本到 M_p 的最大距离。快速搜索近邻法包含两个规则，如下。

规则一：如果待识别样本 x 满足 $D(x,M_p)>B+r_p$，则 x 的最近邻不在 K_p 中。

规则二：如果待识别样本 x 满足 $D(x,M_p)>B+D(x_i,M_p)$，则 x_i 不是 x 的最近邻。

快速搜索近邻法的搜索过程如下。

(1) (初始化)：$B=\infty,L=0$(当前水平)，$p=0$(当前节点)。

(2) (当前节点展开)：将当前节点的所有直接后继节点放入一个目录表(活动表)中，对它们计算并存储 $D(x,M_p)$。

(3)(规则一检验)：对活动表中的每个节点，采用规则一将不符合条件的节点从活动表中去掉。

(4)(回溯)：如果活动表为空(当前节点的子节点被全部剪掉)，则回溯到上一级，即 $L=L-1$；如果 $L=0$，终止算法，如果活动表中存在一个以上的节点，转到步骤(5)。

(5)(选择最近节点)：在活动表中选择使 $D(x, M_p)$ 最小的节点 P^* 作为当前节点，若 L 为最终水平，则转到步骤(6)，否则置 $L=L+1$，转到步骤(2)。

(6)(规则二检验)：对当前节点 P^* 中的每个点 x_i，用规则二决定是否计算 $D(x, x_i)$，若 $D(x, x_i) < B$，那么最近邻为 x_i，$B = D(x, x_i)$，检验完 P^* 中的所有 x_i 后转到步骤(3)。

剪辑近邻法的基本思想是：当不同类别的样本在分布上有交叠部分时，分类的错误率主要来自处于交叠区中的样本。由于交叠区域中不同类别的样本彼此穿插，会导致用近邻法分类出错，因此如果能将不同类别交界处的样本以适当方式筛选，可以实现既减少样本数又提高正确识别率的双重目的。为实现上述目的，可以利用现有样本集对其自身进行剪辑，基本思路是：考查样本是否为可能的误识别样本，若是，则从样本集中去掉。剪辑近邻法最终去掉两类边界附近的样本，能在一定程度上减少样本数量，因此能够降低错误率。剪辑的过程如下：首先将样本集分成两个互相独立的子集，即考试集 K^T 和参考集 K^R。对考试集 K^T 中的每一个样本 x_i，在参考集 K^R 中找到最近邻样本 y_i。如果 y_i 和 x_i 不属于同一类别，则将 x_i 从考试集 K^T 中删除。重复以上样本剪辑过程，最终可以得到一个剪辑样本集 K^{TE}，以取代原样本集，对待识别样本进行最近邻分类。

剪辑近邻法的结果只是去掉了两类边界附近的样本，而靠近两类中心的样本几乎没有被去掉。压缩近邻法的基本思想是在样本剪辑的基础上再去掉一部分靠近两类中心的样本，这有助于进一步缩短计算时间和降低存储要求。压缩近邻法中定义了两个存储器 A 和 B，其中 A 用来存放即将生成的样本集，B 用来存放原样本集。压缩近邻法的步骤如下。

(1) 随机挑选一个样本，放在存储器 A 中，其他样本放在存储器 B 中。

(2) 用当前存储器 A 中的样本按最近邻法对存储器 B 中的样本进行分类，假如分类正确，该样本放回存储器 B；否则放入存储器 A。

(3) 重复上述过程，直到在执行中没有一个样本从存储器 B 转到存储器 A，或者存储器 B 为空为止。

5.2 支持向量机

支持向量机(Support Vector Machine，SVM)是由 Vapnik 等于 1995 年提出的一种分类器设计方法，已广泛应用在许多模式识别系统中。SVM 是一种基于统计学习理论的方法，建立在统计学习理论的 VC 维理论和结构风险最小化原则之上。下面以两分类问题为例介绍，针对两分类问题，SVM 在高维空间中寻找一个超平面作为两类的分界面，以保证分类的错误率最小。少量与分界面比较接近的训练样本称为支持向量，它们决定了分类器的推广能力。

5.2.1　线性可分的情况

SVM 最初是从线性可分的情况发展而来的。如图 5-1 所示，圆点和方点各代表一类样本，H 为分界线，H_1 和 H_2 分别为过两类中距离分界线最近的样本且与分界线平行的直线。H_1 和 H_2 之间的距离称为分类间隔，处在隔离带边缘上的样本称为支持向量。最优分类线就是要求分类线不但能将两类样本正确分类，而且使分类间隔最大。推广到高维空间，最优分类线就变为了最优分类面。

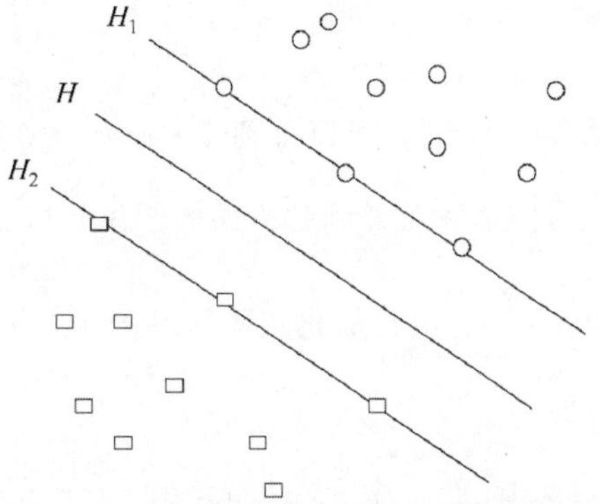

图 5-1　线性可分情况下的 SVM 最优分类

假设存在训练样本 $(\boldsymbol{x}_i, y_i), i=1,2,\cdots,N$，$\boldsymbol{x}_i \in \boldsymbol{R}^n, y_i \in \{-1,+1\}$，$y_i=+1$ 代表圆点，$y_i=-1$ 代表方点。在线性可分的情况下，有一个超平面将这两类样本完全分开。超平面可以由一个线性判别函数表示，线性判别函数是由 $\boldsymbol{x}$ 的各个分量通过线性组合得到的函数，它的表达式为

$$g(\boldsymbol{x})=\boldsymbol{w}^{\mathrm{T}}\boldsymbol{x}+b \tag{5-11}$$

$g(\boldsymbol{x})=0$ 定义了一个决策面，其中 $\boldsymbol{w}$ 是超平面的法向量，位置由阈值 b 的大小确定，对于目前的两类情况，给定样本 $\boldsymbol{x}$，判别规则如下：

若 $g(\boldsymbol{x})>0$，判定 $\boldsymbol{x}$ 属于圆点类；

若 $g(\boldsymbol{x})<0$，判定 $\boldsymbol{x}$ 属于方点类；

若 $g(\boldsymbol{x})=0$，任意对 $\boldsymbol{x}$ 分类或者拒判。

SVM 的目标可以表达为：找到一个超平面，使得它能够尽可能多地将两类数据点正确地分开，同时使分开的两类数据点距离分类面最远。

n 维空间中的判别函数为 $g(\boldsymbol{x})=\boldsymbol{w}^{\mathrm{T}}\boldsymbol{x}+b$，分类面方程为 $H:\boldsymbol{w}^{\mathrm{T}}\boldsymbol{x}+b=0$。寻找合适的 $\boldsymbol{w}$ 和 b，使其能够达到 SVM 的目标。

$$H_1:\boldsymbol{w}^{\mathrm{T}}\boldsymbol{x}+b=k_1 \tag{5-12}$$

$$H_2:\boldsymbol{w}^{\mathrm{T}}\boldsymbol{x}+b=k_2 \tag{5-13}$$

令 $k=\dfrac{k_1-k_2}{2}$，并代入 H_1、H_2 中，可以得到：

$$H_1:\boldsymbol{w}^{\mathrm{T}}\boldsymbol{x}+b-k_1+k=k;\left(b-k_1+k=b-\frac{k_1+k_2}{2}=\tilde{b}\right) \tag{5-14}$$

$$H_2:\boldsymbol{w}^{\mathrm{T}}\boldsymbol{x}+b-k_2+k=-k;\left(b-k_2+k=b-\frac{k_1+k_2}{2}=\tilde{b}\right) \tag{5-15}$$

化简可得

$$H_1:\boldsymbol{w}^{\mathrm{T}}\boldsymbol{x}+\tilde{b}=k \tag{5-16}$$

$$H_2:\boldsymbol{w}^{\mathrm{T}}\boldsymbol{x}+\tilde{b}=-k \tag{5-17}$$

将式(5-12)和式(5-13)进行归一化处理，可以得到：

$$H_1:\boldsymbol{w}^{\mathrm{T}}\boldsymbol{x}+b=1 \tag{5-18}$$

$$H_2: \boldsymbol{w}^{\mathrm{T}}\boldsymbol{x}+b=-1 \tag{5-19}$$

通过将判别函数归一化，使得两类所有样本都满足 $|g(\boldsymbol{x})| \geqslant 1$，离分类面 H 最近的样本满足 $|g(\boldsymbol{x})|=1$。因此判别函数满足如下条件：

$$g(\boldsymbol{x}_i)=\begin{cases}\boldsymbol{w}^{\mathrm{T}}\boldsymbol{x}_i+b \geqslant 1, & y_i=1 \\ \boldsymbol{w}^{\mathrm{T}}\boldsymbol{x}_i+b \leqslant -1, & y_i=-1\end{cases} \tag{5-20}$$

综合两个条件，可以得到 $y_i(\boldsymbol{w}^{\mathrm{T}}\boldsymbol{x}_i+b) \geqslant 1, i=1,2,\cdots,N$。

任意一点 $\boldsymbol{x}$ 到超平面的距离 r 可以表示为：$r=\dfrac{g(x)}{\|\boldsymbol{w}\|}$，原点到超平面的距离可以表示为：$\dfrac{b}{\|\boldsymbol{w}\|}$。最优化超平面是由最大化间隔 ρ 给出，在满足归一化后的条件下，ρ 可以表示为

$$\rho=\min_{x_i: y_i=-1} \frac{|\boldsymbol{w}^{\mathrm{T}}\boldsymbol{x}+b|}{\|\boldsymbol{w}\|}+\min_{x_i: y_i=1} \frac{|\boldsymbol{w}^{\mathrm{T}}\boldsymbol{x}+b|}{\|\boldsymbol{w}\|}=\frac{2}{\|\boldsymbol{w}\|} \tag{5-21}$$

因此分类间隔等于 $\dfrac{2}{\|\boldsymbol{w}\|}$，使 $\dfrac{2}{\|\boldsymbol{w}\|}$ 最大等价于使 $\|\boldsymbol{w}\|^2$ 最小。综上可以得到，满足 $y_i(\boldsymbol{w}^{\mathrm{T}}\boldsymbol{x}_i+b) \geqslant 1, i=1,2,\cdots,N$ 以及 $\|\boldsymbol{w}\|^2$ 最小的分界面称为最优分界面，H_1、H_2 上的训练样本点称为支持向量。

统计学习理论指出：在 n 维空间中，设样本分布在一个半径为 R 的超球形范围内，则满足条件 $\|\boldsymbol{w}\| \leqslant A$ 的正则超平面构成的指示函数集为

$$f(\boldsymbol{x},\boldsymbol{w},b)=\operatorname{sgn}\{\langle\boldsymbol{w},\boldsymbol{x}\rangle+b\} \tag{5-22}$$

其中 sgn()为符号函数，其 VC 维 h 满足式(5-18)表明的界：

$$h \leqslant \min(|R^2 A^2|, N)+1 \tag{5-23}$$

因此，使 $\|\boldsymbol{w}\|^2$ 最小就变成了求下面的函数解：

$$V(\boldsymbol{w},b)=\frac{1}{2}\langle\boldsymbol{w},\boldsymbol{w}\rangle \tag{5-24}$$

求解 SVM 的问题转换为对变量 $\boldsymbol{w}$ 和 b 的最优化问题：

$$\min_{\boldsymbol{w},b} \frac{1}{2}\|\boldsymbol{w}\|^2 \tag{5-25}$$

$$y_i(\boldsymbol{w}^{\mathrm{T}}\boldsymbol{x}_i+b) \geqslant 1, \quad i=1,2,\cdots,N \tag{5-26}$$

可以看出，最优化问题是约束条件为不等式的条件极值问题，可以引用扩展的拉格朗日乘子理论求解，可构造拉格朗日函数：

$$L(\boldsymbol{w},b,\alpha)=\frac{1}{2}\|\boldsymbol{w}\|^2-\sum_{i=1}^{N}\alpha_i[y_i(\boldsymbol{w}^{\mathrm{T}}\boldsymbol{x}_i+b)-1] \tag{5-27}$$

根据 K-T 条件以及极值存在条件，可以得到：

$$\frac{\partial L(\boldsymbol{w},b,\alpha)}{\partial \boldsymbol{w}}=\boldsymbol{w}-\sum_{i=1}^{N}\alpha_i y_i x_i=0 \tag{5-28}$$

$$\frac{\partial L(\boldsymbol{w},b,\alpha)}{\partial b}=\sum_{i=1}^{N}\alpha_i y_i=0 \tag{5-29}$$

$$\alpha_i=[y_i(\boldsymbol{w}^{\mathrm{T}}\boldsymbol{x}_i+b)-1]=0, \quad \alpha_i \geqslant 0, i=1,2,\cdots,N \tag{5-30}$$

结合式(5-21)的条件,通过式(5-25)表明：只有满足 $y_i(\boldsymbol{w}^{\mathrm{T}}\boldsymbol{x}_i+b)-1=0$ 条件的点,其拉格朗日乘子才可能不为 0;而对满足 $y_i(\boldsymbol{w}^{\mathrm{T}}\boldsymbol{x}_i+b)-1>0$ 的样本数据来说,其拉格朗日乘子必须为 0。根据式(5-23)可以得到：

$$\boldsymbol{w}^*=\sum_i \alpha_i^* y_i\boldsymbol{x}_i \tag{5-31}$$

显然,只有部分样本数据的 α_i 不为 0,而线性分界面的权向量 $\boldsymbol{w}$ 是这些 α_i 不为 0 的样本数据的线性组合,因而 α_i 不为 0 的样本数据也被称为支持向量。

为了求取最佳的 α_i,拉格朗日引入一种对偶函数,对偶函数通过对 $L(w,b,\alpha)$ 函数求其对 $\boldsymbol{w}$ 及 b 的偏微分,并置零,再代回到拉格朗日函数中,得到：

$$L(\alpha)=\sum_{i=1}^{N}\alpha_i-\frac{1}{2}\sum_{i=1}^{N}\sum_{j=1}^{N}\alpha_i\alpha_j y_i y_j<x_i\cdot x_j> \tag{5-32}$$

此时变为求 $-L(\alpha)$ 的最小值问题：

$$\min\left(\frac{1}{2}\sum_{i=1}^{N}\sum_{j=1}^{N}\alpha_i\alpha_j y_i y_j<x_i\cdot x_j>-\sum_{i=1}^{N}\alpha_i\right) \tag{5-33}$$

$$\text{s.t.}\sum_{i=1}^{N}\alpha_i y_i=0,\quad \alpha_i\geqslant 0,i=1,2,\cdots,N \tag{5-34}$$

因此,最后求得最优权向量 $\boldsymbol{w}^*=\sum\limits_i \alpha_i^* y_i\boldsymbol{x}_i$。可以看出,最优权向量为训练样本中的支持向量的线性组合。最优阈值 b^* 的确定有两种求取方法：

第一种,选择 α_i^* 的一个分量 $\alpha_j^*>0$：

$$b^*=y_j-\sum_{i=1}^{N}y_i\alpha_i^*<x_i\cdot x_j> \tag{5-35}$$

第二种：

$$b^*=-\frac{\max\limits_{x_i:y_i=-1}\boldsymbol{w}^{*\mathrm{T}}\boldsymbol{x}_i+\min\limits_{x_i:y_i=+1}\boldsymbol{w}^{*\mathrm{T}}\boldsymbol{x}_i}{2} \tag{5-36}$$

由此求得决策函数 $g(\boldsymbol{x})=\boldsymbol{w}^{*\mathrm{T}}\boldsymbol{x}+b^*$。

在实际情况中,并非所有的点可以用一条直线划分,如果继续用直线划分,必然会出现错分点。因此,放宽要求,希望错分的程度尽可能小,可以在条件中增加松弛项 $\xi_i\geqslant 0$,约束条件放宽为 $y_i(\boldsymbol{w}^{\mathrm{T}}\boldsymbol{x}_i+b)+\xi_i\geqslant 1$。此时目标函数变为

$$\Phi(\boldsymbol{w},\xi)=\frac{1}{2}\|\boldsymbol{w}\|^2+C\sum_{i=1}^{N}\xi_i \tag{5-37}$$

其中,C 为可调参数,表示对错误的惩罚程度,C 越大,惩罚越重。因此非线性问题可以描述为

$$\min_{w,b,\xi}\frac{1}{2}\|\boldsymbol{w}\|^2+C\sum_{i=1}^{N}\boldsymbol{\xi}_i \tag{5-38}$$

$$\text{s.t. } y_i(\boldsymbol{w}^{\mathrm{T}}\boldsymbol{x}_i+b)+\boldsymbol{\xi}_i\geqslant 1,\quad i=1,2,\cdots,N \tag{5-39}$$

$$\boldsymbol{\xi}_i\geqslant 0,\quad i=1,2,\cdots,N \tag{5-40}$$

与前述类似,引入其对偶问题：

$$\min_{\alpha}\frac{1}{2}\sum_{i=1}^{N}\sum_{j=1}^{N}y_i y_j\alpha_i\alpha_j<x_i\cdot x_j>-\sum_{i=1}^{N}\alpha_i \tag{5-41}$$

$$\text{s.t.} \sum_{i=0}^{l} y_i \alpha_i = 0 \tag{5-42}$$

$$0 \leqslant \alpha_i \leqslant C, \quad i = 1,2,\cdots,N \tag{5-43}$$

求解上述最优化问题的最优解 $\boldsymbol{w}^*$、b^*，则决策函数为 $g(\boldsymbol{x}) = \boldsymbol{w}^{*\mathrm{T}}\boldsymbol{x} + b^*$。

例 5.2 有4个二维向量及其对应标签：$\boldsymbol{x}_1 = \begin{pmatrix}0\\0\end{pmatrix}$，$y_1 = +1$，$\boldsymbol{x}_2 = \begin{pmatrix}1\\0\end{pmatrix}$，$y_2 = +1$，$\boldsymbol{x}_3 = \begin{pmatrix}2\\0\end{pmatrix}$，$y_3 = -1$，$\boldsymbol{x}_4 = \begin{pmatrix}0\\2\end{pmatrix}$，$y_4 = -1$，求最优分类面。

解：求解其对偶问题：

$$\min\left(\frac{1}{2}\sum_{i=1}^{N}\sum_{j=1}^{N}\alpha_i\alpha_j y_i y_j < x_i \cdot x_j > - \sum_{i=1}^{N}\alpha_i\right)$$

$$\text{s.t.} \sum_{i=1}^{N}\alpha_i y_i = 0 \ \alpha_i \geqslant 0, i = 1,2,3,4$$

代入可得：

$$\max - L(\alpha) = (\alpha_1 + \alpha_2 + \alpha_3 + \alpha_4) - \frac{1}{2}(\alpha_2^2 - 4\alpha_2\alpha_3 + 4\alpha_3^2 + 4\alpha_4^2)$$

$$\text{s.t.} \ \alpha_1 + \alpha_2 - \alpha_3 - \alpha_4 = 0, \quad \alpha_i \geqslant 0, \quad i = 1,2,3,4$$

求得：$\alpha_1 = 0, \alpha_2 = 1, \alpha_3 = 0.75, \alpha_4 = 0.25$。

因此权值 $\boldsymbol{w} = \begin{pmatrix}1\\0\end{pmatrix} - 0.75\begin{pmatrix}2\\0\end{pmatrix} - 0.25\begin{pmatrix}0\\2\end{pmatrix} = \begin{pmatrix}-0.5\\-0.5\end{pmatrix}$

阈值 $b = -\dfrac{\max\limits_{x_i:y_i=-1}\boldsymbol{w}^{\mathrm{T}}\boldsymbol{x}_i + \min\limits_{x_i:y_i=+1}\boldsymbol{w}^{\mathrm{T}}\boldsymbol{x}_i}{2} = -\dfrac{-0.5-1}{2} = \dfrac{3}{4}$

因此最优分类面为：$g(\boldsymbol{x}) = \dfrac{3 - 2x_1 - 2x_2}{4}$

5.2.2 线性不可分情况

对于图5-2所示的问题，如果用直线分类，会产生很大的误差，这类问题称为线性不可分问题，这时就必须使用非线性分类学习机进行分类，如图5-3所示。对于这类问题，显然不能用超曲面去划分，此时可以通过一个映射，把寻找一个超曲面的问题转换为寻找超平面的问题。

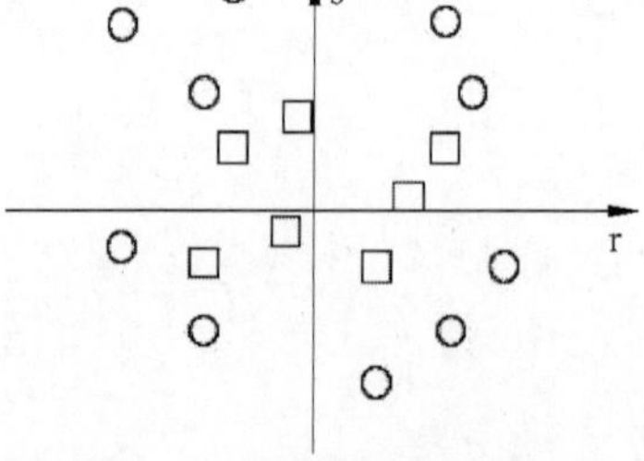

图 5-2 线性不可分问题

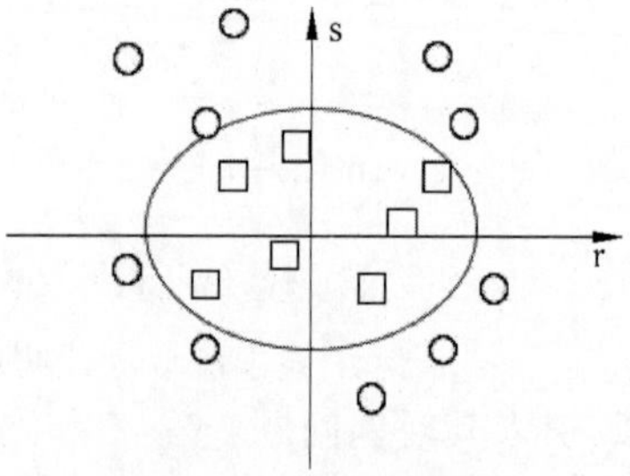

图 5-3 非线性划分

非线性 SVM 的基本思想是：通过非线性变换将非线性问题转换为某个高维空间中的线性问题，在变换空间求最优分类面。一般情况下，新空间维数比原空间维数高。这种映射可表示为：将 x 作变换 $\Phi:R^n \rightarrow H$（H 为某个高维特征空间）

$$x \rightarrow \Phi(x)=(\Phi_1(x),\Phi_2(x),\cdots,\Phi_i(x),\cdots)^{\mathrm{T}} \tag{5-44}$$

其中，$\Phi_i(x)$ 是实函数。通过映射变换后，可以在新空间中建立最优超平面：

$$\langle w,\Phi(x)\rangle+b=0 \tag{5-45}$$

根据泛函的有关理论，只要一种核函数 $K(x_i.x_j)$ 满足 Mercer 条件，它就对应某一变换空间中的内积，因此可以在这个变换空间中构造线性分类，此时的最优化问题为

$$\min_{\alpha} \frac{1}{2}\sum_{i=1}^{N}\sum_{j=1}^{N} y_i y_j \alpha_i \alpha_j K(x_i \cdot x_j)-\sum_{i=1}^{N}\alpha_i \tag{5-46}$$

$$\text{s.t.} \sum_{i=0}^{l} y_i \alpha_i=0 \tag{5-47}$$

$$0<\alpha_i<C, i=1,2,\cdots,N \tag{5-48}$$

其中，

$$K(x_i.x_j)=(\Phi_i(x).\Phi_j(x)) \tag{5-49}$$

通过求解对偶问题来确定最终的决策函数，这样就得到非线性可分支持向量机(标准的支持向量机)算法。

5.3　决　策　树

前面章节中介绍的线性、非线性分类器等分类方法，针对的样本特征都是数值特征。数值特征就是可以被测量的特征，例如人的身高体重、水杯的容量、操场的面积等。带有这种数值特征的样本可以直接输入线性、非线性分类器，得到样本类别。然而在实际生活中，对象的特征有些不是数值特征，如人的性别、国籍、民族，水杯的品牌、功能等，只能比较相同或不相同，无法比较相似性和大小，这类特征叫作名义特征；还有一类特征，有些是数值，如学号、手机号等，有些不是数值，如初中、高中、本科、硕士等学历的级别，都存在顺序，但没有尺度，这类特征叫作序数特征。

对于名义特征，可以采用编码的方式转换成数值特征，比如人的国籍，可以用 001 代表中国，010 代表美国，100 代表法国，但这样增加了特征的维度，而且编码后的特征仍无法作为数值特征使用。对于序数特征，可以根据先验知识转换为数值特征，比如根据学历的高低赋予相应的分数，把分数作为一般的数值特征来处理，但这样做受到人为因素的影响，赋分合理与否对实际分类效果影响较大。

由此可见，虽然有方法可以将非数值特征转换为数值特征，但也存在相应的弊端。直接利用非数值特征对样本分类将有效避免以上问题。决策树方法是一种针对非数值特征的分类方法。在日常生活中，常用决策树的思想做出决策与分类。表 5-1 是某公司入职申请数据。

表 5-1 某公司入职申请数据

编号	性别	年龄	学历	月薪	应届生	是否录用
1	男	23	本科	10000	是	是
2	男	30	本科	15000	否	否
3	女	25	硕士	17000	是	是
4	男	33	本科	13000	否	否
5	女	36	博士	20000	否	是
6	女	32	本科	18000	否	否
小张	男	22	本科	13000	是	?

小张打算入职该公司，他不知道面试官的决策思路，但他了解编号 1 到 6 员工的信息以及录用结果。虽然没有一例和小张情况相同，但他通过对表 5-1 进行建模得到决策树进行分类，大致得到了自己的申请结果。

5.3.1 基本概念

决策树是常见的分类方法，人们在生活中经常用决策树的思想来做决定。决策树是一种对实例进行分类的树形结构。决策树由一系列节点组成，节点分为内部节点和叶节点，图 5-4 为小张画出的决策树。方形的节点为内部节点，椭圆的节点为叶节点，顶部的内部节点称为根节点（"树"是倒置的，即根在顶部，叶在底部）。每一个内部节点代表一个属性和相应的决策规则，内部节点下面的分支表示不同的判断结果，如果分支后面是叶节点，说明已经能够得到该样例的分类，如小张是否被录用；如果分支后面是内部节点，则需要根据该样例的其他属性做出判断，直到遇到叶节点。如果决策树中每个内部节点下都只有两条分支，那么可以被称为二叉树，否则称为多叉树。如果样例的分类只有两种，那么该模型是二分类模型，否则是多分类模型。图 5-4 的决策树就是一个二叉树，且该模型是二分类模型。

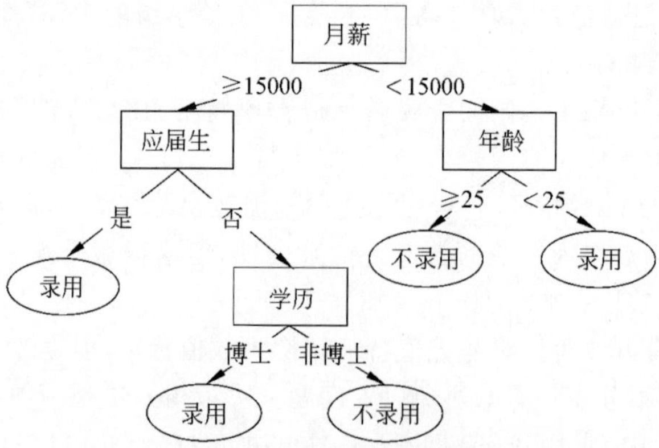

图 5-4 小张画出的决策树

小张以自身信息作为决策树的输入，从根节点"月薪"这一属性开始判断。小张要求月薪小于 15000，走向右分支到达内部节点年龄，继续判断；年龄小于 25 岁，到达叶节点录用，得到分类结果。由此可知小张大概率会被录用。需要注意的是，一个属性可以在树的多个不同分支出现，如果该公司面对一个月薪要求大于或等于 15000 的博士应届生时，还要考虑年龄是否超过 40 岁，则决策过程可以表示为图 5-5 所示的模型。

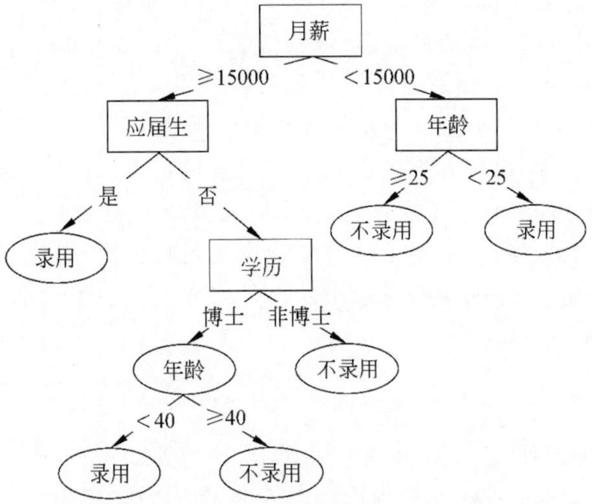

图 5-5　增加“年龄是否超过 40 岁”分支的决策树实例

有多种构造决策树的方法，这些方法都是从根节点出发，依次对属性进行分类。分类决策树的构造分为以下 3 步。

(1) 确定分割规则。确定划分的属性及其阈值，将数据划分成不相交的子集，再为每个子集确定划分属性。如图 5-5 所示，优先选择“月薪”这一属性，并以 15000 为阈值，将数据划分为大于或等于 15000 的 2、3、5、6 为一组，小于 15000 的 1、4 为一组；再为小于 15000 的一组选择“年龄”这一属性，并以 25 为阈值继续划分。

(2) 确定叶节点。确定当前节点是继续分割还是作为叶节点，判断的标准是：如果当前节点中每个成员都属于相同的类，就可以当作叶节点；否则继续选择属性，对该节点的成员进行划分。

(3) 把类别赋予叶节点。

然而是否一定要先从“月薪”开始分类？或者是否改变各分类属性的顺序后依然满足表 5-1 的数据？图 5-6 是由表 5-1 的数据归纳的另一种决策树。

对于表 5-1 的数据，图 5-4 和图 5-6 的决策树都能够正确分类，图 5-6 的决策树仅用了两种属性进行判断，显然要高效得多。这说明在构建决策树时，优先选择合适的属性是十分重要的。那么如何选择继续分割节点成员的属性呢？

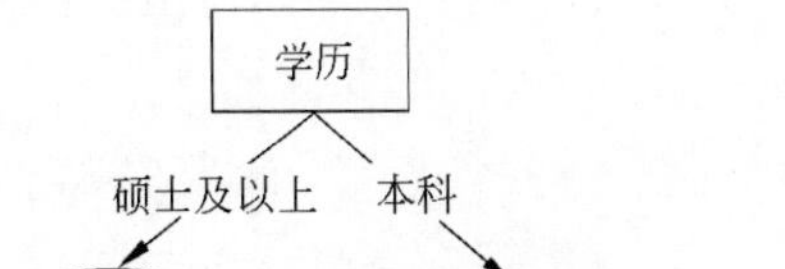

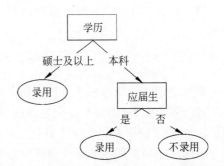

图 5-6　以“学历”属性为根节点的决策树实例

选择哪一个属性来划分当前节点成员直接决定决策树的结构。这就需要一种指标来评价每个属性，从中选取最优者。评价指标包括信息增益、信息增益率、基尼指数等，相应的决策树算法主要有ID3、C4.5、CART等。

5.3.2 信息增益

熵是系统混乱程度的度量。熵可以表示任何一种能量在空间均匀分布的程度,分布越均匀,熵越大。比如对于同一堆树叶,随机散落的状态的熵比成堆状态的熵更大。

香农提出了信息的概念:信息是对不确定性的消除,比如有人指着一名小男孩说他不到5岁,这条信息消除了一部分对这个小男孩年龄的不确定性,使猜测缩小了范围。信息量是信息和先验知识的差距,比如有人告诉你一条已知的信息,那么这条信息是无用的,信息量为零,再比如"中国足球队打败了阿根廷足球队"无疑具有很大的信息量,因为它所描述的事件是小概率事件;相反,"阿根廷足球队打败了中国足球队"的信息量很小,因为它所描述的事件概率较大。因此,描述先验概率较小的事件发生的信息所含的信息量更大。香农基于先验概率来定义如下信息量公式:

$$I(x)=\log_a\left(\frac{1}{p}\right)=-\log_a(p) \tag{5-50}$$

其中,x 是消息描述的事件,p 是 x 的先验概率,a 一般取2。

信息量描述的是信息源发出的单面事件消除的不确定性,没有考虑另一面的事件,不能描述信息源消除的平均不确定性,因此可以采用信息量的期望来描述,即信息熵:

$$H(X)=E[I(x_i)]=-\sum_{i=1}^{n} p_i \log_a p_i \tag{5-51}$$

对于决策树上某个节点的样本,这个度量反映了该节点上的特征对样本分类的不纯度。在实际应用时,可以用各类样本的比例作为概率的估计来计算样本的不纯度。例如,5个样本分别属于不同类别,则信息熵为

$$H(x)=-(5\times 0.2\times \log_2 0.2)\approx 2.3219$$

此时,样本不纯度最大,不确定性最大。如果5个样本同属一类,则信息熵为

$$H(x)=-(1\times \log_2 1)=0$$

此时,样本最纯,没有不确定性。

例5.3 计算表5-1中数据集的信息熵。

解:表5-1中的样本分为两类:录用和不录用各包含3个样本,根据式(5-5),其信息熵为

$$H(X)=-\frac{3}{6}\log_2\frac{3}{6}-\frac{3}{6}\log_2\frac{3}{6}=1$$

最理想的属性能够直接将样本集合的各类区分,分开后的各子集都是同类,各子集的熵不纯度为零。当然,如果不存在这样的属性,那应当选择能够使不纯度最有效减少的属性。当把样本集 A 按照第 j 个属性划分为 n 个独立的子集 $A_1,A_2,\cdots,A_n$ 时,则 A 的信息熵为 n 个子集的信息熵按样本数量的比例作加权和:

$$H(A,F^{(J)})=\frac{|A_1|}{|A|}H(A_1)+\frac{|A_2|}{|A|}H(A_2)+\cdots+\frac{|A_n|}{|A|}H(A_n) \tag{5-52}$$

其中,$|A|$ 表示样本总个数,$|A_1|,|A_2|,\cdots,|A_n|$ 表示各子集样本个数。根据式(5-52),可以计算一个样本集合选择了某个属性进行分类后的信息熵。

采用第 n 个属性划分样本集 A，划分后的熵不纯度比划分前的熵不纯度减少量为

$$\mathrm{Gain}(A,F^{(J)})=H(A)-H(A,F^{(J)}) \tag{5-53}$$

这个熵不纯度的减少量称为信息增益。

如果这个属性是最优的，那么分类后的信息熵相比分类前减少得最多，信息增益最大，各样本差异最大，最有利于分类。

基于上述分析，可以比较各属性分类后的信息增益来选择最优分类属性，即信息增益最大的是最优属性。将这一属性选择方法应用到决策树的构造中就是 ID3 决策树算法，其一般流程为：首先计算当前节点所有样本的信息熵，比较采用不同属性划分样本得到的信息增益，选择具有最大信息增益的属性赋予当前节点；如果子节点只包含一类样本，则该分支不再生长，该节点为叶节点；如果子节点仍包含不同类样本，则重复以上步骤，直到所有子节点都是叶节点为止。

例 5.4 分别计算表 5-1 中的数据选择"性别"和"学历"作为根节点划分属性的解：

选择"性别"作为属性时，

$$\begin{aligned}&\mathrm{Gain}(A,\text{性别})\\&=1+\left(\frac{3}{6}\times\left(\frac{1}{3}\times\log_2\frac{1}{3}+\frac{2}{3}\times\log_2\frac{2}{3}\right)+\frac{3}{6}\times\left(\frac{1}{3}\times\log_2\frac{1}{3}+\frac{2}{3}\times\log_2\frac{2}{3}\right)\right)\\&\approx 0.0817\end{aligned}$$

选择"学历"作为属性时，

$$\begin{aligned}&\mathrm{Gain}(A,\text{学历})\\&=1+\left(\frac{4}{6}\times\left(\frac{1}{4}\times\log_2\frac{1}{4}+\frac{3}{4}\times\log_2\frac{3}{4}\right)\right)\\&\approx 0.459\end{aligned}$$

5.3.3 信息增益率

采用信息增益选择属性存在缺点，算法会偏向取值情况多的属性，这一情况不利于分类。C4.5 决策树算法对此进行了改进，采用信息增益率作为选择属性的依据。信息增益率定义如下：

$$\mathrm{GainRatio}(A,F^{(j)})=\frac{\mathrm{Gain}(A,F^{(j)})}{\mathrm{SplitInfo}(F^{(j)})} \tag{5-54}$$

其中，$\mathrm{SplitInfo}(F^{(j)})$ 称为划分信息，定义如下：

$$\mathrm{SplitInfo}(F^{(j)})=-\sum_{i=1}^{N}\frac{|A_i|}{|A|}\log_2\frac{|A_i|}{|A|} \tag{5-55}$$

其中，N 为采用属性 $F^{(j)}$ 进行划分时得到的子集数，$|A_i|$ 是第 i 个子集的样本数。

在一些情况下，样本子集数增加，$\mathrm{SplitInfo}(F^{(j)})$ 也会增加，这在一定程度上抑制了样本子集数多时信息增益过大的趋势。但采用信息增益率作为属性选择依据也有缺点：算法会偏向取值情况少的属性。所以 C4.5 决策树算法的策略是先选出信息增益高于平均值的一批属性，再从中选择信息增益率最高的属性。

例 5.5 计算将"应届生"作为根节点划分属性的信息增益率。

解：信息增益率计算如下：

$$\text{SplitInfo}(\text{应届生}) = -\frac{2}{6}\log_2\frac{2}{6} - \frac{4}{6}\log_2\frac{4}{6} \approx 0.918$$

$$\text{GainRatio}(A,\text{应届生}) = \frac{\text{Gain}(A,\text{应届生})}{\text{SplitInfo}(\text{应届生})} = 0.5$$

5.3.4 基尼指数

CART 决策树采用基尼指数来选择划分属性。对于有 k 个类别的样本集 A，假设样本属于第 k 类的概率为 P_k，则此样本集的纯度可用基尼指数来度量：

$$\text{Gini}(A) = 1 - \sum_{k=1}^{K} {p_k}^2 \tag{5-56}$$

在表 5-1 的数据中，3 个被录用，3 个不被录用，该样本集 B 的基尼指数为

$$\text{Gini}(B) = 1 - \left[\left(\frac{1}{2}\right)^2 + \left(\frac{1}{2}\right)^2\right] = 0.5$$

假如有 1 个被录用，5 个不被录用，则该样本集 B 的基尼指数为

$$\text{Gini}(B) = 1 - \left[\left(\frac{1}{6}\right)^2 + \left(\frac{5}{6}\right)^2\right] \approx 0.278$$

假如全部被录用，则该样本集 B 的基尼指数为

$$\text{Gini}(B) = 1 - 1^2 = 0$$

通过比较以上情况的基尼指数，可以发现样本集的纯度越高，基尼指数越小。当集合内的样本属于同一类别时，基尼指数达到最小值零。所以，基尼指数是一种样本纯度的度量指标。与信息熵类似，采用第 j 个属性划分样本集 A，该属性的基尼指数为各子集的基尼指数按样本数量的比例作加权和：

$$\text{Gini}_{\text{index}}(A, F^{(j)}) = \sum_{i=1}^{N} \frac{|A_i|}{|A|}\text{Gini}(A_i) \tag{5-57}$$

选择划分属性时，选择使划分前后基尼指数减少最多的属性，或者说使划分后基尼指数最小的属性。

例 5.6 计算表 5-1 中将“学历”作为根节点划分属性的基尼指数。

解：基尼指数计算如下：

$$\text{Gini}(A,\text{学历}) = \frac{4}{6}\left(1 - \left[\left(\frac{1}{4}\right)^2 + \left(\frac{3}{4}\right)^2\right]\right) \approx 0.25$$

5.3.5 剪枝处理

决策树是充分考虑了所有训练样本而生成的复杂树，它在学习的过程中为了尽可能地正确分类训练样本，需要不停地对节点进行划分，这会导致整棵树的分支过多，造成决策树很庞大。决策树庞大有可能导致在训练集上表现很好，但在测试数据上的表现与训练数据差别很大，即过拟合的情况。决策树越复杂，过拟合的程度越高。所以，为了避免过拟合，需要对决策树进行剪枝。一般情况下，有两种剪枝策略，分别是预剪枝和后剪枝。

预剪枝就是控制决策树的生长。在决策树的生长过程中，每个节点在划分前，先对其进行估计，如果该节点的划分不能提升决策树的泛化性能，那么不再划分该节点，并设为叶节

点。对于决策树的泛化性能，可以将数据集分为训练集和测试集，使用节点划分前后决策树在测试集上的正确率来体现泛化性能。表 5-2 和表 5-3 的苹果数据集详细说明了剪枝过程。

表 5-2　苹果训练集

编　号	颜　色	表　皮	硬　度	大　小	好　果
1	深红	磕碰	软	大	是
2	浅绿	完整	硬	大	否
3	深红	磕碰	软	小	是
4	浅绿	磕碰	硬	小	否
5	浅红	完整	软	小	是
6	深红	完整	硬	小	否
7	浅绿	磕碰	硬	大	否
8	浅红	完整	软	小	是
9	浅绿	磕碰	软	小	否
10	深红	完整	软	大	是

表 5-3　苹果验证集

编　号	颜　色	表　皮	硬　度	大　小	好　果
11	深红	完整	软	大	是
12	浅绿	完整	软	大	否
13	浅红	完整	软	大	否
14	深红	磕碰	软	小	是
15	浅绿	完整	硬	小	否
16	浅绿	磕碰	软	小	否
17	深红	完整	软	大	是

首先，采用信息增益选择根节点的划分属性。根据式(5-53)计算按各属性划分后的信息增益。划分前的信息熵为

$$H(A)=-\frac{5}{10}\log_2\frac{5}{10}-\frac{5}{10}\log_2\frac{5}{10}=1$$

则采用“颜色”这一属性划分后的信息增益为

$$\text{Gain}(A,\text{颜色})=1-\frac{4}{10}\times\left(-\frac{3}{4}\log_2\frac{3}{4}-\frac{1}{4}\log_2\frac{1}{4}\right)\approx 0.6755$$

采用“表皮”这一属性划分后的信息增益为

$$\text{Gain}(A,\text{表皮})=1-\frac{5}{10}\times\left(-\frac{2}{5}\log_2\frac{2}{5}-\frac{3}{5}\log_2\frac{3}{5}\right)\times 2\approx 0.0290$$

采用“硬度”这一属性划分后的信息增益为

$$\text{Gain}(A,\text{硬度}) = 1 - \frac{6}{10} \times \left(-\frac{5}{6}\log_2\frac{5}{6} - \frac{1}{6}\log_2\frac{1}{6}\right) \approx 0.6100$$

采用“大小”这一属性划分后的信息增益为

$$\text{Gain}(A,\text{大小}) = 1 - 1 = 0$$

可以看出，采用“颜色”划分的信息增益最大，所以考虑根节点的属性为“颜色”。接下来用测试集验证该节点的划分能否提升决策树的泛化性能。

在划分前，所有样本集中在根节点。节点会被标记为训练集中样本数最多的类别，当各类比例相等时，可选任意一类，这里根节点的类别选择为“坏果”。用验证集对当前单节点决策树进行评估，有 4 个样本被分类正确，所以验证集精度为 57.1%。用“颜色”这一属性划分后得到 3 个节点，分别对应“深红”、“浅红”和“浅绿”。根据训练集的样本类别，节点类别分别为“好果”、“好果”和“坏果”。在验证集中，除编号 13 的样本外全部分类正确，验证集精度为 85.71%，大于 57.1%，由此证明决策树的泛化性能提升了，此处无须剪枝。继续对新生的 3 个节点选择划分属性，并判断决策树的泛化性能是否提升，直到所有节点为叶节点。

预剪枝使得决策树部分分支没有生长，这在一定程度上降低了过拟合的风险。但有些分支的生长虽然不能提升决策树的泛化性能，其后续的分支有可能提升泛化性能。预剪枝使这种类型的分支无法生长，导致决策树有欠拟合的风险。

后剪枝是在决策树生长完后再对其进行修剪。其核心思想是：从叶节点出发，如果减去具有相同父节点的叶节点，会使决策树的泛化性能提升，则执行剪枝，并将父节点作为新的叶节点。以回溯的形式剪去不必要的节点，直到没有可剪枝的节点为止。表 5-2 的苹果数据集不进行剪枝，则可生成图 5-7 所示的决策树。

接下来对图 5-7 所示决策树进行后剪枝操作，首先对最下层的两个叶节点进行判断。剪枝前，决策树仅对编号 13 的样本分类错误，在验证集上的精度为 85.71%。若剪去最下层的两个叶节点，根据训练集中“深红”类别的样本占多数的情况，所以该节点类别为“是”。图 5-7 决策树经过一次后剪枝操作得到的决策树如图 5-8 所示。

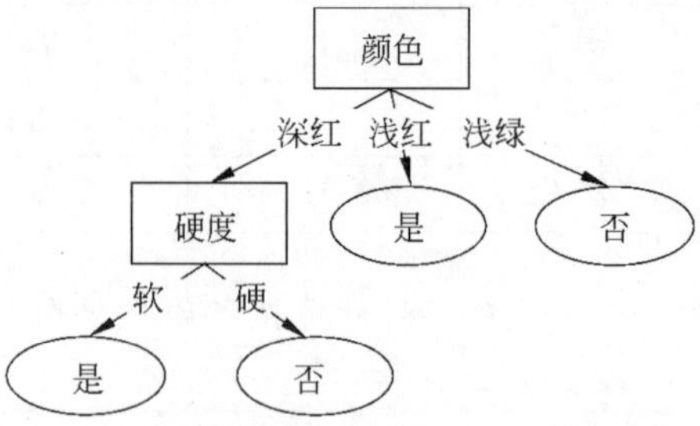

图 5-7　苹果数据集不剪枝时对应的决策树

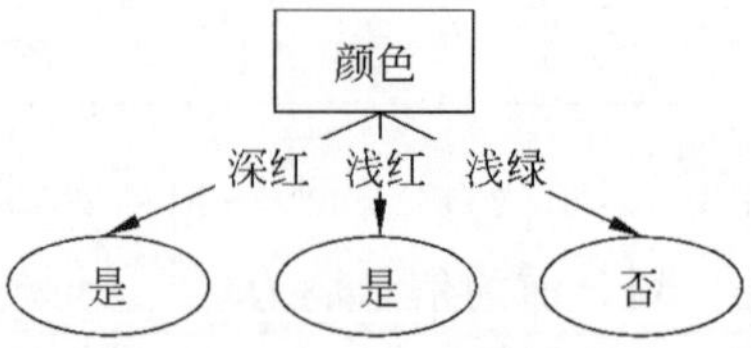

图 5-8　进行一次后剪枝操作的决策树

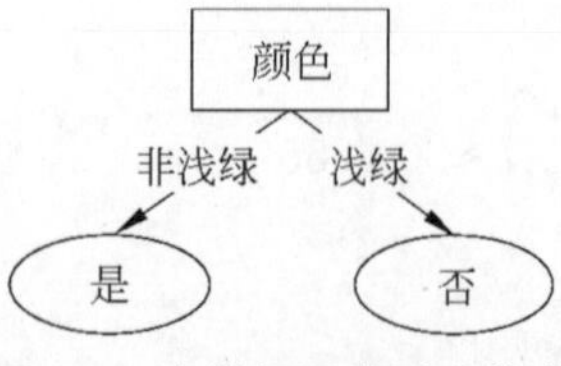

图 5-9　合并相同类别叶节点的决策树

剪枝后的决策树在验证集上的精度为 85.71%，与没有剪枝的决策树的精度相同，决策树的泛化性能没有变化。这种情况下，选择更简洁的决策树，同时合并同一父节点下相同类别的叶节点，得到图 5-9 所示的决策树。

对于当前决策树，继续判断是否需要剪枝。如果继续剪枝，决策树仅剩根节点，根据训练集样本类别数，根节点类别为“是”或“否”都可以，在验证集上的精度分别为 42.85%和57.14%，均小于剪枝前的 85.71%，所以当前决策树不需要剪枝。

一般情况下，后剪枝决策树比预剪枝决策树拥有更多分支，欠拟合风险更小，泛化性能更好。但由于后剪枝前需要先生成完整决策树，所以后剪枝决策树的训练时间更久。

5.3.6 连续值处理

现实中常遇到属性的取值为连续值的情况。连续值属性的可取值数是无限的，无法直接根据连续值属性的可取值来确定划分界限，需要对连续值属性做离散化操作。C4.5 采用二分法对连续值属性进行处理。

对于一个样本集 A，其样本在连续属性 c 上有从小到大 n 个不同取值 $c_1, c_2, \cdots, c_n$。选取相邻两个取值的均值作为划分点 t_i（如式(5-58)），有 $n-1$ 种选择。

$$t_i = \frac{c_i + c_{i+1}}{2}, \quad 1 \leqslant i \leqslant n-1 \tag{5-58}$$

任意一种选择都可以作为候选划分点，将 c 的取值划分为两部分。然后选取一种评估指标得到最优划分点。比如各候选划分点划分后的信息增益。

$$\text{Gain}(A, c) = \max_{1 \leqslant i \leqslant n-1} \text{Gain}(A, c, t_i) \tag{5-59}$$

其中，$\text{Gain}(A, c, t_i)$ 是样本集 A 选择划分点 t_i 划分后的信息增益，最终选择使 $\text{Gain}(A, c, t_i)$ 最大的划分点。

5.3.7 缺失值处理

现实中常遇到样本的某些属性缺失的问题。抛弃少量的不完整的样本对决策树的创建影响不大，但如果属性缺失较多或关键属性缺失，得到的决策树是不完整的，而且可能带来错误信息。如果直接抛弃不完整的样本，只使用完整的样本进行学习，将浪费数据集中大量的信息。因此，有必要利用存在缺失值的样本进行训练。缺失值问题可以从以下 3 方面考虑。

（1）样本存在缺失值，如何选择划分属性？

假定训练集 A 存在属性 c，属性 c 有 N 个取值 $c_1, c_2, \cdots, c_n$。$\widetilde{A}$ 表示在属性 c 上没有缺失值的样本子集。可以根据 $\widetilde{A}$ 来判断是否采用属性 c 进行划分。$\widetilde{A^n}$ 表示 $\widetilde{A}$ 在属性 c 取值为 n 的子集，$\widetilde{A_k}$ 表示 $\widetilde{A}$ 中属于第 k 类（$k=1,2,\cdots,y$）的样本子集，则 $\widetilde{A}$ 为每个样本赋予一个权重 w_a，并定义

$$p = \frac{\sum_{a \in \widetilde{A}} w_a}{\sum_{a \in A} w_a} \tag{5-60}$$

$$\widetilde{p_k} = \frac{\sum_{a \in \widetilde{A_k}} w_a}{\sum_{a \in \widetilde{A}} w_a} (1 \leqslant k \leqslant y) \tag{5-61}$$

$$\widetilde{r_n}=\frac{\sum_{a\in\widetilde{A^n}} w_a}{\sum_{a\in\widetilde{A}} w_a}(1\leqslant n\leqslant N) \tag{5-62}$$

其中，p 表示完整样本占整个数据集的比例，$\widetilde{p_k}$ 表示完整样本中第 k 类的比例，$\widetilde{r_n}$ 表示完整样本中属性 c 取值为 c_n 的比例。由此，信息增益公式可演变为

$$\text{Gain}(A,c)=p\times\text{Gain}(\widetilde{A},c)=p\times(H(\widetilde{A})-\sum_{n=1}^{N}\widetilde{r}_n H(\widetilde{A^n})) \tag{5-63}$$

$$H(\widetilde{A})=-\sum_{k=1}^{y}\widetilde{p_k}\log_2\widetilde{p_k} \tag{5-64}$$

从公式上看，计算存在缺失值样本的划分信息增益时，先忽略属性值缺失的样本，然后计算的值乘上完整样本占整个数据集的比例。

(2) 选择划分属性后，如何对训练集中属性不完整的样本分类？

如果样本 A 在划分属性 c 上的取值缺失，则将该样本分配到所有子节点中，权重 w_a 需乘上在属性 c 上有值的样本占划分成的子集样本个数的比例 $\widetilde{r_n}$。同时，计算错误率的时候，需要考虑样本权重。比如该节点是根据 c 属性划分，但是待分类样本 c 属性缺失，假设 c 属性离散，有两种取值，那么就把该待分类样本分配到两个子节点中去，但是权重需要乘以属性离散值对应的样本占划分成的子集样本的比例。

(3) 训练结束后，如何对属性值不完整的验证集样本分类？

分类时，如果待分类样本有缺失属性，而决策树决策过程中没有用到这些属性，则决策过程和没有缺失的样本一样；如果决策需要用到缺失属性，决策树可以在当前节点做多数投票来决定，即选择样本数最多的属性值。或者计算每个类别的概率，则待分类样本判定为最大概率对应的类别。

5.4 随机森林

处理高维数据和大数据集时，会生成一个巨大的决策树，大量的内部节点意味着要反复计算属性选择指标，显然是不合适的。同时，得到的结构是基于特定样本集的，这个样本集只是所有可能情况的一次随机取样。受这种随机性的影响，得到的决策树具有一定偶然性。

针对此类问题，统计学家提出一种叫作 BootStrap 的策略，其基本思想是通过对现有样本进行有放回的采样来产生多个样本集，模拟数据的随机性，并在最后的结果中考虑随机性的影响。这种策略在模式识别问题中有大量应用，其中具有代表性的一种算法叫作随机森林算法。

5.4.1 基本概念

随机森林方法是从样本集中构建多个较小的决策树，通过多个树投票进行预测。以下为随机森林算法的一般步骤。

(1) 从样本集中有放回地随机选取 m 个样本组成样本集。

(2) 用随机选取的样本集构造一个决策树。构造时，从所有属性中随机选择 k 个属性，不放回，k 通常取 $\log_2 K$，K 为所有属性的总数。

(3) 依靠抽取的样本子集和属性生成决策树。

(4) 重复以上过程 n 次，生成 n 个决策树。

(5) 用每个决策树对样本分类，通过多棵树投票进行预测。

图 5-10 所示为随机森林的原理图。

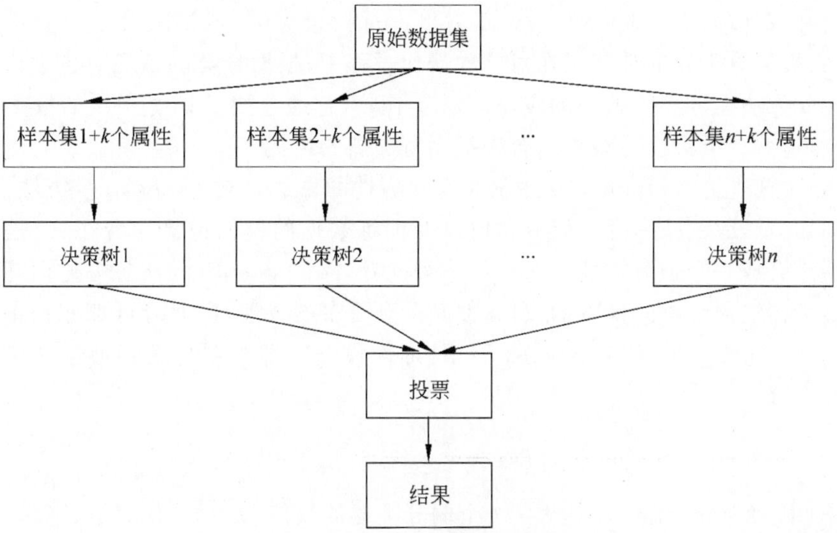

图 5-10　随机森林的原理图

随机森林算法既对训练样本进行了采样，又对属性进行了采样，充分保证了每棵决策树间的独立性。事实证明，这种方法具有能够有效提升模型的泛化能力，且保持较高的准确率；能够处理高维数据集；能够评估各属性的重要性等优势，在实践中得到了广泛应用。

5.4.2　袋外错误率

随机森林分类效果（错误率）与两个因素有关：一是森林中任意两棵树的相关性，相关性越大，错误率越大；二是森林中每棵树的分类能力，每棵树的分类能力越强，整个森林的错误率越低。

减小属性选择个数 k，树的相关性和分类能力也会相应的降低；增大 k，两者也会随之增大。所以关键问题是如何选择最优的 k（或者是范围）。要解决这个问题，主要依据计算袋外错误率（Out-Of-Bag Error）。

生成决策树时，从整个样本集中有放回地随机选取 m 个样本组成训练样本集，这种采样方式会导致约有 36%的样本永远不会被采样到，这些样本称为袋外样本。对于已经生成的随机森林，可以使用袋外样本测试其性能，将袋外样本输入已经生成的随机森林分类器，分类器会给出相应的分类结果，统计随机森林分类器分类错误的数目，分类错误的样本数占袋外样本数的比例就是袋外错误率。袋外错误率是无偏的，所以在随机森林算法中不需要再进行交叉验证或者使用单独的测试集来获取测试集误差的无偏估计。

5.5 Boosting 方法

Boosting 是一种将弱学习器提升为强学习器的算法，通过训练基学习器并根据其表现，对训练样本分布进行调整来实现。这个过程重复进行，直至基学习器数目达到事先指定的值 T，最终将这 T 个基学习器进行加权结合。Boosting 方法采用迭代过程对分类器的输入和输出进行加权处理，而不是简单地对其输出进行投票决策，通过融合多个分类器进行决策，可以大大提高分类器的性能。在每一次迭代过程中，根据分类的情况对各个样本进行加权。Boosting 方法在分类问题中的应用广泛且有效，它通过改变训练样本的权重学习多个分类器，并将这些分类器进行线性组合来提高分类器的性能。

AdaBoost 算法是 Boosing 方法中最具有代表性的算法。对于 Boosting 方法而言，需要解决两个问题：一是在每一轮训练中如何改变训练数据的权值或概率分布；二是如何将多个弱分类器组合成一个强分类器。对于第一个问题，AdaBoost 算法在每一轮训练中提高前一轮被弱分类器错误分类的样本的权值，使其受到更多的关注，同时降低那些被正确分类样本的权值。对于第二个问题，AdaBoost 采用“加性模型”，即对弱分类器通过加权多数表决的方法进行组合。

$$H(x)=\sum_{t=1}^{T}\alpha_t h_t(x) \tag{5-65}$$

其中，$H(x)$ 代表强分类器，α_t 代表第 t 个弱分类器的权值，$h_t(x)$ 代表第 t 个弱分类器。

对于 AdaBoost 算法，假设给定一个二分类的训练数据集为 D

$$D=\{(x_1,y_1),(x_2,y_2),\cdots,(x_t,y_t)\} \tag{5-66}$$

其中，每个样本点由实例和标签组成，x_i 代表实例，y_i 代表标签。

AdaBoost 算法步骤如下。

(1) 初始化训练数据的权值分布，N 为样本数量。

$$W_1=(w_{1,1},w_{1,2},\cdots,w_{1,i},\cdots,w_{1,N}),\quad w_{1i}=\frac{1}{N},\quad i=1,2,\cdots,N \tag{5-67}$$

(2) 对于 $t=1,2,\cdots,T$，其中 T 为训练轮数，执行如下循环。

① 使用具有初始权值的训练数据集学习，得到基本分类器：

$$h_t(x),x\rightarrow\{-1,+1\} \tag{5-68}$$

② 计算 $h_t(x)$ 在训练集上的分类误差：

$$e_t=\sum_{i=1}^{N}P(h_t(x_i)\neq y_i) \tag{5-69}$$

如果 $e_t>0.5$，说明此基学习器的性能低于 50%，直接进入下一个循环。

③ 计算 $h_t(x)$ 的系数：

$$\alpha_t=\frac{1}{2}\ln\left(\frac{1-e_t}{e_t}\right) \tag{5-70}$$

④ 更新训练数据集的权值分布：

$$w_{t+1,i}=\frac{w_{t,i}}{z_t}\exp(-\alpha_t y_i h_t(x_i)),\quad i=1,2,\cdots,N \tag{5-71}$$

这里 $w_{t+1,i}$ 表示第 $t+1$ 轮中第 i 个实例的权值。

$$W_{t+1}=(w_{t+1,1},w_{t+1,2},\cdots,w_{t+1,i},\cdots,w_{t+1,N}) \tag{5-72}$$

其中，z_t 是规范化因子，以确保 W_{t+1} 是一个分布

$$z_t=\sum_{i=1}^{N} w_{t,i}\exp(-\alpha_t y_i h_t(x_i)) \tag{5-73}$$

(3) 构建基本分类器的线性组合，得到最终分类器

$$F(x)=\operatorname{sign}\left(\sum_{t=1}^{T}\alpha_t h_t(x)\right) \tag{5-74}$$

对于二分类数据集，式(5-71)可以简写成：

$$w_{t+1,i}=\begin{cases}\dfrac{w_{t,i}}{z_t}\mathrm{e}^{-\alpha_t}, & h_t(x_i)=y_i\\[2mm] \dfrac{w_{t,i}}{z_t}\mathrm{e}^{\alpha_t}, & h_t(x_i)\neq y_i\end{cases} \tag{5-75}$$

从上述步骤可以看出，AdaBoost 算法首先假设数据集具有均匀的权值分布，从而保证第一步能够在原始数据上学习基分类器。基分类器 h_t 的系数 α_t 表示该分类器在最终分类器中的重要性。从式(5-70)中可以看出，α_t 随着 e_t 的减小而增大，被基分类器误分类样本的权值得以扩大，被正确分类样本的权值得以缩小，从而使得误分类样本在下一轮学习中起到更大的作用。

例 5.7　考虑如图 5-11 所示的训练样本，其中×和●分别表示正样本和负样本。采用 AdaBoost 算法对样本进行分类。在每次迭代中，选择加权错误率最小的弱分类器。假设采用的弱分类器为平行两个坐标轴的线性分类器。

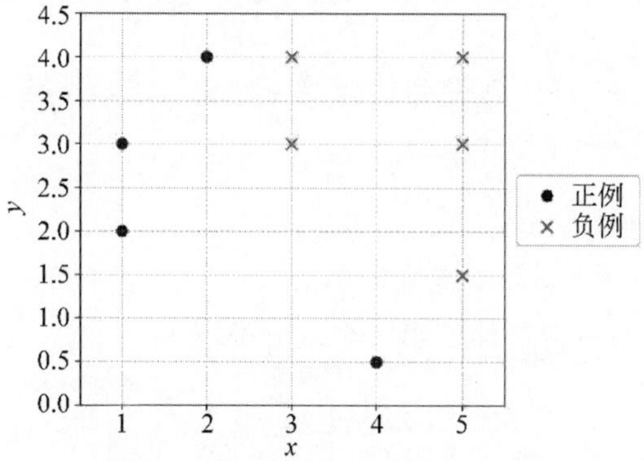

图 5-11　某训练样本的样本分布图

解：如图 5-11 所示，共有 9 个样本点，即 $N=9$，其中：

正例为(1,2)，(1,3)，(2,4)，(4,0.5)。

反例为(3,3)，(3,4)，(5,4)，(5,3)，(5,1.5)。

根据式(5-67)初始化样本点权重：

$$\boldsymbol{w}_1=\left(\frac{1}{9},\frac{1}{9},\frac{1}{9},\frac{1}{9},\frac{1}{9},\frac{1}{9},\frac{1}{9},\frac{1}{9}\right)$$

观察易得，当取 $x=2.5$ 为分界面时，能够得到最小的错误率。故设第一个基分类器为

$$h_1(x,y)=\begin{cases}1, & x<2.5\\ -1, & x\geqslant 2.5\end{cases}$$

根据式(5-69)与式(5-70)计算得到错误率 $e_1=\frac{1}{9}$，分类器系数 $\alpha_1=\frac{1}{2}\ln 8\approx 1.039$。

根据式(5-73)算出规范化因子如下：

$$Z_1=8\times\frac{1}{9}\times e^{-\frac{1}{2}\ln 8}+\frac{1}{9}\times e^{\frac{1}{2}\ln 8}\approx 0.628$$

随后根据式(5-71)对预测正确和预测错误的样本，更新其归一化样本权重：

$$w_{2,i}=\begin{cases}\dfrac{\frac{1}{9}}{z_1}e^{-\frac{1}{2}\ln 8}, & h_1\text{ 预测正确}\\ \dfrac{\frac{1}{9}}{z_1}e^{\frac{1}{2}\ln 8}, & h_1\text{ 预测错误}\end{cases}$$

得到更新后的样本权重为

$$\boldsymbol{w}_2=(0.0625,0.0625,0.0625,0.5,0.0625,0.0625,0.0625,0.0625,0.0625)$$

可以看出，第一轮预测错误的第 4 个样本点(4,0.5)的权重被调高了，而其他预测正确的样本点的权重被调低。

根据 w_2 可知，第 4 个样本点的权重为 0.5，一旦第 2 个弱分类器将第 4 个样本点分错，则其错误率将达到 0.5，该学习器会被提前停止。因此观察得出，第 2 个基分类器为

$$h_2(x,y)=\begin{cases}1, & x<4.5\\ -1, & x\geqslant 4.5\end{cases}$$

根据式(5-69)与式(5-70)计算得到错误率 $e_2=0.125$，分类器系数 $\alpha_2=\frac{1}{2}\ln\left(\frac{7}{2}\right)\approx 0.972$。

计算得到更新后的样本权重为

$$W_3=(0.035,0.035,0.035,0.286,0.249,0.249,0.035,0.035,0.035)$$

同样，根据 W_3 的分布可得最佳的第 3 个基分类器为

$$h_3(x,y)=\begin{cases}1, & y<1\\ -1, & y\geqslant 1\end{cases}$$

计算得到错误率 $e_3=0.105$，分类器系数 $\alpha_3=\frac{1}{2}\ln\left(\frac{1-0.105}{0.105}\right)\approx 1.071$。

执行 3 轮迭代后，得到总分类器为

$$F(x,y)=1.039h_1+0.972h_2+1.071h_3$$

验证可得，$F(1,2)=F(1,3)=F(2,4)=F(4,0.5)=1$，预测为正例。$F(3,3)=F(3,4)=F(5,4)=F(5,3)=F(5,1.5)=-1$，预测为负例。总体误差为 0，停止迭代。图 5-12 所示为最终的分类结果。

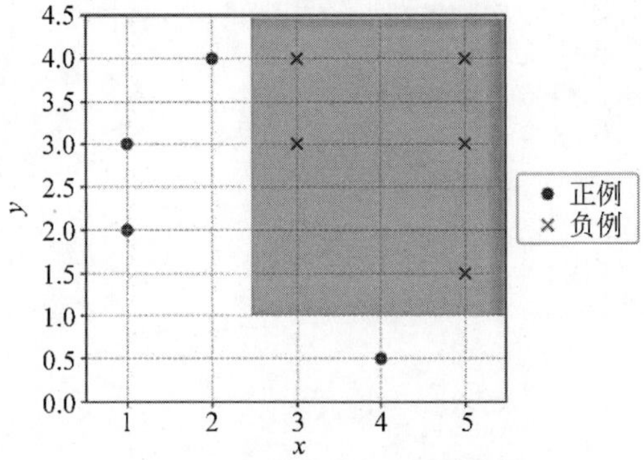

图 5-12　AdaBoost 例题分类结果

5.6　Python 实现

5.6.1　线性支持向量机

4 个二维向量及其对应标签如下：$\boldsymbol{x}_1=\begin{pmatrix}0\\0\end{pmatrix}, y_1=+1; \boldsymbol{x}_2=\begin{pmatrix}1\\0\end{pmatrix}, y_2=+1; \boldsymbol{x}_3=\begin{pmatrix}2\\0\end{pmatrix}, y_3=-1; \boldsymbol{x}_4=\begin{pmatrix}0\\2\end{pmatrix}, y_4=-1$。试用线性支持向量机方法编程，求其最优分类面。

程序代码及实验结果如下。

（1）程序代码。

```
import pandas as pd
import seaborn as sns
import matplotlib.pyplot as plt
import numpy as np
from sklearn.svm import SVC

path = "G:\\study\\SVMdatabase\\class2.xlsx"
data =pd.read_excel(path)
#print(data.shape) #(n, 3)
print(data.head(5))
sns.lmplot(data=data,x='x1',y='x2',palette='Set1',fit_reg=False,hue='y',
scatter_kws={'s':150})

'''
lmplot()参数说明：
palette='Set1'设置调色板型号，对应不同绘图风格，色彩搭配。
fit_reg=False 表示不显示和结合的回归线。因为 lmplot() 本身是线性回归函数，默认会绘制
回归的结合回归线。
```

```
hue='y'表示对点标色,按照 'y' 的值不同进行分类显示,这样不同类型的值看起来可用颜色区
分。若不设置 hue 参数,则所有点都会显示为一个颜色显示。
scatter_kws={'s':150}:设置点的大小, 其中 s 表示 size。
'''

label =np.where(data['y']=='w1',0,1)
print(label) #[0 0 0 0 0 0 0 1 1 1 1 1 1 1]
x =data[['x1','x2']]
print(x)
#SVM 实例化
#SVC 指 Support Vector Classifier
svc =SVC(kernel='linear',C=1000)

'''
SVC 参数说明:
C:惩罚系数,即当分类器错误地将 A 类样本划为 B 类时,我们将给予分类器多大的惩罚。当我们认
为与样本点的惩罚,即 C 的值设置得很大,那么分类器会变得非常准确,但是,会产生过拟合问题。
kernel:核函数,如果使用一条直线就可以将属于不同类别的样本点全部划分开,那么我们使用
kernel='linear'。
如果不能线性划分开,尤其是当数据维度很多时,一般很难找到一条合适的线将不同的类别的样本
划分开,那么就尝试使用高斯核函数(也称为向径基核函数-rbf)、多项式核函数(poly)
'''

svc.fit(x,y=label)
#根据拟合结果,找出超平面
w =svc.coef_[0]
a =-w[0]/w[1] #超平面的斜率,也是边界线的斜率
xx =np.linspace(-3,1,30) #在区间[-3,1]之间生成 30 个数
#print(xx)
b=-(svc.intercept_[0])/w[1]
print("w=",a,'a',b,'b')
yy =a * xx +b
#根据超平面,找到到超平面的两条边界线
yy_down =a * xx +(b[1]-a*b[0])
b =svc.support_vectors_[-1]

yy_up =a * xx +(b[1]-a*b[0])
#绘制超平面和边界线
#(1)绘制样本点的散点图
sns.lmplot(data=data,x='x1',y='x2',hue='y',palette='Set1',fit_reg=False,
scatter_kws={'s':150})

#(2)向散点图添加超平面
plt.plot(xx,yy,linewidth=4,color='black')
#(3)向散点图添加边界线
plt.plot(xx,yy_down,linewidth=2,color='blue',linestyle='--')
plt.plot(xx,yy_up,linewidth=2,color='blue',linestyle='--')
plt.show()
```

（2）实验结果。

运行结果如图 5-13 所示。

```
   x1  x2   y
0   0   0  w1
1   1   0  w1
2   2   0  w2
3   0   2  w2
[0 0 1 1]
   x1  x2
0   0   0
1   1   0
2   2   0
3   0   2
w= -1.0 b= 1.4999185800358248
```

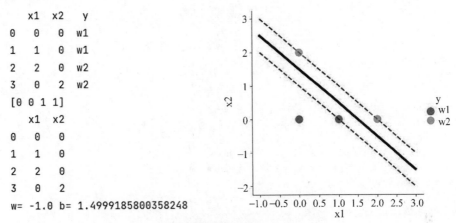

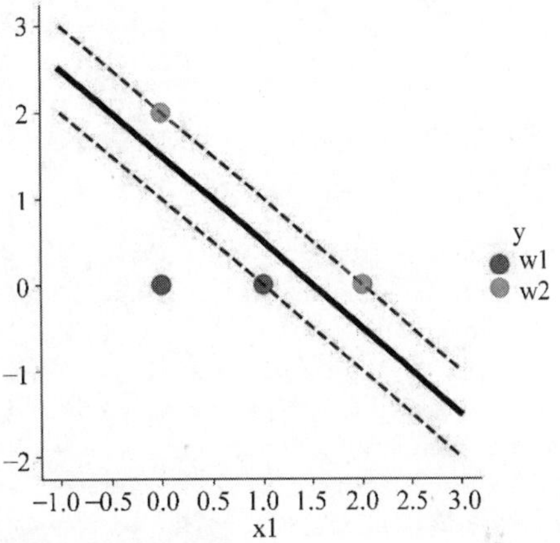

图 5-13　线性支持向量机算法运行结果

5.6.2　决策树度量指标计算

小张打算申请入职某公司，了解编号 1～6 员工的个人信息以及录用结果如表 5-1 所示。请分别计算选择“性别”和“学历”作为根节点划分属性的信息增益、将“应届生”作为根节点划分属性的信息增益率，以及计算将“学历”作为根节点划分属性的基尼指数。

程序代码及实验结果如下。

（1）程序代码。

```
import numpy as np

def info_entropy(sample_set):  #计算集合的信息熵
    if sample_set[0][0] =='编号':
        sample_set =sample_set[1:]  #去掉第一行
    labels =[sample[-1] for sample in sample_set]
    dict_set =dict([(kind, labels.count(kind)) for kind in labels])
    total =sum(dict_set.values())
    Info_entropy =-sum(
        [(num / total) * np.log(num / total) for num in dict_set.values()]
    )
    return Info_entropy

def split_set(sample_set, doa, attribute, thred=None, attr_values=None):
    left_set =[]
    right_set =[]
    attr_index =sample_set[0].index(attribute)  #找属性所在列
    sample_set =sample_set[1:]  #去掉第一行
    if doa =='d':  #离散
        for i in sample_set:
            if i[attr_index] in attr_values[0]:
                left_set.append(i)
            else:
```

```
                right_set.append(i)
    else:  #连续
        for i in sample_set:
            if float(i[attr_index]) <thred:
                left_set.append(i)
            else:
                right_set.append(i)
    return left_set, right_set

def info_gain(sample_set, doa, attribute, thred=None, attr_values=None):
    l_set, r_set =split_set(sample_set, doa, attribute, thred=thred, attr_values
=attr_values)
    sample_set =sample_set[1:]  #去掉第一行
    info_entropy_before =info_entropy(sample_set)
    info_entropy_after =(
        len(l_set) / len(sample_set) * info_entropy(l_set)
        +len(r_set) / len(sample_set) * info_entropy(r_set)
    )
    Info_gain =info_entropy_before -info_entropy_after
    return Info_gain

def info_gain_ratio(sample_set, doa, attribute, thred=None, attr_values=None):
    Info_gain_l =info_gain(sample_set, doa, attribute, thred=thred, attr_values
=attr_values)
    l_set, r_set =split_set(sample_set, doa, attribute, thred=thred, attr_values
=attr_values)
    if not l_set or not r_set:
        return 0
    sample_set =sample_set[1:]  #去掉第一行
    split_info =-sum(
        [
            (len(subset) / len(sample_set)) * np.log(len(subset) / len(sample_
set))
            for subset in [l_set, r_set]
            if subset
        ]
    )
    Info_gain_ratio =Info_gain_l / split_info
    return Info_gain_ratio

def gini_index(sample_set):
    if sample_set[0][0] =='编号':
        sample_set =sample_set[1:]  #去掉第一行
    if not sample_set:
        return 0
    labels =[sample[-1] for sample in sample_set]
    dict_set =dict([(kind, labels.count(kind)) for kind in labels])
    total =sum(dict_set.values())
    Gini_index =1 -sum([(num / total) * * 2 for num in dict_set.values()])
    return Gini_index

def gini_index_split(sample_set, doa, attribute, thred=None, attr_values=None):
```

```
    l_set, r_set = split_set(sample_set, doa, attribute, thred=thred, attr_values
=attr_values)
    if not sample_set:
        return 0
    Gini_index_split = (
        len(l_set) / len(sample_set) * gini_index(l_set)
        + len(r_set) / len(sample_set) * gini_index(r_set)
    )
    return Gini_index_split

#读取文件
with open('set.txt', 'r', encoding='utf-8') as file:
    list_set = [line.strip().split() for line in file.readlines()]

#测试代码
print(info_entropy(list_set))
print(info_gain(list_set, doa='d', attribute='性别', attr_values=[['男'],
['女']]))
print(info_gain(list_set, doa='d', attribute='学历', attr_values=[['本科'],
['硕士'], ['博士']]))
print(info_gain_ratio(list_set, doa='d', attribute='应届生', attr_values=[['是'],
['否']]))
print(gini_index_split(list_set, doa='d', attribute='学历', attr_values=[['本
科'], ['硕士'], ['博士']]))
```

(2) 实验结果。

```
0.9556998911125343
0.08878194993480437
0.07889316864309659
1.0
0.475
```

习　　题

1. 采用ID3算法,使用Python构建表5-1数据的决策树。

2. 在一些情况下,样本子集数增加,信息增益率中的SplitInfo($F^{(j)}$)也会增加,这在一定程度上抑制了样本子集数多时信息增益过大的趋势。用Python画出SplitInfo($F^{(j)}$)的曲线图,举例说明什么情况下样本子集数增加,但是SplitInfo($F^{(j)}$)没有起到抑制作用。

第6章　特征提取与选择

6.1　基本概念

无论是计算机还是人类，都是基于事物的特征来对其进行分类和识别。特征提取与特征选择的优劣，在很大程度上影响着模式识别系统的设计和性能。但是，事物通常有不止一种特征。以人体识别为例，可以采用人体的生理特征，例如人脸、掌纹、虹膜、DNA等；也可以采用行为特征，例如签名、步态、语音等。在实际应用问题中，如果将事物所有特征一一采用，识别特征维数通常会很高。因而，进行模式识别任务时，采用的特征并不是越多越好。一方面，高维特征会增加分类器设计的复杂度，增大分类和识别过程中计算和存储的难度；另一方面，有些特征类别区分度较小，甚至与分类无关。如果将这些特征送入分类器，不但会增加分类器的复杂度，而且有可能使分类器的正确率下降。在实际应用中，人们发现，当特征小于某值时，分类器的性能随着特征个数的增加而增加，当特征个数大于某值时，分类器性能不升反降，这种现象称作"特征维数灾难"。因此，人们通常希望选择最少的特征来达到要求的分类识别正确率。

以人体识别为例，选择其中一个或者两个有代表性的特征即可完成任务，无须识别每个特征。这种减少特征数量的过程称为"特征降维"。

降低特征空间维数有两种方式：特征选择和特征提取，特征选择是从 D 个特征中选出 $d(d<D)$ 个特征；特征提取是通过适当的变换把 D 个特征转换成 $d(d<D)$ 个新特征。

注意，特征选择是通过计算的方法从原特征中挑选出最具有辨别能力的特征；特征提取是通过某种数学变换产生新的特征。两种方法都可以降低特征空间维数，减小分类器的计算量，使分类器更容易实现；另外，还可以消除特征之间可能存在的相关性，提高分类效率。

特征选择和特征提取不是完全分离的，在一些问题中，可以先进行特征选择，去掉对分类任务没有帮助的特征，然后再对选择出的具有辨别能力的特征进行特征提取。

6.2　类别可分性判断依据

6.2.1　类别可分性准则

对于特征选择而言，从 D 个特征中挑选出 d 个特征，有 C_D^d 种组合，哪种组合的分类正确率最高呢？对于特征提取来说，应该选择什么数学变换，使生成的特征更好呢？为了衡量被选择的特征或新生成的特征在分类任务中的重要性，需要引入一个评价标准，即类别可分性判据，我们定义为 J_{ij}，表示在该组特征下第 i 类和第 j 类的可分程度。判据所需要满足的要求，称为类别可分性准则。类别可分性准则通常包括以下几个条件：

(1) 判据应该与分类错误率(或错误率的上界)有单调关系，判据取最大(或最小)值时，分类错误率最低。

(2) 当特征相互独立时，判据有可加性，即

$$J_{ij}(x_1,x_2,\cdots,x_d)=\sum_{k=1}^{d}J_{ij}(x_k) \tag{6-1}$$

其中，$x_1,x_2,\cdots,x_d$ 是一系列特征变量，公式表示一组单独特征的判据值之和等于该组特征的整体判据值。

(3) 不同两类间的可分性程度大于零，同类别的可分性程度等于零，即

$$\begin{aligned}&J_{ij}>0,\quad \text{当 } i\neq j \text{ 时}\\&J_{ij}=0,\quad \text{当 } i=j \text{ 时}\\&J_{ij}=J_{ji}\end{aligned} \tag{6-2}$$

(4) 理想的判据应该对特征具有单调性，加入新的特征后判据值不减，即

$$J_{ij}(x_1,x_2,\cdots,x_d)\leqslant J_{ij}(x_1,x_2,\cdots,x_d,x_{d+1}) \tag{6-3}$$

在实际情况中，可分性判据不一定同时满足上述 4 个条件，但是不影响其使用。下面将从基于距离、基于密度概率和基于后验概率三个角度介绍类别可分性判据。

6.2.2　基于距离的类别可分性判据

1. 基于类内距离和类间距离的可分性判据

基于距离的可分性判据又可分为类内距离和类间距离：类内距离指同一类别样本之间的相似度，可以用样本点之间的平均距离来衡量；类间距离指不同类别之间的差异度，可以用两类之间的距离来衡量。从类别的可分性看，类内距离越小，类间距离越大，对分类越有利。

设类 $w_i=\{\boldsymbol{x}_k^{(i)},k=1,2,\cdots,N_i\}$，$\boldsymbol{x}_k^{(i)}$、$\boldsymbol{x}_l^{(i)}$ 为 w_i 类中的样本点，n_i 为 w_i 类中的样本数，则类内均方距离为

$$d_i^2(w_i)=\frac{1}{2n_i(n_i-1)}\sum_{k=1}^{n_i}\sum_{l=1}^{n_i}\delta(\boldsymbol{x}_k^{(i)},\boldsymbol{x}_l^{(i)}) \tag{6-4}$$

所有类别样本总的类内均方距离为

$$J_{\mathrm{msd}}(\boldsymbol{x})=\sum_{i=1}^{c}P_i d_i^2 \tag{6-5}$$

其中，c 是类别数，P_i 是第 i 个类别的先验概率，通常可以用统计量来代替，即第 i 类样本在全部样本中所占比例来估计：

$$P_i=\frac{n_i}{n} \tag{6-6}$$

多维空间中的两个向量有很多种距离度量方式，在欧氏距离情况下，有

$$\delta(\boldsymbol{x}_k^{(i)},\boldsymbol{x}_l^{(i)})=(\boldsymbol{x}_k^{(i)}-\boldsymbol{x}_l^{(i)})^{\mathrm{T}}(\boldsymbol{x}_k^{(i)}-\boldsymbol{x}_l^{(i)}) \tag{6-7}$$

因此，采用欧氏距离度量时，所有类别的类内距离可以表示为

$$J_{\mathrm{msd}}(\boldsymbol{x})=\sum_{i=1}^{c}\frac{P_i}{2n_i(n_i-1)}\sum_{k=1}^{n_i}\sum_{l=1}^{n_i}(\boldsymbol{x}_k^{(i)}-\boldsymbol{x}_l^{(i)})^{\mathrm{T}}(\boldsymbol{x}_k^{(i)}-\boldsymbol{x}_l^{(i)}) \tag{6-8}$$

设类 $w_i=\{\boldsymbol{x}_k^{(i)},k=1,2,\cdots,n_i\}$，类 $w_j=\{\boldsymbol{x}_l^{(j)},l=1,2,\cdots,n_j\}$，其中，$\boldsymbol{x}_k^{(i)}$、$\boldsymbol{x}_l^{(j)}$ 分别为 w_i 类及 w_j 类中的样本点，n_i、n_j 分别为 w_i 类及 w_j 类中的样本数。那么，w_i 类和 w_j 类之间的距离为

$$d_{ij}^2(w_i,w_j)=\frac{1}{n_i n_j}\sum_{k=1}^{n_i}\sum_{l=1}^{n_j}\delta(\boldsymbol{x}_k^{(i)},\boldsymbol{x}_l^{(j)}) \tag{6-9}$$

则各类特征向量之间的平均距离为

$$J_{\mathrm{bsd}}=\frac{1}{2}\sum_{i=1}^{c}P_i\sum_{j=1}^{c}P_j\,d_{ij}^2(w_i,w_j) \tag{6-10}$$

在欧氏距离情况下，有

$$\delta(\boldsymbol{x}_k^{(i)},\boldsymbol{x}_l^{(j)})=(\boldsymbol{x}_k^{(i)}-\boldsymbol{x}_l^{(j)})^{\mathrm{T}}(\boldsymbol{x}_k^{(i)}-\boldsymbol{x}_l^{(j)}) \tag{6-11}$$

则所有类别的总类间距离为

$$J_{\mathrm{bsd}}(\boldsymbol{x})=\frac{1}{2}\sum_{i=1}^{c}P_i\sum_{j=1}^{c}P_j\frac{1}{n_i n_j}\sum_{k=1}^{n_i}\sum_{l=1}^{n_j}(\boldsymbol{x}_k^{(i)}-\boldsymbol{x}_l^{(j)})^{\mathrm{T}}(\boldsymbol{x}_k^{(i)}-\boldsymbol{x}_l^{(j)}) \tag{6-12}$$

用 m_i 表示第 i 类样本集的均值向量：

$$\boldsymbol{m}_i=\frac{1}{n_i}\sum_{k=1}^{n_i}\boldsymbol{x}_k^{(i)} \tag{6-13}$$

那么在欧氏距离度量下，类别的总类间距离还可以表示为

$$J_{\mathrm{bsd}}=\frac{1}{2}\sum_{i=1}^{c}P_i\sum_{j=1}^{c}P_j(\boldsymbol{m}_i-\boldsymbol{m}_j)^{\mathrm{T}}(\boldsymbol{m}_i-\boldsymbol{m}_j) \tag{6-14}$$

2. 基于散布矩阵的可分性判据

基于距离的可分性判据还可以用散布矩阵来表示。设 n 个模式 $\{x_l\}$ 分属 c 类，$w_i=\{x_k^{(i)},k=1,2,\cdots,n_i\}$，$i=1,2,\cdots,c$，用 $\boldsymbol{m}_i$ 表示第 i 类样本集的均值向量，用 $\boldsymbol{m}$ 表示样本总的均值向量，如式(6-15)所示：

$$\boldsymbol{m}=\frac{1}{n}\sum_{i=1}^{c}\sum_{k=1}^{n_i}\boldsymbol{x}_k^{(i)} \tag{6-15}$$

类内散布矩阵 $\boldsymbol{S}_w$ 和类间散布矩阵 $\boldsymbol{S}_b$ 可定义为

$$\boldsymbol{S}_w=\sum_{i=1}^{c}P_i\frac{1}{n_i}\sum_{k=1}^{n_i}(\boldsymbol{x}_k^{(i)}-\boldsymbol{m}_i)(\boldsymbol{x}_k^{(i)}-\boldsymbol{m}_i)^{\mathrm{T}} \tag{6-16}$$

$$\boldsymbol{S}_b=\sum_{i=1}^{c}P_i(\boldsymbol{m}_i-\boldsymbol{m})(\boldsymbol{m}_i-\boldsymbol{m})^{\mathrm{T}} \tag{6-17}$$

除了类内和类间散布矩阵之外，还可以定义所有样本的总体散布矩阵 $\boldsymbol{S}_t$：

$$\boldsymbol{S}_t=\frac{1}{n}\sum_{i=1}^{c}\sum_{k=1}^{n_i}(\boldsymbol{x}_k^{(i)}-\boldsymbol{m})(\boldsymbol{x}_k^{(i)}-\boldsymbol{m})^{\mathrm{T}} \tag{6-18}$$

可证得

$$\boldsymbol{S}_t=\boldsymbol{S}_w+\boldsymbol{S}_b \tag{6-19}$$

类内散布矩阵 $\boldsymbol{S}_w$ 和类间散布矩阵 $\boldsymbol{S}_b$ 为对称阵，任意对称阵均可经过正交变换得到对角化矩阵，且对角线上的阵元为特征值。散布矩阵对角线上的阵元具有方差、均方距离等含义，且各分量不相关。正交变换不改变矩阵的迹和行列式，因此可以通过类内散布矩阵 $\boldsymbol{S}_w$ 和类间散布矩阵 $\boldsymbol{S}_b$ 构造可分性判据。较常见的有

$$J_1 = \operatorname{tr}(\boldsymbol{S}_w + \boldsymbol{S}_b) \tag{6-20}$$

$$J_2 = \operatorname{tr}(\boldsymbol{S}_w^{-1}\boldsymbol{S}_b) \tag{6-21}$$

$$J_3 = \frac{\operatorname{tr}\boldsymbol{S}_b}{\operatorname{tr}\boldsymbol{S}_w} \tag{6-22}$$

$$J_4 = \frac{|\boldsymbol{S}_b + \boldsymbol{S}_w|}{|\boldsymbol{S}_w|} \tag{6-23}$$

不同判据的计算数值不同，但是对特征的排序是相同的，因此选用不同的判据，会得到相同的特征选择结果。

基于距离的可分性判据适用于各类样本分布的协方差差别不大的情况。当两类样本的分布有重叠时，这些判据不能反映重叠情况。

例 6.1　已知两类样本 w_1 和 w_2，计算三维特征中任意二维的类别可分性判据 J_2。

$$w_1: \boldsymbol{x}_1 = (0,1,2)^{\mathrm{T}}, \boldsymbol{x}_2 = (1,3,2)^{\mathrm{T}}, \boldsymbol{x}_3 = (0,0,1)^{\mathrm{T}}, \boldsymbol{x}_4 = (3,1,0)^{\mathrm{T}}$$

$$w_2: \boldsymbol{x}_5 = (2,1,1)^{\mathrm{T}}, \boldsymbol{x}_6 = (0,0,0)^{\mathrm{T}}, \boldsymbol{x}_7 = (1,2,3)^{\mathrm{T}}, \boldsymbol{x}_8 = (2,1,1)^{\mathrm{T}}$$

解：首先计算第一、二维特征上每个类别的均值和样本的总体均值：

$$\boldsymbol{m}_1 = \frac{1}{4}\sum_{i=1}^{4}\boldsymbol{x}_i = (1.00, 1.25)^{\mathrm{T}},\ \boldsymbol{m}_2 = \frac{1}{4}\sum_{i=5}^{8}\boldsymbol{x}_i = (1.25, 1)^{\mathrm{T}}$$

$$\boldsymbol{m} = \frac{1}{8}\sum_{i=1}^{8}\boldsymbol{x}_i = (1.125, 1.125)^{\mathrm{T}}$$

计算类内散布矩阵 $\boldsymbol{S}_w$：

$$\begin{aligned}\boldsymbol{S}_w &= \sum_{i=1}^{c} P_i \frac{1}{n_i}\sum_{k=1}^{n_i}(\boldsymbol{x}_k^{(i)} - \boldsymbol{m}_i)(\boldsymbol{x}_k^{(i)} - \boldsymbol{m}_i)^{\mathrm{T}} \\ &= \frac{1}{2}\left[\frac{1}{4}\sum_{i=1}^{4}(\boldsymbol{x}_i - \boldsymbol{m}_1)(\boldsymbol{x}_i - \boldsymbol{m}_1)^{\mathrm{T}} + \frac{1}{4}\sum_{i=4}^{8}(\boldsymbol{x}_i - \boldsymbol{m}_2)(\boldsymbol{x}_i - \boldsymbol{m}_2)^{\mathrm{T}}\right] \\ &= \begin{pmatrix}1.0938 & 0.2500 \\ 0.2500 & 0.8438\end{pmatrix}\end{aligned}$$

计算类间散布矩阵 $\boldsymbol{S}_b$：

$$\begin{aligned}\boldsymbol{S}_b &= \sum_{i=1}^{c} P_i(\boldsymbol{m}_i - \boldsymbol{m})(\boldsymbol{m}_i - \boldsymbol{m})^{\mathrm{T}} \\ &= \frac{1}{2}(\boldsymbol{m}_1 - \boldsymbol{m})(\boldsymbol{m}_1 - \boldsymbol{m})^{\mathrm{T}} + \frac{1}{2}(\boldsymbol{m}_2 - \boldsymbol{m})(\boldsymbol{m}_2 - \boldsymbol{m})^{\mathrm{T}} = \begin{pmatrix}0.0156 & -0.0156 \\ -0.0156 & 0.0156\end{pmatrix}\end{aligned}$$

因此

$$\boldsymbol{S}_w^{-1}\boldsymbol{S}_b = \begin{pmatrix}0.0199 & -0.0199 \\ -0.0244 & 0.0244\end{pmatrix}$$

第一、二维特征的 J_2 类别可分性判据为

$$J_2(\boldsymbol{x})=\mathrm{tr}(\boldsymbol{S}_w^{-1}\boldsymbol{S}_b)=0.0443$$

用同样的方法,可以得到第一、三维特征的可分性判据 $J_2(x)=0.0155$ 和第二、三维特征的可分性判据 $J_2(x)=0.0334$。从计算结果可以看到,从三维特征中选择第一、二维特征会得到最好的分类结果。

6.2.3 基于概率密度函数的类别可分性判据

对于两类情况,如图 6-1 所示,其中图 6-1(a)为完全可分的情况,图 6-1(b)为完全不可分的情况。因此,可以用两类概率密度函数的重叠程度来度量可分性。

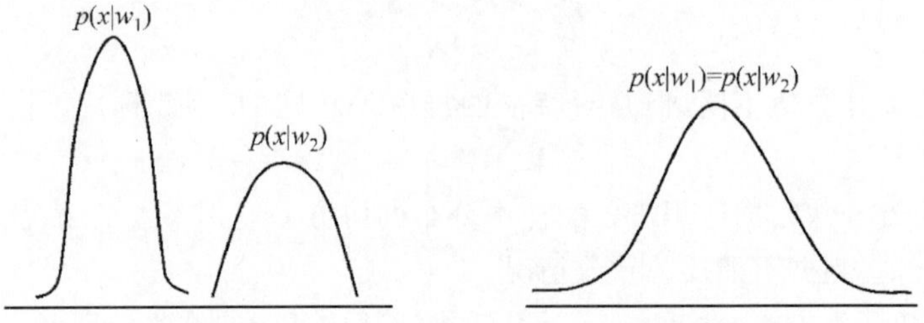

图 6-1 完全可分与完全不可分的情况

假设先验概率相等,若所有满足 $P(\boldsymbol{x}\mid w_2)\neq 0$ 的点满足 $P(\boldsymbol{x}\mid w_1)=0$,如图 6-1(a)所示,则两类完全可分。相反,如果对所有 x,都有 $P(\boldsymbol{x}\mid w_1)=P(\boldsymbol{x}\mid w_2)$,则两类完全不可分。根据概率密度函数的特点,通过其构造的可分性判据 J_p 应该满足的特点包括:

(1) $J_p\geqslant 0$;

(2) 当两类完全不重叠时,两类的可分性最好,J_p 取最大值,即对所有 x 满足 $P(\boldsymbol{x}\mid w_2)\neq 0$ 且 $P(\boldsymbol{x}\mid w_1)=0$,则 $J_p=\max$;

(3) 当两类完全重叠时,两类的可分性最差,J_p 取最小值,即对所有 x 满足 $P(\boldsymbol{x}\mid w_1)=P(\boldsymbol{x}\mid w_2)$,则 $J_p=0$。

满足以上条件的 J_p 都可以作为类分离性的概率距离度量。

下面介绍 3 种经典的概率距离度量。设两类 w_1 和 w_2 的概率密度分别为 $P(\boldsymbol{x}\mid w_1)$ 和 $P(\boldsymbol{x}\mid w_2)$,$\boldsymbol{x}=(x_1,x_2,\cdots,x_n)^{\mathrm{T}}$ 表示样本特征。

1. Bhattacharyya 判据(J_B 判据)

$$J_B=-\ln\int[p(\boldsymbol{x}\mid w_1)p(\boldsymbol{x}\mid w_2)]^{\frac{1}{2}}\mathrm{d}\boldsymbol{x} \tag{6-24}$$

可以验证,恒有 $J_B\geqslant 0$;且当 $P(\boldsymbol{x}\mid w_1)=P(\boldsymbol{x}\mid w_2)$ 时,$J_B=0$;对于 $P(\boldsymbol{x}\mid w_2)\neq 0$ 时,$P(\boldsymbol{x}\mid w_1)=0$,有 $J_B=\max$。

在最小误判概率准则下,误判概率有

$$P_e\leqslant[P(w_1)P(w_2)]^{\frac{1}{2}}\exp\{-J_B\} \tag{6-25}$$

2. Chernoff 判据(J_c 判据)

$$J_C=-\ln\int P^s(\boldsymbol{x}\mid w_1)P^{1-s}(\boldsymbol{x}\mid w_2)\mathrm{d}\boldsymbol{x} \tag{6-26}$$

其中,s 是在[0,1]内的一个参数,当 $s=0.5$ 时,Chernoff 判据与 Bhattacharyya 判据等价。

贝叶斯误判概率有

$$P_e \leqslant P(w_1)^s P(w_2)^{1-s} \exp\{-J_c(w_1, w_2, s)\} \tag{6-27}$$

3. 散度(J_D判据)

从数学角度看,概率密度函数 $P(\boldsymbol{x} \mid w_1)$ 和 $P(\boldsymbol{x} \mid w_2)$ 的比值也可以反映两个概率密度函数的相似程度,也就是两个类别的重叠程度。同时,为了使两类完全重叠时判决结果最小,即 $P(\boldsymbol{x} \mid w_1) = P(\boldsymbol{x} \mid w_2)$ 时 $J_D = 0$,所以再将比值取对数,称作对数似然比。

w_2 类对 w_1 类的对数似然比用 l_{12} 表示:

$$l_{12} = \ln \frac{p(\boldsymbol{x} \mid w_1)}{p(\boldsymbol{x} \mid w_2)} \tag{6-28}$$

对于不同的 $\boldsymbol{x}$,其类别可分性不同,因此,通常更关心平均可分性信息,即求对数似然比的期望。

w_1 类对 w_2 类的平均可分性信息为

$$I_{12} = E[l_{12}] = \int_X p(\boldsymbol{x} \mid w_1) \ln \frac{p(\boldsymbol{x} \mid w_1)}{p(\boldsymbol{x} \mid w_2)} \tag{6-29}$$

同理,w_2 类对 w_1 类的平均可分性信息为

$$I_{21} = E[l_{21}] = \int_X p(\boldsymbol{x} \mid w_2) \ln \frac{p(\boldsymbol{x} \mid w_2)}{p(\boldsymbol{x} \mid w_1)} \tag{6-30}$$

w_1 类和 w_2 类的平均可分性信息之和称为散度,记作 J_D:

$$J_D = I_{12} + I_{21} = \int_X [p(\boldsymbol{x} \mid w_1) - p(\boldsymbol{x} \mid w_2)] \ln \frac{p(\boldsymbol{x} \mid w_1)}{p(\boldsymbol{x} \mid w_2)} \mathrm{d}\boldsymbol{x} \tag{6-31}$$

当两类样本都属于正态分布时,散度为

$$J_D = \frac{1}{2} \mathrm{tr}[\boldsymbol{\Sigma}_1^{-1} \boldsymbol{\Sigma}_2 + \boldsymbol{\Sigma}_2^{-1} \boldsymbol{\Sigma}_1 - 2\boldsymbol{I}] + \frac{1}{2}(\mu_1 - \mu_2)^{\mathrm{T}} (\boldsymbol{\Sigma}_1^{-1} + \boldsymbol{\Sigma}_2^{-1})(\boldsymbol{\mu}_1 - \boldsymbol{\mu}_2) \tag{6-32}$$

其中,$\boldsymbol{\mu}_1$、$\boldsymbol{\mu}_2$、$\boldsymbol{\Sigma}_1$ 和 $\boldsymbol{\Sigma}_2$ 分别是两类的均值向量和协方差矩阵。特别地,当两类的协方差矩阵相等时,散度可以简化为

$$J_D = (\boldsymbol{\mu}_1 - \boldsymbol{\mu}_2)^{\mathrm{T}} \boldsymbol{\Sigma}^{-1} (\boldsymbol{\mu}_1 - \boldsymbol{\mu}_2) = 8 J_B \tag{6-33}$$

直观上看,当两类的均值差值越大时,散度越大,两类的可分性越强。

6.2.4 基于熵的类别可分性判据

除了利用类的概率密度函数来判断可分性,还可以利用类的后验概率。后验概率 $P(w_i \mid \boldsymbol{x})$ 可以理解为加入特征 $\boldsymbol{x}$ 后样本属于 w_i 类的概率大小。设有 c 个类别,若加入特征 $\boldsymbol{x}$ 后,样本属于每一类的概率相同,即 $P(w_i \mid \boldsymbol{x}) = 1/c$,说明该特征对分类没有帮助;若加入特征 x 后能明确判断样本类别,即 $P(w_i \mid \boldsymbol{x}) = 1$,说明该特征对分类帮助大。也就是说,类别与类别之间的后验概率差别越大,则该特征越有利于分类。

我们引入信息论中熵的概念,衡量后验概率的集中程度。在信息论中,熵表示不确定性程度,熵越大,不确定性越高。于后验概率而言,熵越大,后验概率越分散。常用的熵的度量参数有:

(1) Shannon 熵。

$$H = -\sum_{i=1}^{c} P(w_i \mid \boldsymbol{x}) \log_2 P(w_i \mid \boldsymbol{x}) \tag{6-34}$$

(2) 平方熵。

$$H = 2\left[1 - \sum_{i=1}^{c} P^2(w_i \mid \boldsymbol{x})\right] \tag{6-35}$$

应该对特征空间中每一个特征带来的不确定度予以考虑,因此将特征空间中熵的总体期望作为可分性判据:

$$J_H = \int H(\boldsymbol{x}) p(\boldsymbol{x}) \mathrm{d}\boldsymbol{x} \tag{6-36}$$

熵越小,不确定性越小,类别可分性越高。因此,采用熵的可分性判据时,应该选择使J_H值最小的特征。

6.3 主成分分析法

在模式识别的问题中,无法避免的是对于特征的处理。当对要分析的模型进行特征提取后,往往会得到多维度特征向量,而这些特征之间又存在相关性过大的问题。过高的维数大大增加了后续对特征的分析难度,因此,特征的降维处理就显得十分重要。根据提取到的特征存在的一些特点,可以将特征降维分为两种方法:一种是直接放弃一些对分类贡献度较小的特征,即特征选择;另一种是通过对已有特征进行融合,降低特征之间的相关性,以在尽可能保留分类信息的前提下减少特征维数的效果,即特征提取。接下来对特征提取方法中较有代表性的主成分分析法进行介绍。

主成分分析法(Principal Component Analysis,PCA)的基本思想是将所有特征中的主要特征(主元)进行提取,去除原有特征中包含的互相重叠的信息,降低特征维数,同时保留原始数据里的绝大部分信息,从而达到在不影响结果可信度的前提下减少计算量的效果。其基本原理如下:

主成分分析法可以看作把多个特征映射为少数几个特征的一种统计分析方法,即从已有特征中按照信息量的多少转换为另一组新特征。

对于N个样品,有

$$\begin{cases} y_1 = \alpha_{11} x_1 + \alpha_{12} x_2 + \cdots + \alpha_{1n} x_n \\ y_2 = \alpha_{21} x_1 + \alpha_{22} x_2 + \cdots + \alpha_{2n} x_n \\ \quad\vdots \\ y_n = \alpha_{n1} x_1 + \alpha_{n2} x_2 + \cdots + \alpha_{nn} x_n \end{cases} \tag{6-37}$$

对于方程组(6-37),存在如下约束:

(1) 为了保证尺度统一,要求$\alpha_{k1}^2 + \alpha_{k2}^2 + \cdots + \alpha_{kn}^2 = 1(k = 1, 2, \cdots, n)$,即

$$\boldsymbol{\alpha}_i^{\mathrm{T}} \boldsymbol{\alpha}_i = 1 \tag{6-38}$$

(2) 为了去除特征间的相关性,要求y_i和$y_j(i \neq j; i, j = 1, 2, \cdots, n)$相互独立。

(3) 为了尽可能地保留信息,y_j在满足式(6-37)的同时要求存在"i越小,y_j方差越大"的规律。

此时，得到的一组新的特征 $y_1, y_2, \cdots, y_n$，就被称为原特征的第 1，第 2，…，第 n 个主成分量，且方差依次递减。

为方便计算，将方程组(6-37)表示为以下矩阵形式：

$$\boldsymbol{y} = \boldsymbol{A}^{\mathrm{T}} \boldsymbol{x} \tag{6-39}$$

其中，$\boldsymbol{A}$ 被称为特征变换矩阵，求得的递减方差也保证主成分量所包含的信息量满足递减关系。

接下来开始对新特征 $y_k (k=1,2,\cdots,n)$ 进行计算，对于 y_1，有

$$y_1 = \sum_{j=1}^{n} \alpha_{1j} x_j = \boldsymbol{\alpha}_1^{\mathrm{T}} \boldsymbol{x} \tag{6-40}$$

它的方差是

$$\begin{aligned} \mathrm{var}(y_1) &= E(y_1^2) - E(y_1)^2 \\ &= E[\boldsymbol{\alpha}_1^{\mathrm{T}} \boldsymbol{x} \boldsymbol{x}^{\mathrm{T}} \boldsymbol{a}_1] - E[\boldsymbol{\alpha}_1^{\mathrm{T}} \boldsymbol{x}][\boldsymbol{x}^{\mathrm{T}} \boldsymbol{a}_1] \\ &= \frac{1}{n-1} \boldsymbol{\alpha}_1^{\mathrm{T}} \sum_{i=1}^{n} (x_i - \bar{x})^2 \boldsymbol{\alpha}_1 \\ &= \boldsymbol{a}_1^{\mathrm{T}} \boldsymbol{C} \boldsymbol{a}_1 \end{aligned} \tag{6-41}$$

其中，$C = \dfrac{1}{n-1} \sum_{i=1}^{n} (x_i - \bar{x})^2$ 为 $\boldsymbol{x}$ 的协方差矩阵。要在式(6-38)的约束下求解 $\mathrm{var}(y_1)$的最大值，可以采用拉格朗日乘子法求解。设拉格朗日函数为

$$f(\boldsymbol{\alpha}_1) = \boldsymbol{\alpha}_1^{\mathrm{T}} \boldsymbol{C} \boldsymbol{\alpha}_1 - \lambda(\boldsymbol{\alpha}_1^{\mathrm{T}} \boldsymbol{\alpha}_1 - 1) \tag{6-42}$$

λ 是拉格朗日乘子。将式(6-42)对 $\boldsymbol{\alpha}_1$ 求导并等于零进行求解，有

$$\frac{\partial f(\boldsymbol{\alpha}_1)}{\partial \boldsymbol{\alpha}_1} = (\boldsymbol{C} + \boldsymbol{C}^{\mathrm{T}}) \boldsymbol{\alpha}_1 - 2\lambda \boldsymbol{\alpha}_1 = 0 \tag{6-43}$$

由于 $\boldsymbol{C}$ 为对称矩阵，则有 $\boldsymbol{C} = \boldsymbol{C}^{\mathrm{T}}$，式(6-43)变为

$$\boldsymbol{C} \boldsymbol{\alpha}_1 = \lambda \boldsymbol{\alpha}_1 \tag{6-44}$$

在式(6-44)中，C 为 n 阶方阵，$\boldsymbol{\alpha}_1$ 为 n 维向量，λ 为实数。从等式关系易得 $\boldsymbol{\alpha}_1$ 一定是矩阵 $\boldsymbol{C}$ 的特征向量，λ 是对应的本征值。对式(6-44)的左右两侧同时左乘 $\boldsymbol{\alpha}_1^{\mathrm{T}}$，得到：

$$\boldsymbol{\alpha}_1^{\mathrm{T}} \boldsymbol{C} \boldsymbol{\alpha}_1 = \lambda \boldsymbol{\alpha}_1^{\mathrm{T}} \boldsymbol{\alpha}_1 = \lambda \tag{6-45}$$

目标 $\boldsymbol{\alpha}_1$ 应该是 $\boldsymbol{C}$ 的最大本征值对应的本征向量。此时 y_1 被称为第一主成分。

接下来求 y_2，y_2 要求在满足方差仅次于 y_1 和尺度统一的条件下与 y_1 不相关，即

$$E(y_2 y_1) - E(y_2) E(y_1) = 0 \tag{6-46}$$

其中，$y_2 = \boldsymbol{\alpha}_2^{\mathrm{T}} \boldsymbol{x}$，$y_1 = \boldsymbol{\alpha}_1^{\mathrm{T}} \boldsymbol{x}$，化简得到：

$$\boldsymbol{\alpha}_2^{\mathrm{T}} \boldsymbol{C} \boldsymbol{\alpha}_2 = 0 \tag{6-47}$$

联合式(6-44)，有

$$\boldsymbol{\alpha}_2^{\mathrm{T}} \boldsymbol{\alpha}_1 = 0 \tag{6-48}$$

在式(6-48)和 $\boldsymbol{\alpha}_2^{\mathrm{T}} \boldsymbol{\alpha}_2 = 1$ 的约束下求解方差，使其最大，可得 $\boldsymbol{\alpha}_2$ 是 $\boldsymbol{C}$ 的第二大本征值对应的本征向量，此时 y_2 称为第二主成分。

同理，对后续新特征进行分析，可以得到协方差矩阵 $\boldsymbol{C}$ 对应的 n 个本征值 $\lambda_i (i=1, 2, \cdots, n)$。进行排序 $\lambda_1 \geqslant \lambda_2 \geqslant \cdots \geqslant \lambda_n$ 之后，它们对应的 n 个本征向量可用于 n 个主成分

$y_i(i=1,2,\cdots,n)$ 的构造，且所有主成分的方差之和为

$$\sum_{i=1}^{n}\mathrm{var}(y_i)=\sum_{i=1}^{n}\lambda_i \tag{6-49}$$

根据式(6-49)，可以通过各主成分的方差来计算主成分分析得到的新特征的重要性在所有特征中所占的比重 η：

$$\eta=\frac{\lambda_i}{\sum_{i=1}^{n}\lambda_i} \tag{6-50}$$

比重 η 也可以被称为某个主成分在所有特征中的贡献率。贡献率越大，该主成分包含的信息越多。也就是说，特征值 $\lambda_i(i=1,2,\cdots,n)$ 对应的主成分 y_i 信息量依次递减。取前 k 个主成分进行分析，计算它们的累计贡献率为

$$\frac{\sum_{i=1}^{k}\lambda_i}{\sum_{i=1}^{n}\lambda_i} \tag{6-51}$$

为了保证选择的前 k 个主成分能包括原特征的绝大部分信息，一般要求累计贡献率达到80%～90%，并据此选择合适的 k。

图 6-2 给出一个对二维空间数据进行主成分分析的示例。在很多情况下，经过分析，排在后面的主成分往往表明它们所包含的信息具有随机性，并且对整个特征分析的过程影响较小，一般反映为一种随机噪声。此时可以对原特征进行主成分变化，将后几个本征值很小的主成分置零，再进行主成分分析的逆变换，就可以实现对原始数据的降噪。

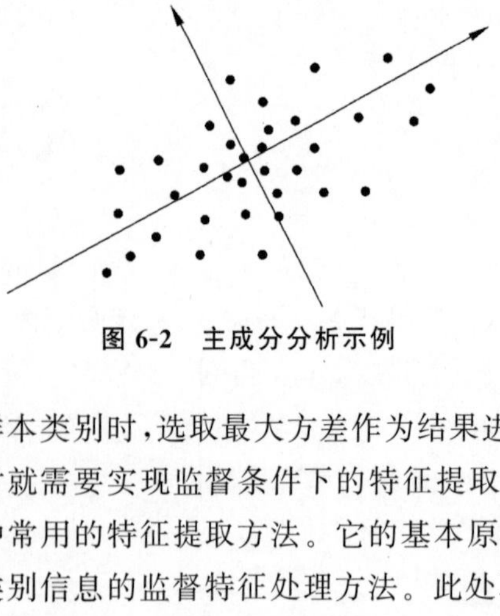

图 6-2　主成分分析示例

在模式识别问题中，主成分分析法可以将问题中出现的特征进行降维，这种变换过程是非监督的，过程中不考虑样本的类别信息。但是当问题需要考虑样本类别时，选取最大方差作为结果进行主成分分析的过程不一定有利于后续分类过程，这时就需要实现监督条件下的特征提取过程，来对分类目标进行处理。K-L 变换就是这样一种常用的特征提取方法。它的基本原理与主成分分析大体一致，只不过它是一种考虑样本类别信息的监督特征处理方法。此处不再详细介绍。感兴趣的读者可自行探究。

例 6.2　样本集 D 中包含 8 个样本，使用主成分分析的方法将二维特征降为一维。

$$\boldsymbol{x}_1=(5,1)^{\mathrm{T}},\boldsymbol{x}_2=(4,0)^{\mathrm{T}},\boldsymbol{x}_3=(5,-1)^{\mathrm{T}},\boldsymbol{x}_4=(6,0)^{\mathrm{T}}$$

$$\boldsymbol{x}_5=(0,4)^{\mathrm{T}},\boldsymbol{x}_6=(1,5)^{\mathrm{T}},\boldsymbol{x}_7=(0,6)^{\mathrm{T}},\boldsymbol{x}_8=(-1,5)^{\mathrm{T}}$$

解：计算样本均值向量，过程如下。

$$\boldsymbol{\mu}=\frac{1}{8}\sum_{i=1}^{8}x_i=\begin{pmatrix}2.5\\2.5\end{pmatrix}$$

计算协方差矩阵，过程如下。

$$
\begin{aligned}
\boldsymbol{C} &= \frac{1}{8}\sum_{i=1}^{8}(\boldsymbol{x}_i-\boldsymbol{\mu})(\boldsymbol{x}_i-\boldsymbol{\mu})^{\mathrm{T}} \\
&= \frac{1}{8}\left\{\begin{pmatrix}2.5\\-1.5\end{pmatrix}(2.5\quad -1.5)+\begin{pmatrix}1.5\\-2.5\end{pmatrix}(1.5\quad -2.5)+\begin{pmatrix}2.5\\-3.5\end{pmatrix}(2.5\quad -3.5)+\right. \\
&\quad \begin{pmatrix}3.5\\-2.5\end{pmatrix}(3.5\quad -2.5)+\begin{pmatrix}-2.5\\1.5\end{pmatrix}(-2.5\quad 1.5)+\begin{pmatrix}-1.5\\2.5\end{pmatrix}(-1.5\quad 2.5)+ \\
&\quad \left.\begin{pmatrix}-2.5\\3.5\end{pmatrix}(-2.5\quad 3.5)+\begin{pmatrix}-3.5\\2.5\end{pmatrix}(-3.5\quad 2.5)\right\} \\
&= \begin{pmatrix}6.75 & -6.25\\-6.25 & 6.75\end{pmatrix}
\end{aligned}
$$

求协方差矩阵 $\boldsymbol{C}$ 的特征值和特征向量，过程如下。

$$(\boldsymbol{C}-\lambda\boldsymbol{I})\boldsymbol{\alpha}=0$$

$$|\boldsymbol{C}-\lambda\boldsymbol{I}|=\begin{vmatrix}6.75-\lambda & -6.25\\-6.25 & 6.75-\lambda\end{vmatrix}=(6.75-\lambda)^2-6.25^2=0$$

求得两个特征值：

$$\lambda_1=13,\lambda_2=0.5$$

并求得 λ_1、λ_2 对应的特征向量为

$$\boldsymbol{e}_1=\begin{pmatrix}1\\-1\end{pmatrix},\boldsymbol{e}_2=\begin{pmatrix}1\\1\end{pmatrix}$$

将它们标准化为单位向量，可得

$$\boldsymbol{e}_1=\begin{pmatrix}\frac{\sqrt{2}}{2}\\-\frac{\sqrt{2}}{2}\end{pmatrix},\boldsymbol{e}_2=\begin{pmatrix}\frac{\sqrt{2}}{2}\\\frac{\sqrt{2}}{2}\end{pmatrix}$$

由于 $\lambda_1\geqslant\lambda_2$，因此选择 $\boldsymbol{e}_1$ 作为主成分分量，那么 D 中的样本在新的坐标系下降维之后的结果为

$$
\begin{aligned}
&x_1{}'=e_1^{\mathrm{T}}(\boldsymbol{x}_1-\boldsymbol{\mu})=2\sqrt{2} \\
&x_2{}'=2\sqrt{2},x_3{}'=3\sqrt{2},x_4{}'=3\sqrt{2}, \\
&x_5{}'=-2\sqrt{2},x_6{}'=-2\sqrt{2},x_7{}'=-3\sqrt{2},x_8{}'=-3\sqrt{2}
\end{aligned}
$$

6.4　多维尺度分析

6.4.1　多维尺度法的概念

多维尺度法(Multidimensional scaling，MDS)也称作“多维排列模型”“多维标度”，是一种经典的数据映射方法。MDS 可以将多维空间中的样本点按照比例进行缩放，并在二维或者三维的低维度状态下表示出来。多维尺度法并不是单纯地将高维空间中的样本点通过降

维映射到低维空间中,而是基于高维空间中样本点之间的距离关系或者不相关性在低维空间中将样本点进行再表示。MDS与之前的主成分分析法都可以用于数据降维,不同的地方在于,MDS的基本出发点是样本点之间的关系,根据样本点在高维度状态下关系的紧密或稀疏,可以表示为二维或三维空间中距离的远近,从而实现原空间向低维空间的转变。

多维尺度法可以分为度量型和非度量型。度量型MDS根据原空间中样本间的距离或是不相关性关系,从定量的角度进行度量,使得低维空间下依旧可以很好地保持原有维度样本之间的距离数量关系;非度量型MDS不再保留定量关系,而是将原空间样本之间的距离或不相关性关系定性地在低维空间中表示,仅仅确定样本间的顺序关系,但无法进行详细比较。

这里给出一种较为直观的例子来解释多维尺度法在日常生活中的应用。拿我们都熟知的地图来说,将每个城市作为一个点标注在二维的地图上,然而实际上城市存在于三维的地球表面上。如果单纯使用城市与城市之间的空间距离作为地图中的距离确定城市之间的关系时,会发现无法准确地反映每个城市之间的距离关系。原因很简单,地球表面是在三维空间中的球面,而将原本存在于三维空间中的城市关系表示在二维平面上,必然无法做到按照原有的距离关系表示。这时使用多维尺度法,将原本的三维城市关系尽可能地表示到二维平面上,使得二维地图中城市间的距离可以将实际中的距离更好地表示出来。表6-1给出了中国常见城市之间的距离,经过MDS计算后,它们之间的相对距离较为真实地反映在二维平面中(图6-3所示)。

表6-1 若干城市之间的距离矩阵(对称阵省略下三角数据)

城市	城市之间的距离/km					
	北京	天津	上海	广州	长沙	西安
北京	0	108	1070	1870	1330	900
天津		0	940	1800	1260	900
上海			0	1210	890	1220
广州				0	570	1300
长沙					0	780
西安						0

可以看到,将城市间三维数据进行MDS处理后得到的结果与平时所常见的地图一致。

不仅是在对数值对象的研究上,MDS同样可以应用于非数值类问题。此时不再考虑样本之间的详细距离量或是不相关量,转而对样本之间的类别关系进行详细探究,得到的结果也并非是样本点之间的数值化距离,而是能够对比出两个样本点之间的相似程度。举例来说,看病时,医生会询问和观察病人出现的种种迹象,比如是否发烧、是否胃痛等等,将这些特征进行汇总和分析,得到最有可能患上哪一种病的结论。这个过程实际上就是通过对多种特征进行分析,取得最后的结果相似度的MDS方法。根据不同的表现,病人最有可能患上感冒而不是腹泻,当然不会计算病人的表现与感冒之间的"距离",转而把关注点放在得到与患者表现更加相似的病情上,这就是非数值类MDS在日常生活中的一个经典例子。不仅

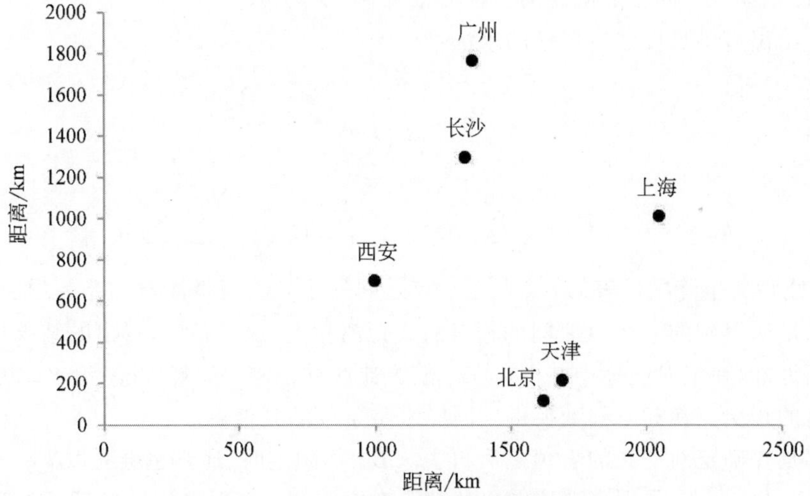

图 6-3　用 MDS 转换后得到的城市位置图

仅是医生诊断，MDS 在生物学、心理学、社会学等方面都有很多应用。

6.4.2　古典解的求法

说明古典解的求法之前，要先明确距离阵的概念。对于一个 $n \times n$ 的矩阵 $\boldsymbol{D}$，若满足：

(1) $\boldsymbol{D}=\boldsymbol{D}^{\mathrm{T}}$。

(2) $d_{ij} \geqslant 0, d_{ii}=0, i, j=1,2,\cdots,n$。

就称矩阵 $\boldsymbol{D}$ 为广义距离阵。也就是说，当一个对称阵满足对角元素全为 0，其他元素都为非负数时，就称为广义对称阵。其中 d_{ij} 表示为从第 i 点到第 j 点的距离。

对于距离阵给出的定义，外加上表 6-1 给出的信息，可以得到不同城市间距离所构成的距离矩阵 $\boldsymbol{D}$。而多维标度法要解决的问题就是以 n 个对象已知的距离矩阵 $\boldsymbol{D}=(d_{ij})_{n\times n}$ 为基础，得出 K 和 K 维空间中的 n 个点 $X_1, X_2, \cdots, X_n$，使得这 n 个点的欧氏距离或其他需要表示的距离，与距离阵中的相应值在某种意义下接近，即使得

$$\hat{d}_{ij}=(\boldsymbol{X}_i-\boldsymbol{X}_j)'(\boldsymbol{X}_i-\boldsymbol{X}_j) \tag{6-52}$$

并要求 $\hat{\boldsymbol{D}}$ 与 $\boldsymbol{D}$ 尽量接近，若 $\hat{d}_{ij}=d_{ij}$，则称这种性质的距离矩阵为欧氏距离矩阵。为了满足实际意义，通常取 $K=1,2,3$。

根据给出的定义，按照要求求出对应的 K 维空间中的 n 个点为 $X_1, X_2, \cdots, X_n$，并将它们写成矩阵形式。

$$\boldsymbol{X}=(\boldsymbol{X}_1, \boldsymbol{X}_2, \cdots, \boldsymbol{X}_n)=\begin{pmatrix} x_{11} & x_{12} & \cdots & x_{1k} \\ x_{21} & x_{22} & \cdots & x_{2k} \\ \vdots & \vdots & \ddots & \vdots \\ x_{n1} & x_{n2} & \cdots & x_{nk} \end{pmatrix}, \text{其中} \boldsymbol{X}_i=\begin{pmatrix} x_{1i} \\ x_{2i} \\ \vdots \\ x_{ni} \end{pmatrix}, i=1,2,\cdots,k \tag{6-53}$$

则 $\boldsymbol{X}$ 为 $\boldsymbol{D}$ 的拟合构造点或多维标度法的古典解。求得古典解后，就有了这 n 个点的坐标在 K 维空间中的表示方法，使得新的表示方法的距离矩阵 $\hat{\boldsymbol{D}}$ 与原始空间中的距离矩阵 $\boldsymbol{D}$ 相接

近，也就给出了原始空间中点间距的一种低维解释。

接下来给出多维尺度法古典解的求法。

不妨设：

$$\boldsymbol{B}=(b_{ij})_{n\times n} \tag{6-54}$$

其中，

$$b_{ij}=\frac{1}{2}\left(-d_{ij}^2+\frac{1}{n}\sum_{j=1}^{n}d_{ij}^2+\frac{1}{n}\sum_{i=1}^{n}d_{ij}^2-\frac{1}{n^2}\sum_{i=1}^{n}\sum_{j=1}^{n}d_{ij}^2\right) \tag{6-55}$$

d_{ij} 为原距离矩阵中代表第 i 点与第 j 点之间的距离。值得注意的是，多维尺度法求得的古典解满足所得到的 n 个点之间的相对欧式距离相近，也就是说，得出的结果仅在相对坐标中满足相近性，在绝对坐标中并不存在。故古典解并不唯一，求解出一套解后依然可以根据欧氏距离的正交变换和平移变换得到同样满足条件的其他解。

一般都是先确定新空间的 k 值之后再去求 $\boldsymbol{B}$，不确定时，通常也会先取 $k=2$ 或 3，再进行后续检验。也就是在得到古典法求出的新距离矩阵 $\boldsymbol{B}$ 后，再确定转换后的空间对应原空间的拟合程度。我们已经知道，古典解求出的欧式距离矩阵是尽量与原空间的相对距离一致的，接下来求出新距离矩阵 $\boldsymbol{B}$ 的特征根，按照大小排列得到 $\lambda_1\geqslant\lambda_2\geqslant\cdots\geqslant\lambda_n$，并取 k 个最大特征值 $\lambda_1\geqslant\lambda_2\geqslant\cdots\geqslant\lambda_k\geqslant 0$，通过计算前 k 个特征值占所有特征值的比例来确定新空间下距离的拟合程度，即

$$\alpha=\frac{\sum_{i=1}^{k}\lambda_i}{\sum_{i=1}^{n}|\lambda_i|} \tag{6-56}$$

这个值类似于主成分分析法中的累计贡献率，在解决模式识别问题时通常要求 k 尽可能小，同时 α 尽可能大，在两者之间相平衡后做出选择。当选定 k 后，用 $\hat{X}_1,\hat{X}_2,\cdots,\hat{X}_n$ 表示 $\boldsymbol{B}$ 对应于 $\lambda_1,\lambda_2,\cdots,\lambda_k$ 的正交化特征向量，使得

$$\hat{x}'_i\hat{x}_i=\lambda_i,\quad i=1,2,\cdots,k \tag{6-57}$$

若 $\lambda_k<0$，也可以适当缩小 k 的值，并使

$$\hat{\boldsymbol{X}}=(\sqrt{\lambda_1}\,x_1,\sqrt{\lambda_2}\,x_2,\cdots,\sqrt{\lambda_k}\,x_k)=(x_{ij})_{n\times k} \tag{6-58}$$

式(6-58)的解就是多维尺度法的古典解，矩阵 $\hat{X}$ 对应的行向量 $\hat{\boldsymbol{X}}_1,\hat{\boldsymbol{X}}_2,\cdots,\hat{\boldsymbol{X}}_k$ 就是原空间的点在新空间中的拟合点。

例 6.3 根据距离矩阵 $\boldsymbol{D}$，计算城市在二维空间中的坐标及拟合程度。

6 个城市之间的距离矩阵如下。

$$\boldsymbol{D}=\begin{pmatrix}0 & 21 & 85 & 143 & 231\\ 21 & 0 & 63 & 131 & 202\\ 85 & 63 & 0 & 78 & 154\\ 143 & 131 & 78 & 0 & 75\\ 231 & 202 & 154 & 75 & 0\end{pmatrix}$$

根据距离矩阵得到内积矩阵 $\boldsymbol{B}$：

$$
\boldsymbol{B}=\begin{pmatrix}
9141.8 & 7011.2 & 1481.1 & -4298.4 & -13335.7 \\
7011.2 & 5321.6 & 1099 & -4564.5 & -8967.3 \\
1481.1 & 1099 & 1045.4 & -1154.1 & -2561.4 \\
-4298.4 & -4564.5 & -1154.1 & 2710.4 & 7316.6 \\
-13335.7 & -8967.3 & -2561.4 & 7316.6 & 17547.8
\end{pmatrix}
$$

并求得它的特征值为

$$\lambda_1=35308, \lambda_2=1166, \lambda_3=920, \lambda_4=-37, \lambda_5=-1589$$

求得拟合程度：

$$\alpha=\frac{35308+1166}{35308+1166+920+37+1589}\approx 0.934751$$

求得前两个特征值对应的特征向量有

$$e_1=(-0.5146 \quad -0.3789 \quad -0.0969 \quad 0.2834 \quad 0.7085)$$

$$e_2=(0.4591 \quad -0.5452 \quad -0.2271 \quad 0.6199 \quad -0.2371)$$

于是得到 6 个城市的坐标为：(−96.696,15.677),(−71.197,−18.617),(−18.208,−7.755),(53.252,21.168),(133.130,−8.096),且拟合程度可以达到 93.48%。

6.5　特征选择方法

特征选择是从原始的 $\boldsymbol{D}$ 个特征中选出最利于分类的 d 个特征。理论上讲,可以直接通过计算每种特征组合的判据值来确定,但是,在实际问题中,由于特征数量 $\boldsymbol{D}$ 往往很大,穷举法的计算量也会巨大。例如,从 100 个特征中选出 10 个特征,会有 $C_{100}^{10}=1.73\times10^{13}$ 种组合方式,要计算 1.73×10^{13} 种组合的判据值是很困难的。显然,大部分情况下,穷举法不适合。

因此,选择最具有代表性的特征组合问题就转变成一个搜索问题,该问题可分为最优搜索算法和次优搜索算法。其中,最优搜索算法可以得到全局最优解,次优搜索算法可以得到局部最优解,相较于穷举法,两种搜索算法都可以减小搜索计算量。

最优搜索算法以分支定界法为代表,次优搜索法有：顺序前进法、顺序后退法、增 l 减 r 法等。此外,如果将择优问题看作最优化问题,还可以用最优化方法求解,例如模拟退火算法、遗传算法等。本节将重点介绍最优搜索算法和次优搜索算法。

6.5.1　最优搜索算法

分支定界法(branch and bound,BAB)是一种自顶向下的全局搜索算法,其基本思想是根据每种特征的重要性生成一棵由不同特征选择组成的树,再按一定规律进行搜索,最终得到全局最优解,而不必遍历整棵树。

分支定界法对使用的判据有要求,要求判据对特征具有单调性,即判据需要满足可分性准则中的“加入新的特征,判据值不减”。

分支定界法可以分为两步：生成特征树和搜索回溯。下面以从 6 个特征中挑选 2 个特征来举例说明,如图 6-4 所示。

一棵树的每一个节点代表一种特征组合,根节点代表所有原始特征集合 $(x_1, x_2, x_3,$

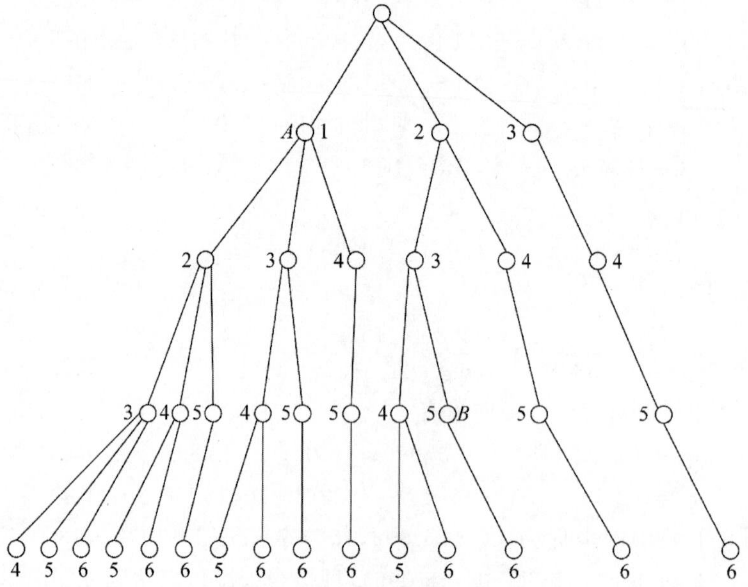

图 6-4　分支定界法示意图

x_4, x_5, x_6)。将根节点记作第 0 级，从根节点出发，每一级的特征数量都比上一级少一个，这样一级一级剔除，直到仅剩筛选的特征数量。因此，从 D 中选择 d 个特征，需要 $D-d$ 级的树。在图 6-4 中，每个节点旁的数字代表从父节点中剔除的特征序号。例如点 A，就是从根节点中剔除特征 x_1，所以点 A 代表的特征组合是 $(x_2, x_3, x_4, x_5, x_6)$；点 B，就是剔除掉特征 x_2、x_3 和 x_5，所以点 B 代表的特征组合是 (x_1, x_4, x_6)，这就是一棵特征树的结构。为了方便后续的搜索回溯，特征树的生成还有以下问题需要注意。

(1) 每一级生成多少个节点？

为保证搜索效率，要求一种特征组合仅由一个节点表示。设第 l 级的第 i 个节点有 D_i 个候选节点，则该节点会生成 D_i-d+1 个子节点。例如，对于 A 节点，$D_1=4, d=2$，所以 A 节点会有 3 个子节点。特征树最右边的节点总是只有一个子节点。

(2) 每一级的节点从左到右是如何排序的呢？

在同一级中，按照去掉单个特征后的准则函数值来排序，如果去掉这个特征，函数值的损失最大，则认为这个特征最不应该被去除，将该特征序号记在最左侧的节点；带来损失第二大的特征记在左侧第二个节点，以此类推。例如，在图 6-5 中，假设单个特征对可分性判据的影响程度从大到小为：1、2、3、4、5、6，那么在第一级中，被去掉的节点从左到右为 x_1、x_2、x_3。这样排序，意味着在同一级中，最左侧的节点从父节点中去掉了影响力最大的特征；最右侧节点去掉了影响力最小的特征。也因此，第二步的搜索回溯从右侧开始进行，效率最高。

生成特征树后，对特征树进行搜索回溯。搜索整体是由上到下、由右至左完成的，其过程又可分为：向下搜索、更新界值、向上回溯、停止回溯、再向下搜索几个步骤。首先，定义一个界值 B，并令其初始化，即 $B=0$。然后，从最右侧的一支开始搜索，由于最右侧的一支无分支，因此可以直接到达最右侧的叶节点。计算这一支特征选择结果的判据值，如图 6-4

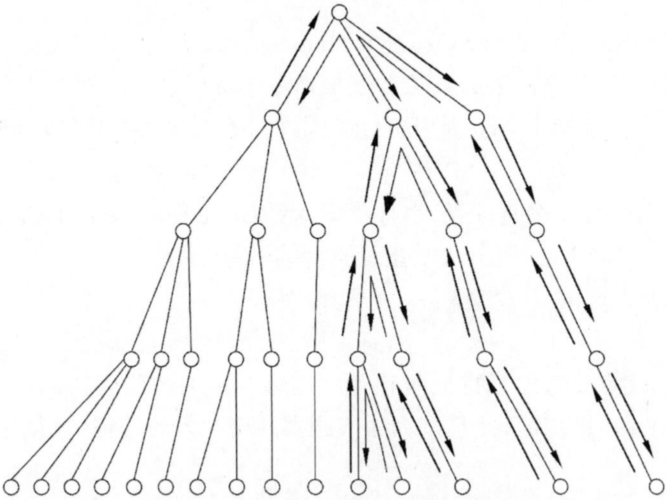

图 6-5　分支定界法搜索回溯示意图

中，最右侧一支的特征选择结果是(x_1,x_2)，更新界值 $B=J(x_1,x_2)$。

到达叶节点后，向上回溯，到最近的分支节点时停止回溯，转入该节点最左侧的分支。如果搜索到某一节点时，判据值已经小于当前临界值 B，由于选择的判据具有单调性，若该分支向下继续丢弃特征，判据值只会越来越小，因此可以放弃该分支，停止搜索，向上回溯。当搜索到一个新的叶节点，若节点判据值 $J>B$，则更新临界值 $B=J$；否则，不更新临界值。如此反复，直到根据界限 B 不能再继续搜索，算法停止。最后一次更新 B 时的特征组合就是最优解。

通常，不会把全部树搜索完才得到最优解，而是在回溯的中间遇到最优解。在 d 约为 D 的一半时，分支定界法比穷举法节省的计算量最大。这种树的生长和搜索算法可以在保证效率的基础上得到全局最优解。

6.5.2　次优搜索算法

在很多情况下，分支定界法的计算量也会很大，这时，在对解要求不高的场合，为了进一步减小计算量，可以采用次优搜索算法。

常用的次优搜索算法有：单独最优特征组合法、顺序前进法、顺序后退法和增 l 减 r 法，本小节将一一介绍。

1. 单独最优特征组合法

单独最优特征组合法的思路是计算每个特征单独的判据值，从 D 个特征中选出对分类贡献最高的前 d 个特征作为结果。直观上看，这种方法简便，但是在实际问题中，很少遇到特征互相独立的情况，即使特征两两独立，得到的解通常也不是全局最优。还需要使用的判据是可分的，即

$$J(x)=\sum_{i=1}^{n}J(x_i)\text{ 或 }J(x)=\prod_{i=1}^{n}J(x_i) \tag{6-59}$$

例如，在正态分布的情况下，当各特征相互独立时，用马氏距离作为判据，此时可以得到

最优特征组合。

2. 顺序前进法(Sequential Forward Selection,SFS)

顺序前进法是一种自底向上的方法。先根据每个特征单独的判据值选出一个可分性最好的特征。然后,选择和第一个特征搭配在一起时,第二个特征判据值最大的特征,以此类推。

具体来讲,设一共有 n 个特征,已选择了 k 个特征,记作 X_k;剩下的 $n-k$ 个特征记作 $\{x_1,x_2,\cdots,x_{n-k}\}$,新加入的特征 x_i 从里面选择,且需要满足

$$J(X_k+x_i)\geqslant J(X_k+x_j) \tag{6-60}$$

其中,$i\in[1,n-k]$,$j=1,2,\cdots,n-k$,且 $j\neq i$。

顺序前进法的优点是考虑了特征与特征之间相互影响的问题。但是,第一个特征的选择仍是通过判据值简单确定的,并且该算法不能剔除已加入的特征,这就不能保证得到的是最优特征组合。

还有一种广义顺序前进法(Generalized Sequential Forward Selection, GSFS)。该方法是一次考虑 l 个特征,因此可以考虑更多特征之间的相关性,但计算量也更大一些。

3. 顺序后退法(Sequential Backward Selection, SBS)

顺序后退法,也叫剔减特征法,是一种自顶向下的搜索算法。从全部特征开始,每次剔除一个特征,每次剔除的特征应使剩下的特征组合的判据值最大。

具体来讲,设已剔除了 k 个特征,剩余特征组合记作 $\overline{X_k}$,下一个剔除的特征为 x_i,$x_i\in\overline{X_k}$ 且 x_i 需要满足:

$$J(\overline{X_k}-x_i)\geqslant J(\overline{X_k}-x_j) \tag{6-61}$$

其中,$i\in[1,n-k]$,$j=1,2,\cdots,n-k$,且 $j\neq i$。

顺序后退法也考虑了特征间的相互影响,但由于很多计算在高维空间进行,因此比顺序前进法的计算量大。该方法也可推广至广义顺序后退法(Generalized Sequential Backward Selection,GSFS),即每次剔除 r 个特征。

4. 增 l 减 r 法($l-r$ 法)

顺序前进法和顺序后退法有一个共同的缺陷,就是特征一旦被选择加入或剔除,在后续的组合中,即使有更优解也不能再重新选择。$l-r$ 法就可以改善这个问题。$l-r$ 法引入了回溯的步骤,使得依据局部准则选择或剔除的某个特征有机会被重新考虑。

如果采用自底向上的策略,即 $l>r$,此时逐步选择 l 个特征,然后再逐个剔除 r 个与其他特征配合起来准则最差的特征,以此类推。也可以采用自顶向下的策略,即 $l<r$,此时先逐个剔除 r 个特征,再从已经被剔除的特征中选择和现有组合配合起来准则最好的 l 个特征,以此类推。

6.6 Python 实现

6.6.1 主成分分析法

假设存在原始特征矩阵为

$$\begin{pmatrix} 3 & 7 & 2 & 9 & 12 \\ 4 & 5 & 16 & 1 & 4 \\ 7 & 3 & 9 & 20 & 11 \\ 12 & 23 & 4 & 4 & 27 \\ 23 & 5 & 25 & 6 & 8 \end{pmatrix}$$

试用 Python 代码编写程序，将原始特征降维，得到新特征方差折线图，并在二维平面上对降维后的特征进行表示。代码如下所示。

```
import pandas as pd
import numpy as np
import matplotlib.pyplot as plt
from sklearn.decomposition import PCA
from sklearn import preprocessing

lst=[[3,7,2,9,12],
     [4,5,16,1,4],
     [7,3,9,20,11],
     [12,23,4,4,27],
     [23,5,25,6,8]]
arr=np.array(lst)
data=pd.DataFrame(arr)
#print(data.head())
#print(data.shape)

scaled_data =preprocessing.scale(data.T)

pca =PCA()
pca.fit(scaled_data)
pca_data =pca.transform(scaled_data)

per_var =np.round(pca.explained_variance_ratio_* 100, decimals=1)
labels =['PC' +str(x) for x in range(1, len(per_var)+1)]#得到数据标签
plt.plot(range(1,len(per_var)+1), per_var,'o-')
plt.xticks(range(1,len(per_var)+1),labels)
#plt.ylabel('The Percentage of Variance')
#plt.xlabel('Principal Component')
plt.rcParams['font.sans-serif'] =['SimHei']  #设置字体为黑体
plt.rcParams['axes.unicode_minus'] =False  #解决负号显示问题
plt.title('主成分方差占比图')
plt.show()#画出主成分方差占比图

pca_show =pd.DataFrame(pca_data, columns=labels)
plt.scatter(pca_show.PC1, pca_show.PC2)
plt.title('降维后的特征点表示')
plt.xlabel('PC1 -{0}%'.format(per_var[0]))
plt.ylabel('PC2 -{0}%'.format(per_var[1]))
plt.show()#降维后的特征点表示
```

代码运行结果如图 6-6 所示。

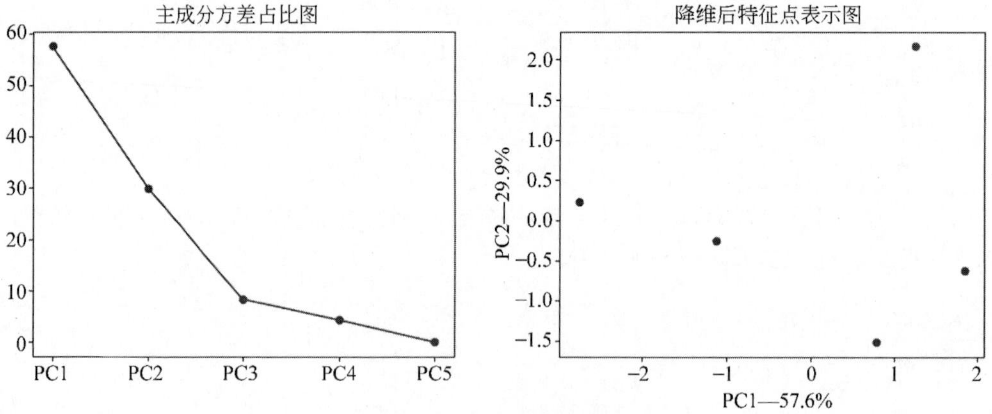

图 6-6　运行结果示意图

6.6.2　多维尺度分析

试用 Python 语言对表 6-1 的数据进行多维尺度变换，并将变换后的二维结果在图上表示。(提示：Python 第三方库 Sklearn.manifold 中可调用 MDS 函数)

代码如下。

```
import numpy as np
import pandas as pd
from sklearn.manifold import MDS
import matplotlib.pyplot as plt
data =np.array([(0,108,1070,1870,1330,900),
(108,0,940,1800,1260,900),
(1070,940,0,1210,890,1220),
(1870,1800,1210,0,570,1300),
(1330,1260,890,570,0,780),
(900,900,1220,1300,780,0)])
plt.rcParams['font.sans-serif'] =['SimHei']  #设置字体为黑体
plt.rcParams['axes.unicode_minus'] =False  #解决负号显示问题
lable =['北京','天津','上海','广州','长沙','西安']
col =[]
col.append(lable)
Word =pd.DataFrame(data,lable,col)
mds =MDS()
mds.fit(data)
a =mds.embedding_
#print(a)
plt.scatter(a[0:,0],a[0:,1],color='red')
for i in range(6):
    plt.text(a[i,0]+25,a[i,1]-15,lable[i])
plt.show()
```

代码运行结果如图 6-7 所示。

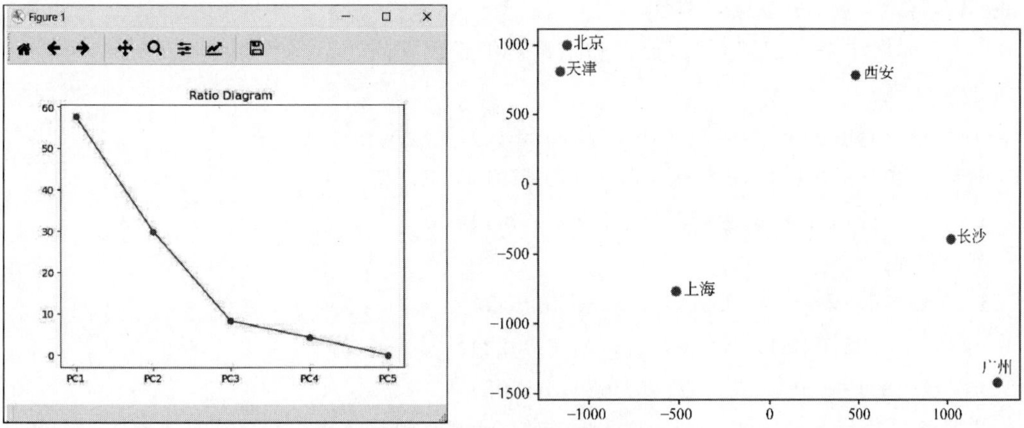

图 6-7　运行结果示意图

习　题

1. 主成分分析法在降维手段上与特征选择方法有何本质区别？

2. 主成分分析法求得的各主成分之间的存在何种关系？

3. 对于如下一组样本数据：

$$\begin{pmatrix}-2\\-2\end{pmatrix},\begin{pmatrix}-2\\-1\end{pmatrix},\begin{pmatrix}-1\\-2\end{pmatrix},\begin{pmatrix}-2\\-3\end{pmatrix},\begin{pmatrix}-3\\-2\end{pmatrix},\begin{pmatrix}2\\2\end{pmatrix},\begin{pmatrix}2\\3\end{pmatrix},\begin{pmatrix}3\\2\end{pmatrix},\begin{pmatrix}2\\1\end{pmatrix},\begin{pmatrix}1\\2\end{pmatrix}$$

试用主成分分析法作一维数据压缩，并说明为什么主成分分析能够消除各分量之间的相关性。

4. 请解释多维尺度分析法的两种类型以及它们之间的区别。

5. 多维尺度分析在降维手段上和主成分分析有何不同？

6. 试用 Python 语言在不使用第三方库的情况下对表 6-1 的数据进行多维尺度变换，并将变换后的二维结果在图上表示。

7. 给定先验概率相等的两类，其样本集分别为

w_1：$\boldsymbol{x}_4=(1,0)^{\mathrm{T}}$，$\boldsymbol{x}_5=(2,0)^{\mathrm{T}}$，$\boldsymbol{x}_6=(1,1)^{\mathrm{T}}$

w_2：$\boldsymbol{x}_4=(-1,0)^{\mathrm{T}}$，$\boldsymbol{x}_5=(0,1)^{\mathrm{T}}$，$\boldsymbol{x}_6=(-1,1)^{\mathrm{T}}$

计算 $\boldsymbol{S}_w$ 及 $\boldsymbol{S}_b$，并求出 J_2 判据值。

8. 证明：总体散布矩阵为类内散布矩阵和类间散布矩阵之和，即 $\boldsymbol{S}_t=\boldsymbol{S}_w+\boldsymbol{S}_b$。

9. 分支定界法分为两步：生成特征树和搜索回溯，根据以下条件画出生成的特征树，并将每个节点剔除的特征序号写在节点旁。已知从 5 个特征中选出 2 个特征，单个特征对可分性判据的影响从大到小排序是：2、3、1、5、4。

10. 以细胞识别为例，可用于区分正常细胞和异常细胞的特征有很多，例如：细胞总面积、总光密度、胞核面积、核浆比、核内纹理密集程度，以这 5 种特征为例，将特征归一化后，得到每个细胞的 5 个特征值。正常细胞和异常细胞各有 3 个样本，现根据这些样本挑选出两个最具有可分性的特征。用统计量代替先验概率，即第 i 类的先验概率 $p_i=n_i/n$，其中

n_i 是第 i 类样本数，n 是总样本数。

（以下数据非来自细胞实验，数据和结论对细胞识别问题不具有参考性）

正常细胞：

$\boldsymbol{x}_1=(0.1489,0.2312,0.0576,0.7972,0.8016)^{\mathrm{T}}$

$\boldsymbol{x}_2=(0.0497,0.1119,0.6199,0.5954,0.6181)^{\mathrm{T}}$

$\boldsymbol{x}_3=(0.0377,0.2256,0.9728,0.1746,0.3441)^{\mathrm{T}}$

异常细胞：

$\boldsymbol{x}_4=(0.5676,0.1522,0.6461,0.6530,0.2641)^{\mathrm{T}}$

$\boldsymbol{x}_5=(0.0025,0.8417,0.0569,0.5426,0.0922)^{\mathrm{T}}$

$\boldsymbol{x}_1=(0.8919,0.0709,0.5978,0.8686,0.6608)^{\mathrm{T}}$

本实验采用增 l 减 r 法。每个样本具有 5 个特征，设计 $l=4$，$r=2$，即先挑选 4 个特征，再剔除 2 个特征，最终留下 2 个特征。进行 4 次实验，可分性判据分别采用 J_1、J_2、J_3、J_4，计算并比较采用不同判据时的实验结果。

代码分为 3 部分：可分性判据值计算、顺序前进(SFS)和顺序后退(SBS)。

第7章 聚类分析

前几章主要讨论了数据集中样本类别已知情况下的分类器设计，这些方法都属于有监督学习的范畴。

一般来说，有监督模式识别往往需要提供大量已知类别的样本，但是，在很多实际情况中，这是有困难的。此时，如何根据给定的未知标签的数据集实现对测试样本的正确分类是一个值得关注的问题——这就是非监督模式识别的问题。聚类问题属于一种典型的非监督模式识别问题，聚类问题所用的方法叫作聚类分析方法。

本章主要讲述聚类分析方法中的典型方法，包括基于模型的方法、基于密度的方法、动态聚类方法以及分级聚类方法。讲述聚类方法的同时，也会讲述聚类方法用到的距离相似性度量和聚类准则等概念。

7.1 基于模型的方法

如果事先已经知道样本在特征空间的概率分布，就可以使用基于模型的方法来解决聚类问题。

基于模型的方法有很多种，本节主要讲述比较常用的单峰子集分离的方法。图7-1是一个样本数据集的密度分布形式，根据密度分布图可以看到这个样本集中的数据在特征空间中大多是集中到两个峰值附近。对于这种聚类问题，通过单峰子集分离的方法可以从两个单峰的中间把样本数据分为两类。

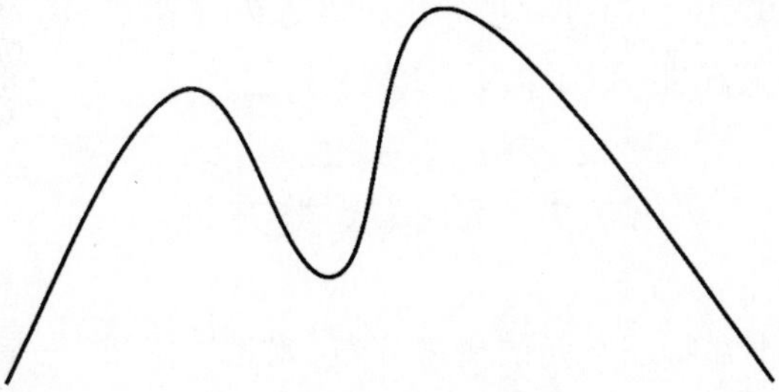

图7-1 单峰子集实例图

在图7-1的示例中，样本数据的特征只有一维，单峰子集的寻找比较容易。如果样本数据的特征是高维，则相对比较困难。因此人们通常使用投影的方法，将样本数据根据某种准则投影到一维坐标上，然后在一维上寻找单峰，再使用单峰子集分离的方法解决聚类问题。

具体步骤如下。

(1) 主成分分析,计算所有样本 $\{x\}$ 的协方差矩阵,并进行本征值分解,选取最大本征值对应的本征向量 $\boldsymbol{\mu}_j$ 作为投影方向,将全部样本投影到该方向。

(2) 用非参数方法估计投影后的样本的概率密度函数 $P(V_j)$,比如可以用直方图法估计概率密度函数(注意需要根据样本数目确定适当的窗口宽度,或尝试几种宽度,使概率密度估计比较平滑)。

(3) 用数值方法寻找 $P(V_j)$ 中的局部极小点(密度函数的波谷),在这些极小点作垂直于 $\boldsymbol{\mu}_j$ 的分类超平面,把样本分为若干个子集。如果 $P(V_j)$ 中没有局部极小点,则选用下一个主成分作为投影方向,重复步骤(2)和(3)。

(4) 对划分出的每一个子集再重复上述步骤,进一步划分子集,直到达到预想的聚类数,或者所得各子类样本在每个投影方向上都是单峰分布。

例 7.1 设样本分布在图 7-2 中的 A、B、C 3 个子集中,请使用单峰子集分离的方法完成聚类划分。

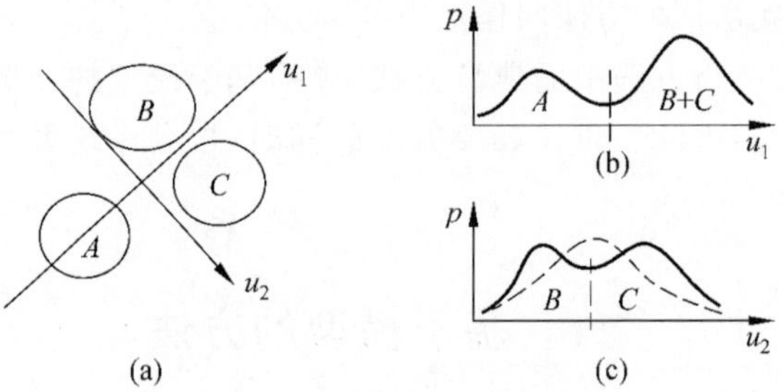

图 7-2 单峰子集分离方法聚类例

解:

(1) 对样本集作主成分分析,选择第一主成分方向作为投影方向,即图中的 μ_1 方向,得到图 7-2(b)所示的密度分布。显然,可以从密度分布图的局部极小值点处(图中虚线处)将样本分为子集 A 和子集$(B+C)$。

(2) 选择下一主成分方向作为投影方向,即图中的 μ_2 方向,得到图 7-2(c)所示的密度分布,和上一步类似,将子集$(B+C)$进一步分成子集 B 和子集 C。

(3) 最终,样本集分为子集 A、子集 B、子集 C。

7.2 动态聚类方法

如果事先不知道样本在特征空间的概率分布,就无法使用上一节所讲的基于模型的方法。此时,需要使用其他聚类方法来解决聚类问题。

动态聚类方法是实际中被普遍采用的一种聚类方法,动态聚类方法一般具备以下 3 个要点。

(1) 选定某种距离度量作为样本间的相似性度量。

(2) 确定某个评价聚类结果质量的准则函数。

(3) 给定某个初始分类,然后用迭代算法找出使准则函数取得极值的最好聚类结果。

本节先介绍在动态聚类方法中比较常用的C均值算法,然后在C均值算法的基础上进一步介绍另一种动态聚类算法:ISODATA算法。

7.2.1 C均值算法

C均值算法,有时也会被称为K均值算法。作为动态聚类算法的一种,C均值算法同样满足动态聚类法的3个要点。C均值算法以误差平方和准则作为准则函数,通过不断迭代聚类方案使总体误差最小,完成最优聚类划分。

C均值算法的具体步骤如下。

(1) 读入样本训练集 $X=\{X_1, X_2, \cdots, X_3\}$;

(2) 将样本集初始化为 c 个聚类,根据式(7-1)分别计算 c 个聚类的均值 m_l,其中 N_i 为第 i 个聚类 Γ_i 中的样本数目。

$$m_i=\frac{1}{N_i}\sum_{y\in\Gamma_i}y \tag{7-1}$$

然后根据式(7-2)计算不同聚类中各样本 y 与均值 m_l 间的误差平方和 J_e。

$$J_e=\sum_{i=1}^{c}\sum_{y\in\Gamma_i}\|y-m_i\|^2 \tag{7-2}$$

(3) 任意取一个样本 y,判断是否满足条件 $y\in\Gamma_i$ 且 $N_i>1$,若不满足,则重新选取。

(4) 将样本 y 从聚类 i 移动到聚类 j,计算移动后的误差平方和的变化量。

聚类 i 的误差平方和的变化量 ΔJ_i 计算公式如下:

$$\Delta J_i=\frac{N_i}{N_i-1}\|y-m_i\|^2 \tag{7-3}$$

聚类 j 的误差平方和的变化量 ΔJ_j 计算公式如下:

$$\Delta J_j=\frac{N_j}{N_j+1}\|y-m_j\|^2 \tag{7-4}$$

(5) 计算样本 y 移动到不同聚类的误差平方和的变化量,考查 ΔJ_j 中的最小者 ΔJ_k,若 $\Delta J_k<\Delta J_j$,则把样本 y 从第 i 个聚类移动到第 k 个聚类中,否则不移动。

(6) 重新计算移动样本后新聚类的 m_l 和 J_e。

(7) 重复步骤(2)~(6),若 J_e 不变,则停止。

这里具体解释一下步骤(4)的原理。当在已有的聚类划分中将样本 y 从 Γ_i 移动到 Γ_j 时,Γ_i 和 Γ_j 的均值会分别变为 m'_i, m'_j:

$$m'_i=m_i+\frac{1}{N_i-1}[m_i-y] \tag{7-5}$$

$$m'_j=m_j+\frac{1}{N_j+1}[y-m_j] \tag{7-6}$$

相应地,Γ_i 和 Γ_j 的误差平方和会分别变为 J'_i, J'_j:

$$J'_i=J_i-\frac{N_i}{N_i-1}\|y-m_i\|^2 \tag{7-7}$$

$$J'_j = J_j + \frac{N_j}{N_j + 1}\| y - m_j \|^2 \tag{7-8}$$

显然,为了使得总体的聚类划分的误差平方和减小,移动样本 y,应该有 $\Delta J_j < \Delta J_i$,即

$$\frac{N_j}{N_j + 1}\| y - m_j \|^2 < \frac{N_i}{N_i - 1}\| y - m_i \|^2 \tag{7-9}$$

为了最小化误差平方和,一般先考查 ΔJ_j 中的最小者 ΔJ_k,通过比较 ΔJ_k 与 ΔJ_i 决定是否移动样本 y。

从以上的算法描述中可以发现,C 均值算法是一种简单且实用的聚类算法。但该算法是一个局部搜索算法,易于陷入局部极值解,即有些情况下无法保证收敛到全局最优解。C 均值算法的结果受初始划分和样本调整顺序的影响。

常用的初始聚类划分一般都是先找好初始聚类中心,再根据最近邻原则将各样本分到各聚类中。初始聚类中心的选取方法如下:

(1) 将样本数据随机排序,选取前 c 个点为初始聚类中心。

(2) 将全部样本数据随机地分为 c 类,将每类的重心作为初始聚类中心。

(3) 选取有几何意义明显的样本为初始聚类中心。

(4) 选择具有最大距离的 c 个样本为初始聚类中心。

(5) 凭借经验选择初始聚类中心。

当然,初始聚类中心的选取和初始聚类划分原则还有其他办法,这里不再一一赘述。

例 7.2 图 7-3 为一样本集的样本分布情况,试用 C 均值算法进行聚类,c 为 2。

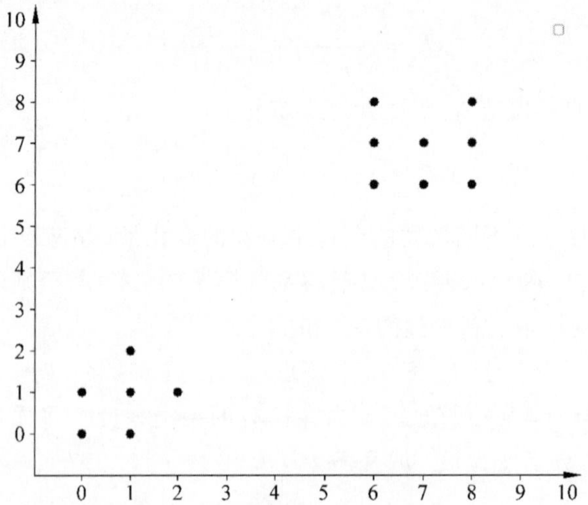

图 7-3 样本集样本分布图

解:由图可知,样本数据集为

$$\left\{\begin{aligned}&\boldsymbol{x}_1(0,0),\boldsymbol{x}_2(1,0),\boldsymbol{x}_3(0,1),\boldsymbol{x}_4(1,1),\boldsymbol{x}_5(2,1),\boldsymbol{x}_6(1,2),\boldsymbol{x}_7(6,6),\\&\boldsymbol{x}_8(7,6),\boldsymbol{x}_9(8,6),\boldsymbol{x}_{10}(6,7),\boldsymbol{x}_{11}(7,7),\boldsymbol{x}_{12}(8,7),\boldsymbol{x}_{13}(7,8),\boldsymbol{x}_{14}(8,8)\end{aligned}\right\}$$

(1) 随机选取两个样本点 $\boldsymbol{x}_1$、$\boldsymbol{x}_2$ 作为初始聚类中心,则:

$$\boldsymbol{m}_1^{(1)} = \boldsymbol{x}_1 = (0,0)^{\mathrm{T}}$$

$$\boldsymbol{m}_2^{(1)} = \boldsymbol{x}_2 = (1,0)^{\mathrm{T}}$$

(2) 计算其他样本点距初始聚类中心的欧氏距离,完成初始聚类划分。

$$\| \boldsymbol{x}_1 - \boldsymbol{m}_1^{(1)} \| < \| \boldsymbol{x}_1 - \boldsymbol{m}_2^{(1)} \|$$
$$\| \boldsymbol{x}_2 - \boldsymbol{m}_1^{(1)} \| > \| \boldsymbol{x}_2 - \boldsymbol{m}_2^{(1)} \|$$

可得：$S_1^{(1)} = \{\boldsymbol{x}_1, \boldsymbol{x}_3\}$,

$$S_2^{(1)} = \{\boldsymbol{x}_2, \boldsymbol{x}_4, \boldsymbol{x}_5, \boldsymbol{x}_6, \boldsymbol{x}_7, \boldsymbol{x}_8, \boldsymbol{x}_9, \boldsymbol{x}_{10}, \boldsymbol{x}_{11}, \boldsymbol{x}_{12}, \boldsymbol{x}_{13}\}$$

(3) 计算新的聚类中心。

$$\boldsymbol{m}_1^{(2)} = \frac{1}{N_1} \sum_{x \in \boldsymbol{S}_1^{(1)}} \boldsymbol{x} = \frac{1}{2}(\boldsymbol{x}_1 + \boldsymbol{x}_3) = (0, 0.5)^{\mathrm{T}}$$

$$\boldsymbol{m}_2^{(2)} = \frac{1}{N_2} \sum_{x \in \boldsymbol{S}_2^{(1)}} \boldsymbol{x} = (5.17, 4.92)^{\mathrm{T}}$$

(4) 因为 $\boldsymbol{m}_i^{(1)} \neq \boldsymbol{m}_i^{(2)}, i = 1,2$,所以继续迭代,回到步骤(2)。

(2′) 按照新的聚类中心重新划分聚类。

$$\| \boldsymbol{x}_1 - \boldsymbol{m}_1^{(2)} \| < \| \boldsymbol{x}_1 - \boldsymbol{m}_2^{(2)} \|$$
$$\| \boldsymbol{x}_2 - \boldsymbol{m}_1^{(2)} \| > \| \boldsymbol{x}_2 - \boldsymbol{m}_2^{(2)} \|$$

可得

$$S_1^{(2)} = \{\boldsymbol{x}_1, \boldsymbol{x}_2, \boldsymbol{x}_3, \boldsymbol{x}_4, \boldsymbol{x}_5, \boldsymbol{x}_6\}$$
$$S_2^{(2)} = \{\boldsymbol{x}_7, \boldsymbol{x}_8, \boldsymbol{x}_9, \boldsymbol{x}_{10}, \boldsymbol{x}_{11}, \boldsymbol{x}_{12}, \boldsymbol{x}_{13}\}$$

(3′) 计算新的聚类中心。

$$\boldsymbol{m}_1^{(3)} = \frac{1}{N_1} \sum_{x \in \boldsymbol{S}_1^{(2)}} \boldsymbol{x} = (0.83, 0.83)^{\mathrm{T}}$$

$$\boldsymbol{m}_2^{(3)} = \frac{1}{N_2} \sum_{x \in \boldsymbol{S}_2^{(2)}} \boldsymbol{x} = (7.12, 6.88)^{\mathrm{T}}$$

(4′) 因为 $\boldsymbol{m}_i^{(2)} \neq \boldsymbol{m}_i^{(3)}, i = 1,2$,所以继续迭代,回到步骤(2′)。

(2″) 按照新的聚类中心重新划分聚类,得到分类结果与上一次迭代结果相同。

$$S_1^{(3)} = S_1^{(2)}, S_2^{(3)} = S_2^{(2)}$$

(3″) 计算新的聚类中心。

(4″) 新的聚类中心与上一次相同,算法结束。最终聚类为

$$S_1^{(3)} = \{\boldsymbol{x}_1, \boldsymbol{x}_2, \boldsymbol{x}_3, \boldsymbol{x}_4, \boldsymbol{x}_5, \boldsymbol{x}_6\},\ S_2^{(3)} = \{\boldsymbol{x}_7, \boldsymbol{x}_8, \boldsymbol{x}_9, \boldsymbol{x}_{10}, \boldsymbol{x}_{11}, \boldsymbol{x}_{12}, \boldsymbol{x}_{13}\}$$

可以看出,上例比较简单,只需要两次迭代就得到最终结果,然而当面对复杂的、样本多的数据时,人工计算就很麻烦。此时,通常使用计算机编程去解决聚类问题。

C 均值算法的另一大缺陷是最终聚类划分数目 c 是需要人为预先给定的,属于先验知识。但在很多情况下,c 值的直接选取是有一定难度的,此时可以逐一地用 $c=1, c=2, \cdots$ 来进行聚类,通过查看不同的聚类 c 值最终得到的误差平方和 J_e 的值来选取合适的 c 值。

如图 7-4 所示,这是一个用不同的聚类数目得到的 $J_e(c)$-c 曲线。

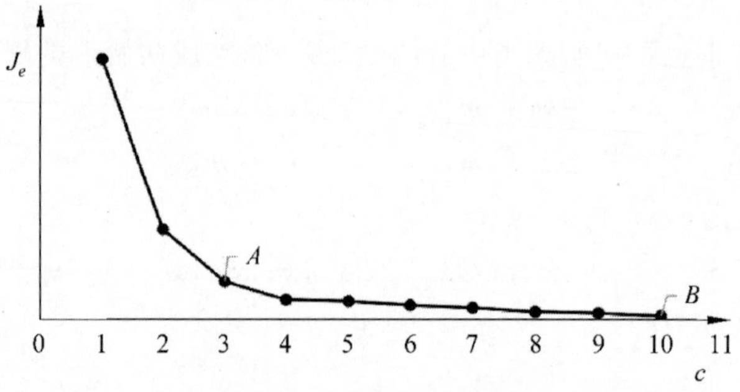

图 7-4　$J_e(c)$-c 曲线图

从图中可以明显看出，J_e 随着聚类数目 c 的增加而单调减小，最终减小到 B 点，此时 c 等于样本数目，J_e 值为 0。观察图 7-4 中的 A 点，在 A 点之前 J_e 随 c 的增加而迅速减小，在 A 点之后，随着 c 的增加，J_e 减小速度明显变慢。因此，通常情况下，选择拐点(如图 7-4 中的 A 点)所对应的 c 值为聚类数目。

7.2.2　ISODATA 算法

上节讲述 C 均值算法时，提到 C 均值算法的一个缺陷是需要人为预先给定聚类数目。虽然有方法可以得到比较合适的聚类数目值，但是它并不是万能的，比如有些情况下得到的 $J_e(c)$-c 曲线中没有图 7-4 中所示的拐点时，该方法就不适用了。

ISODATA 算法是迭代自组织数据分析方法(Iterative Self-Organizing Data Analysis Technique Algorithm)的简称，该算法可以看作是 C 均值算法的改进算法。此算法与 C 均值算法的聚类中心都是通过样本均值的迭代运算得到的，但 ISODATA 算法的聚类数目不像 C 均值算法那样是固定的。该算法可以根据类别的评判准则来将某些类别进行合并或分裂，有利于更好地划分聚类，突破了固定聚类数目的限制。

为说明方便，事先设定如下参数：

C——期望的聚类数。

θ_n——每个聚类中应包含的最少样本数。

θ_s——允许的类别标准偏差上限。

θ_c——合并参数。

$L_{\max}$——每次迭代允许合并的最大聚类数目的对数。

$I_{\max}$——允许迭代的次数上限。

下面给出 ISODATA 算法的具体步骤：

(1) 读入训练样本集 $X=\{X_1,X_2,\cdots,X_n\}$。

(2) 设定初始聚类数目 c(任意数，不必等于期望聚类数 C)，在训练样本集中随机选择 c 个样本作为初始聚类中心 m_i，$i=1,2,\cdots,c$。

(3) 计算所有样本 X_k 与每个聚类中心 m_i 的距离：

$$d(X_k,m_i)\quad k=1,2,\cdots,n\quad i=1,2,\cdots,c \tag{7-10}$$

(4) 根据步骤(3)算出的距离，把所有样本分到距离聚类中心最近的类 Γ_i。

(5) 若某个类 Γ_j 中样本数目少于设定的最少样本数，即 $N_j<\theta_n$，则去掉该类。同样

地，该类中的样本根据距离最近的原则分到其他类中。

（6）重新计算聚类中心：

$$m_j = \frac{1}{N_j}\sum_{y \in \Gamma_j} y \tag{7-11}$$

其中，N_j 是聚类 Γ_j 中的样本数目。

（7）对每一个聚类 Γ_j，计算其类内平均距离（即类内所有样本与其对应的聚类中心的平均距离）：

$$\overline{D}_j = \frac{1}{N_j}\sum_{y \in \Gamma_j} \| y - m_j \|, \quad j = 1, 2, \cdots, c \tag{7-12}$$

根据各聚类的类内平均距离计算整个样本集的总类内平均距离：

$$\overline{D} = \frac{1}{N}\sum_{j=1}^{c} N_j \overline{D}_j \tag{7-13}$$

（8）若最后一次迭代（迭代次数达到了上限 $I_{\max}$），则结束；否则，若 $c \leqslant C/2$，即现行聚类数目小于或等于期望聚类数的一半，则转到步骤（9）；若 $c \geqslant 2C$，即现行聚类数目大于或等于期望聚类数的 2 倍，则转到步骤（10）；若 $C/2 \leqslant c \leqslant 2C$，此时根据迭代次数的奇偶性决定应该进行的步骤，若迭代次数为奇数，转到步骤（9）；若迭代次数为偶数，转到步骤（10）。

（9）分裂。

① 对每个聚类，使用式（7-14）计算标准差 $\boldsymbol{\sigma}_j = [(\sigma_j)_1, (\sigma_j)_2, \cdots, (\sigma_j)_d]^{\mathrm{T}}$

$$(\boldsymbol{\sigma}_j)_i = \sqrt{\frac{1}{N_j}\sum_{y_k \in \Gamma_j} (y_{ki} - m_{ji})^2}, \quad j = 1, \cdots, c, \quad i = 1, \cdots, d \tag{7-14}$$

其中，y_{ki} 为第 k 个样本的第 i 个变量，m_{ji} 为当前 Γ_j 聚类中心的第 i 个分量，$(\sigma_j)_i$ 为 Γ_j 聚类第 i 个分量的标准差，d 是样本维数。

② 求每个类的标准偏差的最大分量 $(\boldsymbol{\sigma}_j)_{\max}, j = 1, 2, \cdots, c$。

③ 对于每个聚类，若 $(\boldsymbol{\sigma}_j)_{\max}$（类别标准偏差上限），且满足以下 2 个条件之一，则执行分裂操作。

$$\begin{aligned} &(\mathrm{a})\ \overline{D}_j > \overline{D}\ 且\ N_j > 2(\theta_{\mathrm{n}} + 1) \\ &(\mathrm{b})\ c \leqslant C/2 \end{aligned} \tag{7-15}$$

④ 分裂操作。

将 Γ_j 聚类分为两类，此时置 $c = c + 1$，分裂的两类中心为

$$m_j^+ = m_j + \gamma_j \tag{7-16}$$

$$m_j^- = m_j - \gamma_j \tag{7-17}$$

其中，γ_i 为分裂项，γ_i 的各个分量可由式（7-18）确定。

$$(\gamma_j)_i = \begin{cases} \alpha(\sigma_j)_{\max}, & (\sigma_j)_i = (\sigma_j)_{\max} \\ 0, & 其他 \end{cases} \tag{7-18}$$

（10）合并。

① 对所有的聚类，根据式（7-19）计算其中任意两个聚类中心的距离。

$$D_{ij} = \| m_i - m_j \| \quad i, j = 1, 2, \cdots, c \quad i \neq j \tag{7-19}$$

② 比较 D_{ij} 和 θ_c（合并参数），将满足 $D_{ij} < \theta_c$ 的 D_{ij} 以递增的顺序进行排序。

$$D_{i_1j_1} \leqslant D_{i_2j_2} \leqslant \cdots \leqslant D_{i_{N_l}j_{N_l}} \tag{7-20}$$

③ 从 $D_{i_1j_1}$ 开始，把每个 $D_{i_1j_1}$ 对应的 $m_{i_{N_l}}$、$m_{j_{N_l}}$ 合并，组成新的聚类，则新的聚类中心为

$$m_{N_l} = \frac{1}{N_{i_{N_l}} + N_{j_{N_l}}} [N_{i_{N_l}} m_{i_{N_l}} + N_{j_{N_l}} m_{j_{N_l}}] \tag{7-21}$$

④ 若是最后一次迭代(迭代次数达到了上限 $I_{\max}$)，则结束，否则转到步骤(3)，且迭代次数加 1。

7.3 基于密度的聚类算法

基于密度的聚类算法包括 DBSCAN、OPTICS、DENCLUE 等算法，本书选择 DBSCAN 算法进行详细阐述，现对 DBSCAN 算法涉及相关定义解释如下。

定义 1 Eps 邻域：给定对象 p，该对象半径 Eps 内的区域称为该对象的 Eps 邻域。对象 p 的 Eps 邻域内的任意对象 q，有 $\text{dist}(p,q) \leqslant \text{Eps}$。

定义 2 核心对象：给定对象 p，其 Eps 邻域内的样本点数大于或等于 MinPts，则称该对象为核心对象，有 $|\text{Neps}(p)| \geqslant \text{MinPts}$。

定义 3 直接密度可达：对象 q 在对象 p 的 Eps 邻域内，且对象 p 为核心对象，则称对象 p 到对象 q 直接密度可达，有 $q \in \text{Neps}(p) \wedge |\text{Neps}(p)| \geqslant \text{MinPts}$。

定义 4 密度可达：对象 $p_0, p_1, p_2, \cdots, p_m$，若任意的 p_i 和 p_{i+1} 满足，p_i 到 p_{i+1} 是直接密度可达，则称 p_0 到 p_n 是密度可达。

定义 5 密度相连：对象 o，若存在对象 o 到 p 和 q 都是密度可达，则对象 p 和 q 是密度相连的关系。

7.3.1 DBSCAN 算法

具有噪声的基于密度的聚类方法(Density-Based Spatial Clustering of Applications with Noise，DBSCAN)是一种基于密度的空间聚类算法。该算法将具有足够密度的区域划分为簇，并在具有噪声的空间数据库中发现任意形状的簇，它将簇定义为密度相连的点的最大集合。

具体步骤如下。

(1) 在样本中随机选择一个点。规定圆的半径 Eps 和圆内最少样本个数 MinPts，如果在指定半径 Eps 的圆内有足够多(≥MinPts)的样本点，那么认为圆心是某一簇的点；如果圆内样本点的个数小于 MinPts，则被标记为噪声点。

(2) 将临近点作为种子点，遍历所有的种子点，如果该点被标记为噪声点，则重新标记为聚类点；如果该点没有被标记过，则标记为聚类点。以该点为中心，Eps 为半径画圆，如果圆内点数大于或等于 MinPts，则将圆内的点添加到种子点中(被添加过的点需要重复添加)。

(3) 重复步骤(2)，直到全部种子点被遍历完。

(4) 标记完一簇以后，重新寻找一个未被标记的点，开始新一轮的聚类。

DBSCAN 算法需要手动输入两个参数：半径 Eps 和以 Eps 为半径的圆内最小样本数 MinPts。DBSCAN 算法的优点和缺点如下。

算法优点：

(1) 不需要输入聚类个数，可以对任意形状的稠密数据集进行聚类。

(2) 可以在聚类的同时发现噪声。

算法缺点：

(1) 当样本集的密度不均匀、聚类间距相差很大时，聚类质量较差，则不适合使用 DBSCAN 算法进行聚类。

(2) 当样本集较大时，聚类收敛时间较长。

(3) 调参相对于传统的 K-means 之类的聚类算法稍复杂，主要需要对距离阈值 R，邻域样本数阈值 MinPts 联合调参，不同的参数组合对最后的聚类效果有较大影响。

7.3.2　增量 DBSCAN 聚类算法

当移动对象轨迹数据呈非均匀分布特性时，采用基于密度的聚类方法较为合适。传统的 DBSCAN 算法是一种基于密度的聚类算法，因具有较强的抗噪声干扰和发现任意形状聚簇等优点而广受欢迎。当面对海量移动对象的轨迹数据时，传统 DBSCAN 算法具有较高的复杂度。对于新增数据，传统 DBSCAN 算法会对整个数据集进行重新聚类，从而无法利用现有的聚类结果，造成极大的资源浪费。为了提高传统 DBSCAN 算法的聚类质量和聚类效率，可以使用增量 DBSCAN 算法，它通过增量聚类来实时动态地更新聚类结果，具有更广泛的应用场景。

DBSCAN 算法的目的在于查找密度相连的最大对象集合，其基本思想是通过遍历集合 p 中的每个点对象来生成簇。对于新增数据，增量 DBSCAN 聚类算法得到的结果与用传统 DBSCAN 算法重新聚类得到的结果是一样的，这就是增量 DBSCAN 聚类算法的等价性。具有等价性是增量 DBSCAN 聚类算法较其他增量聚类算法的最大优点。

在增量聚类过程中，对于已有的聚类数据，不论是增加还是删除数据，都有可能改变其邻域内对象的属性，即核心对象可能变成非核心对象，而非核心对象可能成为核心对象。例如，当插入一个数据对象，则处于 x 的 Eps 邻域内的边界对象或者噪声可能由于 x 的插入成为核心对象；当删除一个数据对象 x，则原来 x 的 Eps 邻域内包含的核心对象可能由于 x 的删除成为非核心对象，而一些密度相连的链也会丢失。插入和删除单个数据对象 x 对其 Eps 邻域对象密度的影响可以各自总结为 4 类，插入单个数据对象影响包括噪声、创建新的聚类、归入某一聚类和合并相邻聚类；删除单个数据对象影响包括添加噪声、所在聚类被撤销、减少所在聚类的对象数和分裂所在聚类。

由于 DBSCAN 算法本身就是一个基于空间密度的聚类算法，因此增加或删除聚类结果集中的某个数据只会对该数据邻域内的状态造成影响，“用于更新的种子对象”的相关概念定义如下。

定义 D 为初始聚类集，x 为被插入或删除的数据对象。当对象 x 被插入或删除时，会受到影响的数据集合为 $\text{UpdSeeds}_{\text{Ins}}$ 和 $\text{UpdSeeds}_{\text{Del}}$。$\text{UpdSeeds}_{\text{Ins}}$ 和 $\text{UpdSeeds}_{\text{Del}}$ 作为插入和删除更新处理的分类依据，具体如下。

$\text{UpdSeeds}_{\text{Ins}} = \{q \mid q \in D \cup \{x\}$ 中的核心对象，且 $\exists o \in D \cup \{x\}$ 中的核心对象，但不是 D 中的核心对象，且 $q \in N_{\text{Eps}}(o)\}$

$\text{UpdSeeds}_{\text{Del}} = \{q \mid q \in D - \{x\}$ 中的核心对象，且 $\exists o \in D \cup \{x\}$ 中的核心对象，但不

是 $D-\{x\}$ 中的核心对象，且 $q \in N_{\text{Eps}}(o)\}$

下面分别讨论插入和删除一个对象时，增量 DBSCAN 聚类算法的处理过程。

1. 插入一个对象

对于初始聚类结果集 $X=\{x_1,x_2,\cdots,x_n\}$，随着增量数据集 $\Delta X=\{x_1',x_2',\cdots,x_n'\}$ 的插入，在其原始结构的基础上，可能会出现如下 4 种情况：添加噪声点、形成新的类簇、归入现有类簇、合并多个类簇。针对原始聚类局部集的不同变化，对新增数据和现有数据进行相应的增量处理，直至增量数据集 Δx 中所有数据处理完成。对于增量数据集的插入，增量 DBSCAN 聚类算法可能出现的 4 种情况如下。

(1) 添加噪声点。

插入数据对象 x 后，若 $\text{UpdSeeds}_{\text{Ins}}(x)=\varnothing$，则 x 成为噪声点，初始聚类数据的聚类状态保持不变。因为新增数据 x 的插入，没有对其 Eps 邻域内的原有数据造成影响，如图 7-5(a)所示，插入对象 x 后，初始聚类集没有发生任何变化，所以 x 为噪声。

(2) 形成新的类簇。

插入数据对象 x 后，若 $\text{UpdSeeds}_{\text{Ins}}(x)\neq\varnothing$，且 $\exists\, p\in \text{UpdSeeds}_{\text{Ins}}(x)$，则对象 P 在 x 插入之前为噪声点，x 插入之后，P 成为核心对象，且 P 不属于任何一个现有的类簇。在密度可达的对象里不存在已有类簇的核心对象时，将创建一个新类。如图 7-5(b)所示，插入 x 之前，p 不满足核心对象的条件，x 的插入使 P 成为核心对象。

(3) 归入现有类簇。

插入数据对象 x 后，若 $\text{UpdSeeds}_{\text{Ins}}(x)\neq\varnothing$，且 $\text{UpdSeeds}_{\text{Ins}}(x)$所包含的全部核心对象在 x 插入之前属于同一类簇，如图 7-5(c)所示，则增量数据对象 x 刚好归入该类簇。此外，还有另外一种特殊情况：$\text{UpdSeeds}_{\text{Ins}}(x)$ 所包含的核心对象来自于不同的类簇，当 x 插入之后，不同类簇间依然密度不可达，如图 7-5(d)所示，则增量数据对象 x 在类簇 C_1 和 C_2 中选择其中一个归入。

(4) 合并多个类簇。

插入数据对象 x 后，若 $\text{UpdSeeds}_{\text{Ins}}(x)\neq\varnothing$，且 $\text{UpdSeeds}_{\text{Ins}}(x)$所包含的核心对象属于不同的类簇，由于 x 的插入，这些包含不同核心对象的不同类簇成为密度可达，则将这些密度可达的类簇合并为一个新簇，如图 7-5(e)所示。

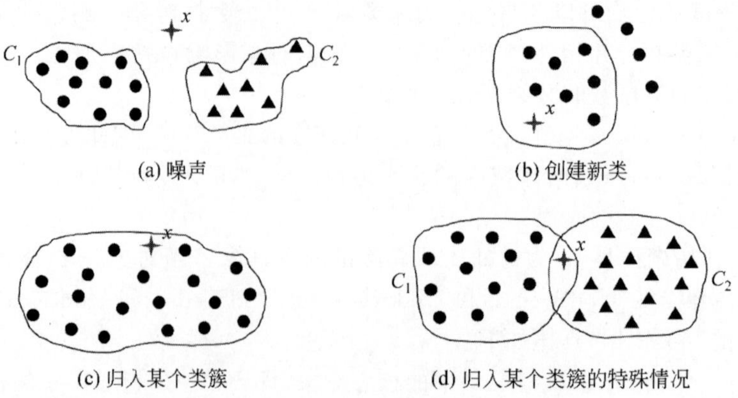

(a) 噪声　　(b) 创建新类

(c) 归入某个类簇　　(d) 归入某个类簇的特殊情况

图 7-5　插入一个对象对原始聚类的影响

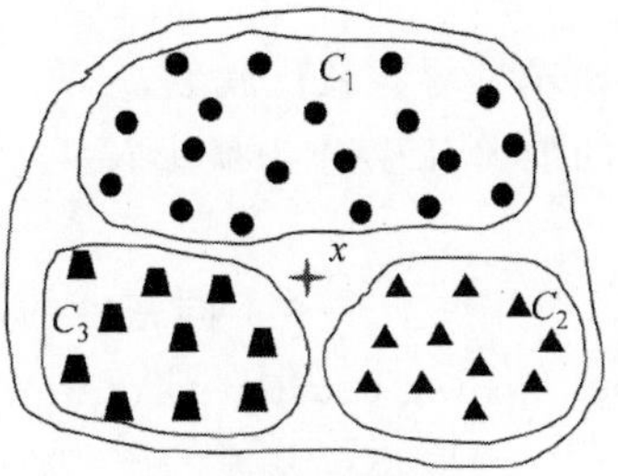

(e) 合并多个类簇

图 7-5(续)

2. 删除一个对象

虽然在增量聚类中，大部分情况下只会插入数据，但删除数据同样会引起初始聚类集的变化。下面讨论当删除一个初始聚类集中的对象 x 时，初始聚类结果集的变化情况。当删除一个数据对象 x 时，初始聚类结构也可能出现 4 种情况：噪声、当前类簇被撤销、减少当前类簇中的对象、当前类簇分裂。针对这 4 种不同情况的处理如下。

(1) 噪声。

如果被删除对象 x 是一个噪声，则直接删除，其他数据对象保持不变。

(2) 当前类簇被撤销。

当一个数据对象 x 被删除，若 $\text{UpdSeeds}_{\text{Del}}(x)=\varnothing$，且 x 在删除前是一个核心对象，同时 x 的 Eps 邻域内不存在其他核心对象，则删除 x 的同时，将邻域内的其他对象标记为噪声。

(3) 减少当前类簇中的对象。

当一个数据对象 x 被删除，若 $\text{UpdSeeds}_{\text{Del}}(x)=\varnothing$，且 x 的 Eps 邻域内的核心对象互相密度可达，则删除 x 后，一部分对象仍然属于这个类簇，而另一部分对象被标记为噪声。

(4) 当前类簇分裂。

当一个数据对象 x 被删除，若 $\text{UpdSeeds}_{\text{Del}}(x)=\varnothing$，且 x 的 Eps 邻域内不存在能够相互直接密度可达的核心对象，同时也不能与其他类簇核心对象彼此密度直接可达，则该类簇将被分为多个类簇。

7.3.3 DBSCAN 算法的改进算法

1. KANN-DBSCAN 算法

传统的 DBSCAN 算法需要人为确定 Eps 和 MinPts 参数，参数的选择直接决定了聚类结果的合理性，因此提出了一种新的自适应确定 DBSCAN 算法参数的算法，即 KANN-DBSCAN 算法。该算法基于参数寻优策略，通过利用数据集自身分布特性生成候选 Eps 和 MinPts 参数，自动寻找聚类结果的簇数变化稳定区间，并将该区间中密度阈值最少时所对应 Eps 和 MinPts 参数作为最优参数。KANN-DBSCAN 算法的具体步骤如下。

(1) 输入数据集，求数据集每个样本的 K-最近邻距离。

(2) 求 K-平均最近邻距离作为 Eps。

(3) 求所有样本 Eps 范围内的样本点数，并求数学期望作为 MinPts。

（4）求密度阈值。

（5）将成对的参数输入 DBSCAN 寻找最优簇数。

（6）选择簇数为 N 时对应的最大 K 数作为最优 K 数。

2. VDBSCAN 算法

传统的密度聚类算法不能识别并聚类多个不同密度的簇，对此提出了变密度聚类算法 VDBSCAN（Varied Density based Spatial Clustering of Applications with Noise），针对密度不稳定的数据集，可有效识别并同时聚类不同密度的簇，避免合并和遗漏。基本思想是根据 k-dist 图和 DK 分析，对数据集中的不同密度层次自动选择一组 Eps 和 MinPts 值，分别调用 DBSCAN 算法。

7.4 分级聚类方法

分级聚类方法也叫作层次聚类方法，同样是聚类分析方法中比较常见的一种方法。层次聚类分为凝聚式层次聚类和分裂式层次聚类。

在 ISODATA 算法中，我们了解到了分裂和合并操作。在分级聚类方法中，也有分裂和合并操作。在凝聚式层次聚类中，初始阶段将每一个样本点都视为一个类，之后每次合并两个距离最近的类，直到所有样本被合并到两个类中。在分裂式层次聚类中，初始阶段将整个样本集视为一个类，之后每次分裂出一个类，直到最后剩下单个点的类为止。

分级聚类的步骤很简单，这里主要阐述凝聚式层次聚类的算法步骤。

（1）在初始阶段，每个样本形成一个类。

（2）执行合并操作，计算任意两个类之间的距离，把距离最小的两个类合并为一类，记录下这两个类之间的距离，其余类保持不变。

（3）判断是否所有的样本被合并到两个类中，若是，则结束，否则转到步骤（2）。

图 7-6 所示是一个凝聚式层次聚类的例子。

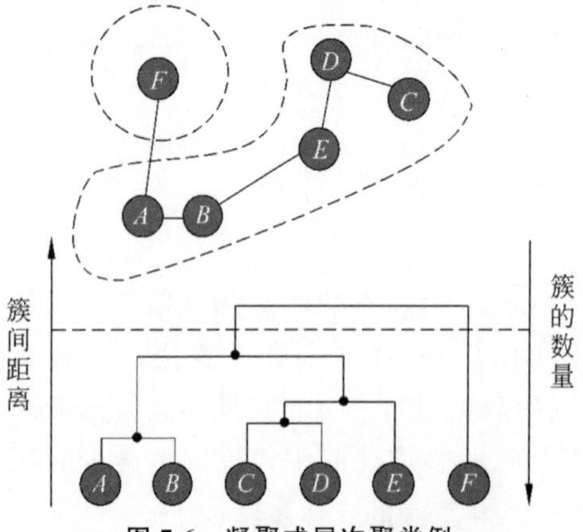

图 7-6　凝聚式层次聚类例

通常使用聚类树，也叫作系统树图来描述分级聚类的结果，如图 7-6 下半部分所示。图中 A、B、C 等均为样本，两个样本合并，则把两个节点用树枝连起来，树枝的长度反映两个样本之间的距离。在图 7-6 的上半部分，A、B 距离近，则连接 A、B 的树枝短。聚类树的画法也可以从上往下画，即聚类树的上半部分是样本节点。在聚类树的绘制中，样本节点的顺序也可以不固定，同一类中的两个节点可以左右互换，这并不影响最终聚类的结果。

分级聚类算法的缺点如下。与 C 均值算法类似，分级聚类算法也是一种局部搜索算法。在某些情况下，该算法对样本的噪声比较敏感，当样本数目较少时，个别样本的变动会导致聚类结果发生很大变化，当样本数目逐渐增多时，这种影响会逐渐减小。

在动态聚类方法和分级聚类方法中,都是通过距离来判断是否将两个样本合并,来衡量这两个样本是否可以分为一个类别。接下来具体介绍几种距离度量的数学定义。

(1) 欧氏距离。

欧氏距离也称为欧几里得距离,是衡量多维空间中两个点之间的绝对距离,即直线最短距离,计算公式如式(7-22)所示。

$$D(x,y)=\|x-y\|=\sqrt{\sum_{i=1}^{d}|x_i-y_i|^2} \tag{7-22}$$

其中,d 为特征空间的维数,x_i 和 y_i 表示空间中点的坐标。

(2) 马氏距离。

马氏距离用于在具有相关性的多维空间中衡量两个点之间的距离。由于其考虑了不同维度之间的相关性,所以可以更准确地度量向量之间的相似性,计算公式如式(7-23)所示。

$$\gamma^2=(\boldsymbol{x}-\boldsymbol{\mu})^{\mathrm{T}}\boldsymbol{\Sigma}^{-1}(\boldsymbol{x}-\boldsymbol{\mu}) \tag{7-23}$$

式(7-23)左边为马氏距离的平方,$\boldsymbol{\mu}$ 为均值向量,$\boldsymbol{\Sigma}$ 为协方差矩阵。

(3) 最近距离。

最近距离以两个类别中最近的两个样本间的距离作为两个类别之间的距离,计算公式如式(7-24)所示。

$$D_{\min}(\Gamma_i,\Gamma_j)=\min D(x,y) \quad x\in\Gamma_i,y\in\Gamma_j \tag{7-24}$$

其中,Γ_i、Γ_j 表示两个不同类别,x、y 分别对应两个类别中的样本。

(4) 最远距离。

最远距离以两个类别中最远的两个样本间的距离作为两个类别之间的距离,计算公式如式(7-25)所示。

$$D_{\min}(\Gamma_i,\Gamma_j)=\max D(x,y) \quad x\in\Gamma_i,y\in\Gamma_j \tag{7-25}$$

其中,Γ_i、Γ_i 表示两个不同类别,x、y 分别对应两个类别中的样本。

(5) 均值距离。

均值距离是以两个类别中样本的样本距离均值作为两个类别之间的距离,计算公式如式(7-26)所示。

$$D_{\text{aver}}(\Gamma_i,\Gamma_j)=\overline{D}(x,y) \quad x\in\Gamma_i,y\in\Gamma_j \tag{7-26}$$

一般情况下,我们默认的距离就是欧氏距离。

7.5 Python 实现

7.5.1 C 均值算法

试用 C 均值算法编程实现对随机生成的二维空间点的聚类,并绘制聚类结果。

程序代码及实验结果如下。

(1) 程序代码。

示例中随机生成的空间点个数为 $P=300$,类别数 $C=10$。

```
import numpy as np
import matplotlib.pyplot as plt
import matplotlib as mpl

class C_means():
    def __init__(self, centers):
        #设定类的数目 C
        self.centers =centers

    #计算两个样本之间的距离
    def calculateDistance(self, posa, posb):
        return np.sqrt(np.sum(np.power(posa-posb,2)))

    #获取初始类心
    def getInitCenters(self, mp, P, C):
        #先把刚开始距离最远的两个点加入类心
        maxdis=0.0
        st1=-1
        st2=-1
        for i in range(0,P):
            for j in range(0,P):
                if mp[i][j]>maxdis:
                    st1=i
                    st2=j
                    maxdis=mp[i][j]
        currentCenters=[st1,st2]

        #算出其余类心
        for i in range(0,C-2):
            currentCandidate=-1
            currentDistance=0;
            for j in range (0,P):
                if j in currentCenters:
                    continue
                flag=True
                maxDistance=200
                for k in currentCenters:
                    if mp[j][k]<currentDistance:
                        flag=False
                        break
                    maxDistance=min(maxDistance,mp[j][k])
                if flag==False:
                    continue
                if maxDistance>currentDistance:
                    currentCandidate=j
                    currentDistance=maxDistance
            currentCenters.append(currentCandidate)
        return currentCenters

    #获取初始聚类结果
    def getOriginalCluster(self, centers, mp, P, C):
        #按照最近距离原则将所有点聚类
```

```
        result=[[] for i in range(0,C)]
        for i in range(0,P):
            distance=mp[i][centers[0]]
            index=0
            for j in range(0,C):
                currentCenter=centers[j]
                if mp[i][currentCenter]<distance:
                    distance=mp[i][currentCenter]
                    index=j
            result[index].append(i)
        return result

    def train(self, data, P, C):
        #获取距离列表,初始类心和初始聚类结果
        mp=[[self.calculateDistance(data[i],data[j]) for j in range(0,P)]for i
in range(0,P)]
        centers=self.getInitCenters(mp,P,C)
        cluster=self.getOriginalCluster(centers,mp,P,C)

        #将类心从索引转换成坐标
        positionCenters=[[]for i in range(0,C)]
        for i in range(0,C):
            positionCenters[i].append(data[centers[i]][0])
            positionCenters[i].append(data[centers[i]][1])
        centers=positionCenters

        #开始迭代聚类
        haschanged=True
        times=0
        while haschanged:
            times+=1
            tmpCluster=[[]for i in range(0,C)]
            haschanged=False

            #更新类心
            for i in range(0,C):
                totalx=0.0
                totaly=0.0
                for j in cluster[i]:
                    totalx+=data[j][0]
                    totaly+=data[j][1]
                centers[i][0]=totalx/(1.0*len(cluster[i]))
                centers[i][1]=totaly/(1.0*len(cluster[i]))

            #更新聚类结果
            for i in range(0,C):
                for j in cluster[i]:
                    currentDistance=self.calculateDistance(centers[i],data[j])
                    currentIndex=i;
                    for k in range(0,C):
                        if self.calculateDistance(centers[k],data[j])<
currentDistance:
```

```
                        currentDistance=self.calculateDistance(centers[k],
data[j])
                        currentIndex=k
                if currentIndex! =i:
                    haschanged=True
                tmpCluster[currentIndex].append(j)
            cluster=tmpCluster
        print("最终迭代次数:{}".format(times))
        return centers,cluster

#随机生成 P 个二维数组
def getRandomData(P):
    return np.array([[np.random.rand() * 100 for j in range(0,2)] for i in range(0,P)])

if __name__ =="__main__":
    #设定类的数目 C 和点数 P
    C=10
    P=300

    #获取随机数据
    data=getRandomData(P)

    c_means =C_means(C)
    result,cluster=c_means.train(data,P,C)

    #根据测试数据和结果点集绘制图形
    for i in range(0,C):
        pointx=[]
        pointy=[]
        for k in cluster[i]:
            pointx.append(data[k][0])
            pointy.append(data[k][1])
        plt.scatter(pointx,pointy)

    resultx=[result[i][0]for i in range(0,C)]
    resulty=[result[i][1]for i in range(0,C)]
    plt.scatter(resultx,resulty,marker='s',color='k')
    mpl.rcParams['font.sans-serif'] =['SimHei']
    plt.title("聚类中心个数:{}".format(C))
    plt.show()
```

(2) 实验结果。

聚类结果如图 7-7 所示。

7.5.2 ISODATA 算法

试使用 ISODATA 算法编程实现随机生成的二维空间点的聚类,要求指定预期的聚类数、每类的最小样本数、标准差阈值、最小中心距离及迭代次数,并绘制聚类结果。

程序代码及实验结果如下。

(1) 程序代码。

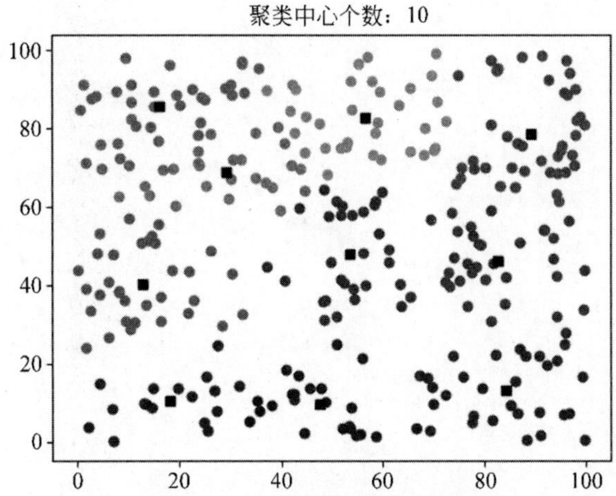

图 7-7　C 均值聚类结果示意图

设置预期聚类数为 5，每类最小样本数为 20，标准差阈值为 0.1，最小中心距离为 2，迭代次数为 20。

```
import numpy as np
#import seaborn as sns
import matplotlib.pyplot as plt
from sklearn.datasets import make_blobs
from sklearn.metrics import euclidean_distances

class ISODATA():
    def __init__(self, designCenterNum, LeastSampleNum, StdThred,
LeastCenterDist, iterationNum):
        #指定预期的聚类数、每类的最小样本数、标准差阈值、最小中心距离、迭代次数
        self.K =designCenterNum
        self.thetaN =LeastSampleNum
        self.thetaS =StdThred
        self.thetaC =LeastCenterDist
        self.iteration =iterationNum

        #初始化
        self.n_samples =1500
        self.random_state1 =200
        self.random_state2 =160
        self.random_state3 =170

        #生成数据
        self.data, self.label =make_blobs(n_samples=self.n_samples, centers=4,
cluster_std=2.0,random_state=self.random_state3)

        self.center =self.data[0, :].reshape((1, -1))
        self.centerNum =1
        self.centerMeanDist =0
```

```
        #seaborn风格
        #sns.set()

    def updateLabel(self):
        """
            更新中心
        """
        for i in range(self.centerNum):
            #计算样本到中心的距离
            distance =euclidean_distances(self.data, self.center.reshape
((self.centerNum, -1)))
            #为样本重新分配标签
            self.label =np.argmin(distance, 1)
            #找出同一类样本
            index =np.argwhere(self.label ==i).squeeze()
            sameClassSample =self.data[index, :]
            #更新中心
            self.center[i, :] =np.mean(sameClassSample, 0)

        #计算所有类到各自中心的平均距离之和
        for i in range(self.centerNum):
            #找出同一类样本
            index =np.argwhere(self.label ==i).squeeze()
            sameClassSample =self.data[index, :]
            #计算样本到中心的距离
            distance =np.mean(euclidean_distances(sameClassSample, self.center
[i, :].reshape((1, -1))))
            #更新中心
            self.centerMeanDist +=distance
        self.centerMeanDist /=self.centerNum

    def divide(self):
        #临时保存更新后的中心集合,否则在删除和添加的过程中顺序会乱
        newCenterSet =self.center
        #计算每个类的样本在每个维度的标准差
        for i in range(self.centerNum):
            #找出同一类样本
            index =np.argwhere(self.label ==i).squeeze()
            sameClassSample =self.data[index, :]
            #计算样本到中心每个维度的标准差
            stdEachDim =np.mean((sameClassSample -self.center[i, :]) * * 2, axis
=0)
            #找出其中维度的最大标准差
            maxIndex =np.argmax(stdEachDim)
            maxStd =stdEachDim[maxIndex]
            #计算样本到本类中心的距离
            distance =np.mean(euclidean_distances(sameClassSample, self.center
[i, :].reshape((1, -1))))
            #如果最大标准差超过了阈值
            if maxStd >self.thetaS:
                #还需要该类的样本数大于阈值很多且太分散才进行分裂
                if self.centerNum <=self.K//2 or \
```

```
                    sameClassSample.shape[0] >2 * (self.thetaN+1) and
distance >=self.centerMeanDist:
                    newCenterFirst =self.center[i, :].copy()
                    newCenterSecond =self.center[i, :].copy()

                    newCenterFirst[maxIndex] +=0.5 * maxStd
                    newCenterSecond[maxIndex] -=0.5 * maxStd

                    #删除原始中心
                    newCenterSet =np.delete(newCenterSet, i, axis=0)
                    #添加新中心
                    newCenterSet =np.vstack((newCenterSet, newCenterFirst))
                    newCenterSet =np.vstack((newCenterSet, newCenterSecond))

            else:
                continue
        #更新中心集合
        self.center =newCenterSet
        self.centerNum =self.center.shape[0]

    def combine(self):
        #临时保存更新后的中心集合,否则在删除和添加的过程中顺序会乱
        delIndexList =[]

        #计算中心之间的距离
        centerDist =euclidean_distances(self.center, self.center)
        centerDist +=(np.eye(self.centerNum)) * 10* * 10
        #把中心距离小于阈值的中心对找出来
        while True:
            #如果最小的中心距离都大于阈值的话,则不再进行合并
            minDist =np.min(centerDist)
            if minDist >=self.thetaC:
                break
            #否则合并
            index =np.argmin(centerDist)
            row =index // self.centerNum
            col =index %self.centerNum
            #找出合并的两个类别
            index =np.argwhere(self.label ==row).squeeze()
            classNumFirst =len(index)
            index =np.argwhere(self.label ==col).squeeze()
            classNumSecond =len(index)
            newCenter =self.center[row, :] * (classNumFirst / (classNumFirst+
classNumSecond)) +\
                    self.center[col, :] * (classNumSecond / (classNumFirst+
classNumSecond))
            #记录被合并的中心
            delIndexList.append(row)
            delIndexList.append(col)
            #增加合并后的中心
            self.center =np.vstack((self.center, newCenter))
            self.centerNum -=1
```

```
            #标记,以防下次选中
            centerDist[row, :] =float("inf")
            centerDist[col, :] =float("inf")
            centerDist[:, col] =float("inf")
            centerDist[:, row] =float("inf")

        #更新中心
        self.center =np.delete(self.center, delIndexList, axis=0)
        self.centerNum =self.center.shape[0]

    def drawResult(self):
        ax =plt.gca()
        ax.clear()
        ax.scatter(self.data[:, 0], self.data[:, 1], c=self.label, cmap="cool")
        #ax.set_aspect(1)
        #坐标信息
        ax.set_xlabel('x axis')
        ax.set_ylabel('y axis')
        plt.show()

    def train(self):
        #初始化中心和 label
        self.updateLabel()
        self.drawResult()

        #到设定的次数自动退出
        for i in range(self.iteration):
            #如果是偶数次迭代或者中心的数量太多,那么进行合并
            if self.centerNum <self.K //2:
                self.divide()
            elif (i >0 and i %2 ==0) or self.centerNum >2 * self.K:
                self.combine()
            else:
                self.divide()
            #更新中心
            self.updateLabel()
            self.drawResult()
            print("中心数量:{}".format(self.centerNum))

if __name__ =="__main__":
     isoData = ISODATA(designCenterNum = 5, LeastSampleNum = 20, StdThred = 0.1,
LeastCenterDist=2, iterationNum=20)
    isoData.train()
```

(2) 实验结果。

不同迭代次数的聚类结果如图 7-8 所示。

7.5.3 DBSCAN 算法

试使用 DBSCAN 算法编程实现对随机生成的二维空间点的聚类,编程并绘制聚类结果,注意对数据进行正则化。

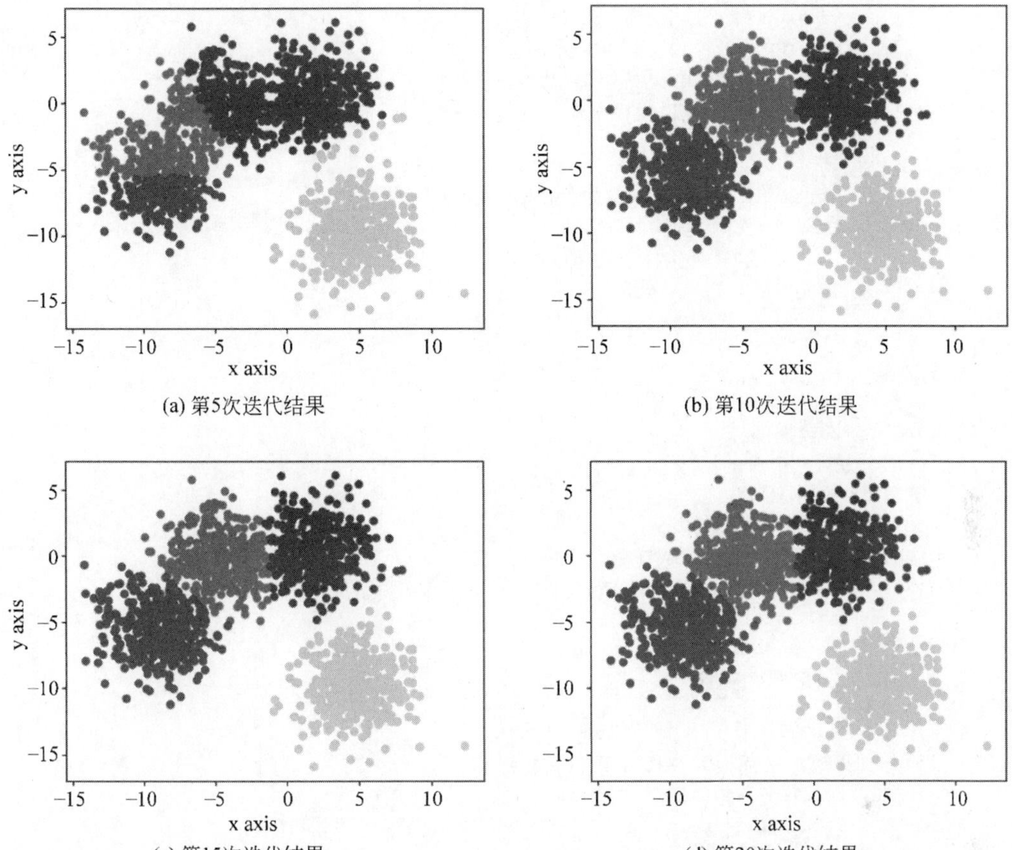

(a) 第5次迭代结果　(b) 第10次迭代结果

(c) 第15次迭代结果　(d) 第20次迭代结果

图 7-8　ISODATA 算法聚类结果示意图

程序代码及实验结果如下。

（1）程序代码。

```
import numpy as np
import matplotlib.pyplot as plt
from sklearn.datasets import make_blobs
from sklearn.preprocessing import StandardScaler
from sklearn.cluster import DBSCAN
from sklearn import metrics

UNCLASSIFIED = 0
NOISE = -1

#计算数据点两两之间的距离
def getDistanceMatrix(datas):
    N,D = np.shape(datas)
    dists = np.zeros([N,N])

    for i in range(N):
        for j in range(N):
```

```
            vi =datas[i,:]
            vj =datas[j,:]
            dists[i,j]=np.sqrt(np.dot((vi-vj),(vi-vj)))
    return dists


#寻找以点 cluster_id 为中心,eps 为半径的圆内的所有点的 id
def find_points_in_eps(point_id,eps,dists):
    index =(dists[point_id]<=eps)
    return np.where(index==True)[0].tolist()


#聚类扩展
#dists :所有数据两两之间的距离  N x N
#labs :  所有数据的标签 labs N
#cluster_id :一个簇的标号
#eps :密度评估半径
#seeds:用来进行簇扩展的点
#min_points:半径内最少的点数
def expand_cluster(dists, labs, cluster_id, seeds, eps, min_points):

    i =0
    while i<len(seeds):
        #获取一个邻近点
        Pn =seeds[i]
        #如果该点被标记为 NOISE 则重新标记
        if labs[Pn] ==NOISE:
            labs[Pn] =cluster_id
        #如果该点没有被标记过
        elif labs[Pn] ==UNCLASSIFIED:
            #进行标记,并计算它的邻近点 new_seeds
            labs[Pn] =cluster_id
            new_seeds =find_points_in_eps(Pn,eps,dists)

            #如果 new_seeds 足够长则把它加入 seed 队列中
            if len(new_seeds) >=min_points:
                seeds =seeds +new_seeds

        i =i+1

def dbscan(datas, eps, min_points):

    #计算所有点之间的距离
    dists =getDistanceMatrix(datas)


    #将所有点的标签初始化为 UNCLASSIFIED
    n_points =datas.shape[0]
    labs =[UNCLASSIFIED] * n_points

    cluster_id =0
    #遍历所有点
```

```
    for point_id in range(0, n_points):
        #如果当前点已经处理过了
        if not(labs[point_id] ==UNCLASSIFIED):
            continue

        #没有处理过,则计算邻近点
        seeds =find_points_in_eps(point_id,eps,dists)

        #如果邻近点数量过少,则标记为 NOISE
        if len(seeds)<min_points:
            labs[point_id] =NOISE
        else:
            #否则就开启一轮簇的扩张
            cluster_id =cluster_id+1
            #标记当前点
            labs[point_id] =cluster_id
            expand_cluster(dists, labs, cluster_id, seeds,eps, min_points)
    return labs, cluster_id

    #绘图
def draw_cluster(datas,labs, n_cluster):
    plt.cla()

    colors =[plt.cm.Spectral(each)
          for each in np.linspace(0, 1,n_cluster)]

    for i,lab in enumerate(labs):
        if lab ==NOISE:
            plt.scatter(datas[i,0],datas[i,1],s=16.,color=(0,0,0))
        else:
            plt.scatter(datas[i,0],datas[i,1],s=16.,color=colors[lab-1])
    plt.show()


if __name__ =="__main__":

    ##数据 1
    centers =[[1, 1], [-1, -1], [1, -1],[-1, 1]]
    datas, labels_true =make_blobs(n_samples=750, centers=centers, cluster_std
=0.4, random_state=0)

    ##数据 2 0.45 5
    #file_name ="spiral"
    #with open(file_name+".txt","r",encoding="utf-8") as f:
    #     lines =f.read().splitlines()
    #lines =[line.split("\t")[:-1] for line in lines]
    #datas =np.array(lines).astype(np.float32)

    #数据正则化
    datas =StandardScaler().fit_transform(datas)
    eps =0.3
    min_points =15
```

```
    labs, cluster_id =dbscan(datas, eps=eps, min_points=min_points)
    print("labs of my dbscan")
    print(labs)

    db =DBSCAN(eps=eps, min_samples=min_points).fit(datas)
    skl_labels =db.labels_
    print("labs of sk-DBSCAN")
    print(skl_labels)

    draw_cluster(datas,labs, cluster_id)
```

（2）实验结果。

示例中随机生成了 750 个二维空间样本点，用不同颜色表示不同类别，其中噪声点为黑色。聚类结果如图 7-9 所示。

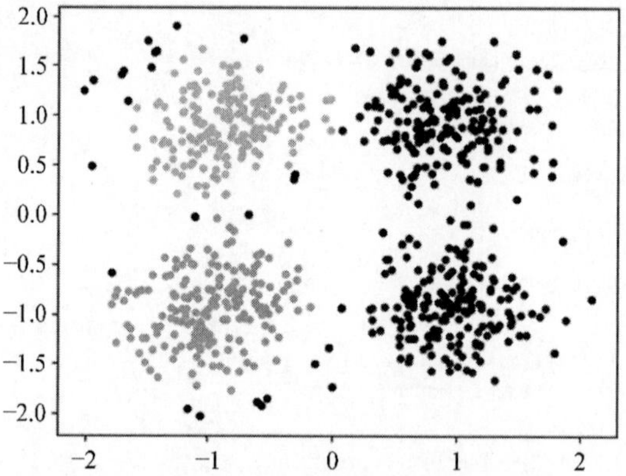

图 7-9　DBSCAN 算法聚类结果示意图

7.5.4　分级聚类算法

试使用分级聚类算法编程实现对 sklearn 库中的鸢尾花数据集的聚类，并绘制聚类结果。

程序代码及实验结果如下。

（1）程序代码。

```
import numpy as np
import matplotlib.pyplot as plt
from scipy.cluster.hierarchy import dendrogram, linkage
from sklearn.datasets import load_iris
from matplotlib import rcParams
rcParams['font.sans-serif'] = ['SimHei'] #设置支持中文字体 rcParams['axes.
unicode_minus'] =False #解决负号显示问题

#加载 iris 数据集
iris =load_iris()
X =iris.data
```

```
#使用 scipy 中的 linkage 函数进行凝聚式层次聚类
Z =linkage(X, method='ward') #使用 ward 方法计算距离
#绘制树状图(dendrogram)
plt.figure(figsize=(10, 7))
plt.title('分级聚类树状图')
dendrogram(Z)
plt.xlabel('样本')
plt.ylabel('距离')
plt.show()

#根据树状图选择合适的截断点,确定最终的簇数
k =3
#使用 sklearn 中的 AgglomerativeClustering 类进行凝聚型层次聚类
from sklearn.cluster import AgglomerativeClustering

#下面这段代码中"affinity"参数在高版本的 sklearn 中已经不再使用,如果报错需要更换为
#"metric='euclidean'"
#model =AgglomerativeClustering(n_clusters=k, affinity='euclidean',linkage='ward')
model =AgglomerativeClustering(n_clusters=k, metric='euclidean',linkage='ward')

y_pred =model.fit_predict(X) #对数据进行拟合和预测
#可视化聚类结果
plt.figure(figsize=(10, 7))
plt.scatter(X[:,0], X[:,1], c=y_pred) #按预测标签着色
plt.xlabel('萼片长度')
plt.ylabel('萼片宽度')
plt.title('分级聚类结果')
plt.show()
```

(2) 实验结果。

示例中读取了鸢尾花数据集,使用分级聚类算法划分了数据集的类别,分级聚类树如图 7-10 所示,图 7-11 给出了类别数量为 3 的聚类结果。

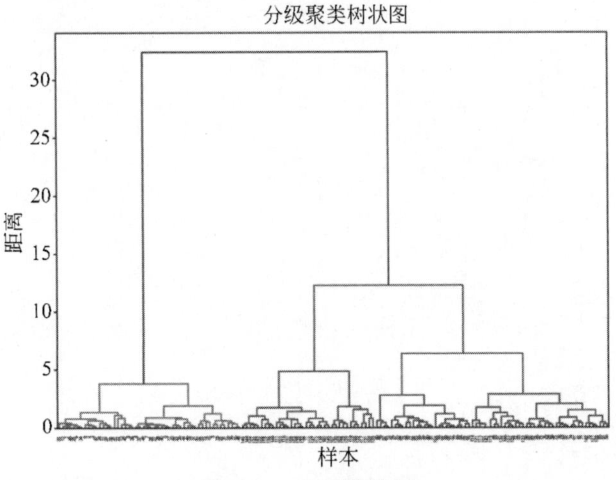

图 7-10 分级聚类树

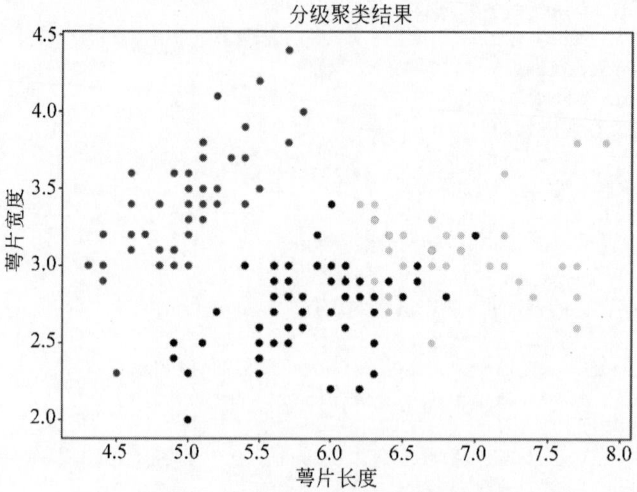

图 7-11　将数据集划分为 3 类结果

习　题

1. 分类与聚类的区别有哪些?
2. 除了课程上用到的误差平方和准则,请再列举出几个聚类准则函数。
3. 请叙述 C 均值算法与 ISODATA 算法的异同。
4. 列举出几个聚类分析方法在现实生活中的例子。
5. 使用 Python 代码完成例 7.2 的聚类问题(C 均值算法、ISODATA 算法)。

第 8 章　深度神经网络

深度学习是目前人工智能和机器学习领域最受关注的研究方向，它通过分层结构的分阶段信息处理来探索特征学习和模式分类，其本质是计算观测数据的分层表示。

在研究中，科研工作者发现人类的视觉功能是一个不断抽象和迭代的过程，是低层到高层的特征抽象过程。通过逐步地提取特征，形成不同层次的特征。高层的特征是通过组合低层特征形成的，越高层次的特征，其特征分辨性能通常越好。

受到人类视觉功能不断抽象和迭代的启发，深度学习应运而生。深度学习的目的是构造一个类似人脑的分层结构，逐层地提取越来越抽象的特征，建立一种从低层输入到高层语义的对应关系，它通过模仿人脑的机制来理解数据。深度学习的成功在于，它把原始数据通过一些简单非线性的模型转变成为更高级别、更加抽象的表达。这个过程不需要利用人工进行设计，而是使用一种通用的学习过程，从数据中自动地进行学习。

近年来，深度学习已被成功应用到人脸识别、语音识别、自然语言处理、场景识别、图像处理等领域，并取得了较好的效果。目前比较有代表性的深度学习方法有：深度自动编码器（Deep Autoencoder，DAE）；受限玻尔兹曼机（Restricted Boltzmann Machine，RBM）；深度置信网络（Deep Belief Network，DBN）；卷积神经网络（Convolutional Neural Networks，CNN）；分层稀疏编码（Hierarchical Sparse Coding，HSC）；递归神经网络（Recurrent Neural Networks，RNN）等。

8.1　卷积神经网络

卷积神经网络是近年来发展起来的一种高效识别方法，引起了广泛的关注。20 世纪 60 年代，Hubel 和 Wiesel 发现，当研究猫脑皮层中局部敏感和方向选择的神经元时，它们独特的网络结构可以有效降低反馈神经网络的复杂性。在此基础上，两人提出了卷积神经网络。现在 CNN 已经成为许多科学领域的研究热点之一，特别是在图像处理领域。由于 CNN 可以直接输入原始图像，而不必对图像进行烦琐的预处理操作，因而得到了更为广泛的应用。卷积神经网络是一类包含卷积运算的深度前馈神经网络，是深度学习的代表性网络之一。卷积神经网络擅长处理具有类似网格结构的数据，比如由像素组成的图像数据，因此在计算机视觉领域应用得最为广泛。卷积神经网络以“卷积”命名，代表至少在网络的一层中使用卷积运算来代替一般的矩阵乘法运算。通常来讲，卷积神经网络包括输入层、卷积层、池化层和输出层，下面首先了解卷积层和池化层的基本知识，然后介绍几种经典的卷积神经网络结构。

8.1.1 基本原理

卷积层是卷积神经网络中最重要的网络层，功能是对输入数据进行特征提取，卷积层的特点是参数共享。卷积层由卷积核组成，卷积核中的每个元素都包含一个权重参数 ω 和一个偏置参数 b。二维卷积的定义如下

$$S(i,j)=(I*K)(i,j)=\sum_m\sum_n I(m,n)K(i-m,j-n) \tag{8-1}$$

其中，I 表示输入数据，K 表示卷积核函数，S 表示输出或者特征映射，(i,j) 表示输入元素位置，(m,n) 表示卷积核大小，也称为"感受野"。

在实际应用中，许多机器学习库实现的卷积并不是式(8-1)所示的传统卷积，而是互相关函数，互相关函数的定义如下。

$$S(i,j)=(I*K)(i,j)=\sum_m\sum_n I(i-m,j-n)K(m,n) \tag{8-2}$$

处理图像数据时，卷积核通过滑动窗口的方式提取图像中的特征。图 8-1 演示了二维卷积的计算过程。

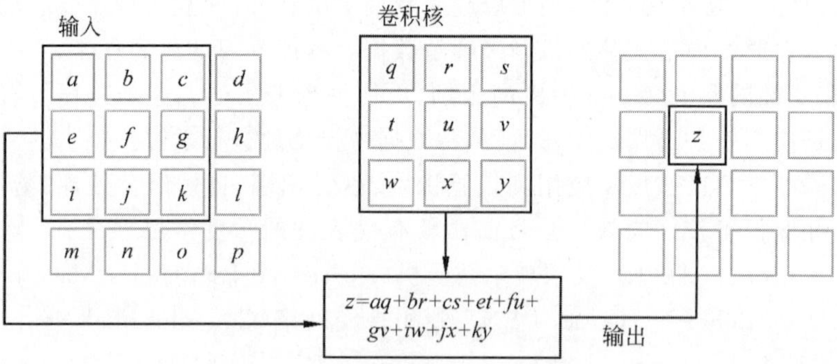

图 8-1　二维卷积计算过程示意图

卷积层参数包括卷积核大小、步长和填充，三者共同决定了卷积层输出特征图的尺寸，是卷积层的超参数。

卷积核大小可以是小于输入图像尺寸的任意值，卷积核的大小代表了感受野的大小，卷积核越大，可提取的特征越复杂。

步长是卷积核在特征图上每次滑动的距离，步长为 1 时，卷积核会逐个扫过特征图中的每个元素。

填充是在输入特征图周围填充一定数量的常数，一般是 0 和 1。随着卷积层的增多，输出特征图会越来越小，通过在输入特征图周围进行填充，可以灵活地控制输出特征图的大小。

卷积神经网络中另一个十分重要的网络层为池化层，在卷积层完成特征提取后，输出的特征图会被送到池化层进行特征选择和聚合。池化层中常用的池化操作有最大池化和平均池化，最大池化表示对区域内的特征取最大值，平均池化表示对区域内的特征取平均值。图 8-2 演示了最大池化和平均池化的计算过程。

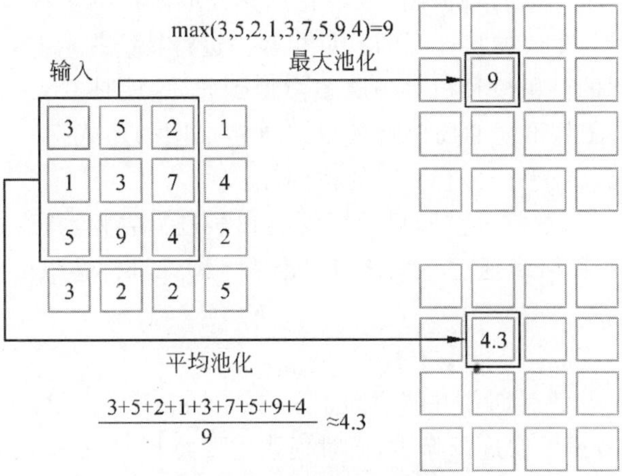

图 8-2　池化操作示意图

8.1.2　输入层

在普通的多层神经网络中，输入层就是图像的特征向量。一般图像经过人工提取特征得到特征向量，并作为该神经网络的输入。这种方法表现的好坏很大程度上取决于人工提取的特征是否合理，然而人工提取特征的过程往往都是靠经验，具有很大的盲目性。虽然现在利用人工提取的特征进行分类也取得了较好的结果，但是特征构造成本高，特征选择开销大，并且这些特征都是针对特定数据设计的。然而不同的数据具有不同的特征，如果用同样的特征来处理不同的数据集，并不能都得到很好的效果，因此这种人工提取的特征不具有泛化性。与之相比，卷积神经网络的输入层输入的则是整张图像，原始图像直接作为 CNN 的输入，避免了传统识别算法中烦琐的特征提取过程，这也是 CNN 的优点之一。

虽然图像可以直接作为 CNN 的输入，但是为了能让识别算法发挥最佳效果，需要对原始的图像数据进行预处理。图像预处理操作是图像识别算法中不可缺少的一个环节，其重要性几乎等同于算法本身。但是并不是所有的预处理方法都能取得好的效果，恰当的图像预处理方法和参数设置能对最终的识别效果起到积极的作用，反之，不当的预处理方法有时候甚至会降低图像识别的准确率。所以，开始处理数据时，首先要做的是观察数据并获知其特性，根据图像的特点来选取合适的预处理算法，这在图像处理中起着关键性的作用。在实际应用中，常用的图像预处理算法包括均值减法、归一化、PCA 白化等。

8.1.3　卷积层

CNN 在输入层之后就是卷积层(Convolutional Layer，Conv)，这也是 CNN 的核心部分，用它来进行特征提取。与普通的神经网络不同，Conv 层每个神经元的输入并不是与前一层神经元全连接，而是与前一层的部分神经元相连，并提取该局部的特征。具体的做法是：上一层的特征图被一个可学习的卷积核进行卷积，然后通过一个非线性激活函数得到输出特征图。卷积运算的优点是可以使原信号特征增强，降低噪声。

卷积核是一个权重滤波器，它的权重就是待学习的参数。Conv 层中有多个不同的卷积核，每个卷积核具有不同的权重，提取的是上一层图像多种不同的特征。一个卷积核提取图像的一种特征，生成一个二维的特征图，多个卷积核提取图像的多种特征，生成多个二维的特征图，卷积核的数量与生成的特征图的数量相等。进行特征提取时，同一个特征图的权值是共享的，即使用相同的卷积核卷积上一层图像得到的，这就是CNN的重要特性之一——权值共享。Conv层将图像不同的局部特征以二维特征图的形式保存下来，在这个过程中，使得提取出的特征对旋转、平移具有一定的鲁棒性。

在Conv层上，上一层的特征图与可学习的卷积核进行卷积，并通过激活函数形成输出特征图。每个输出特征图可以通过卷积核与多个输入图像进行卷积得到。

8.1.4 池化层

在CNN中，Conv层的后面往往跟着池化层(Pooling Layer，Pooling)，也叫下采样层，对上一层提取出来的特征图像进行降维，同时提取主要特征。Conv层是对图像的一个局部区域进行卷积，得到图像的局部特征，Pooling层则是产生图像的下采样版本，使用下采样技术得到新的特征，降低特征图像的空间尺寸，从而减少网络中的参数，达到简化网络的目的，同时也能在一定程度上控制网络过拟合。对于Pooling层来说，虽然会降低特征图像的空间尺寸，但是并不改变特征图像的个数。也就是说，如果有 N 个输入图像，也将输出 N 个输出图像，尽管输出图像空间尺寸会变小。

完成卷积特征提取之后，对于每一个隐藏单元，都提取到一张特征图，把每一张特征图看作一个矩阵，并在这个矩阵上通过滑动窗口的方法划分出多个 scale×scale 的区域(这些区域可以重叠，也可以是不重叠的，不重叠的方式在实际操作中更常见)，然后对每个区域进行下采样操作，最后用这些被下采样之后的数据参与后续的训练，这个过程就是池化。

Pooling层能有效减少特征数量，减少参数数量，达到简化网络的目的，同时还可以让提取出来的特征具有一定的平移、伸缩不变性。池化层中的下采样操作一般有以下几种方法：①平均池化(Mean-pooling)，即对邻域内的特征点求平均值，对背景保留更好；②最大池化(Max-pooling)，即对邻域内的特征点取最大值，对纹理提取更好；③随机池化(Stochastic-pooling)，通过对邻域内的特征点按照数值大小赋予概率，再按照概率进行下采样。

8.1.5 典型网络结构

本小节主要介绍3种经典的卷积神经网络：LeNet、AlexNet和ResNet。

1. LeNet

LeNet诞生于1994年，由卷积神经网络之父Yann LeCun提出，该网络主要用来进行手写字符的识别与分类，可以达到98%的准确率，在银行和邮局等场所有着广泛的应用。它是最早发布的卷积神经网络之一，因其在计算机视觉任务中的高效性能而受到广泛关注。这个模型目的是识别图像中的手写数字。当时，Yann LeCun发表了第一篇通过反向传播成功训练卷积神经网络的研究论文，这项工作代表了十多年来神经网络研究开发的成果。当时，LeNet取得了与支持向量机(Support Vector Machines，SVM)性能相媲美的成果，成为监督学习的主流方法。LeNet被广泛用于自动取款机中，帮助识别处理支票的数字。时至今日，一些自动取款机仍在运行Yann LeCun和他的同事Leon Bottou在20世纪90年代写的代码。LeNet5网络是一个比较简单的卷积网络，图8-3所示为LeNet5的网络结构，该网络共有 7 层，分别是 C1 卷积层、S2 池化层、C3 卷积层、S4 池化层、C5 卷积层、F6 全连接层和输出层。

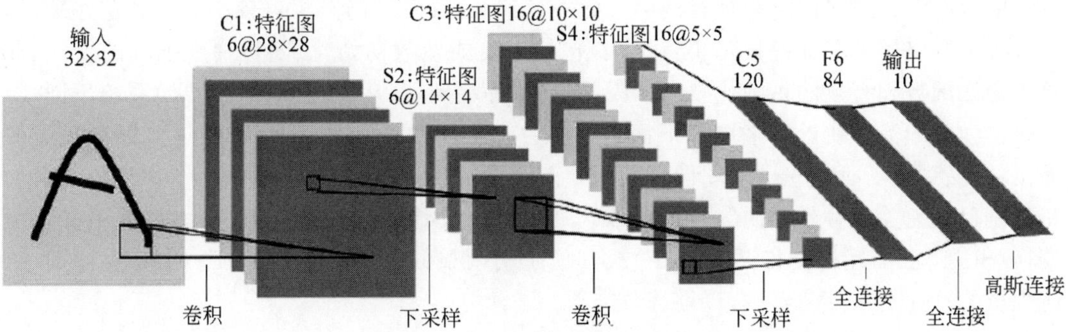

图 8-3　LeNet5 网络结构图

LeNet5 处理图像的流程如下。

(1) 输入层：输入一张 32×32 的图片。

(2) C1 卷积层：使用 6 个 5×5 大小的卷积核对输入图片进行卷积运算，得到 6 个 28×28 大小的特征图。

(3) S2 池化层：对 C1 卷积层的输出进行 2×2 大小的最大池化操作，得到 6 个 14×14 大小的特征图。

(4) C3 卷积层：使用 16 个 5×5 大小的卷积核对 S2 池化层的输出进行卷积运算，得到 16 个 10×10 大小的特征图。

(5) S4 池化层：对 C3 卷积层的输出进行 2×2 大小的最大池化操作，得到 16 个 5×5 大小的特征图。

(6) C5 卷积层：使用 120 个 5×5 大小的卷积核对 S4 池化层的输出进行卷积运算，得到 120 个 1×1 大小的特征图。

(7) F6 全连接层：使用全连接层对 C5 卷积层的输出进行全连接运算，得到长度为 84 的特征向量。

(8) 输出层：使用全连接层对 F6 全连接层的输出进行全连接运算，得到长度为 10 的分类结果。

2. AlexNet

LeNet 提出后，卷积神经网络在计算机视觉和机器学习领域中很有名气，但它并没有主导这些领域。因为虽然 LeNet 在小数据集上取得了很好的效果，但是在更大、更真实的数据集上训练卷积神经网络的性能和可行性还有待研究。事实上，在 20 世纪 90 年代初到 2012 年的大部分时间里，神经网络往往被其他机器学习方法超越，如 SVM。

在计算机视觉中，直接将神经网络与其他机器学习方法进行比较也许不公平。这是因为，卷积神经网络的输入是由原始像素值或是经过简单预处理(例如居中、缩放)的像素值组成的。但在使用传统机器学习方法时，从业者永远不会将原始像素作为输入。在传统机器学习方法中，计算机视觉流水线是由经过人的手工精心设计的特征流水线组成的。对于这些传统方法，大部分进展都来自对特征有了更聪明的想法，并且学习到的算法往往归于事后的解释。

虽然20世纪90年代就有了一些神经网络加速卡,但仅靠它们还不足以开发出有大量参数的深层多通道多层卷积神经网络。此外,当时的数据集仍然相对较小。除了这些障碍,训练神经网络的一些关键技巧仍然缺失,包括启发式参数初始化、随机梯度下降的变体、非挤压激活函数和有效的正则化技术。因此,与训练端到端(从像素到分类结果)系统不同,经典机器学习的流水线看起来更像下面这样：①获取数据集。在早期,收集这些数据集需要昂贵的传感器(当时最先进的图像也就100万像素)。②数据预处理。去除图像噪声或者与待识别目标无关的背景等。③特征提取。通过手工设计的特征提取算法,如尺度不变特征变换(SIFT)和加速鲁棒特征(SURF)或其他手动调整的方法来提取特征。④分类器训练。将提取的特征送入分类器中,以训练分类器。

2012年,AlexNet横空出世。它首次证明了学习到的特征可以超越手工设计的特征,一举打破了计算机视觉研究的现状。AlexNet使用8层卷积神经网络,并以很大的优势赢得了2012年ImageNet图像识别挑战赛冠军。AlexNet秉承LeNet的思想,把CNN的基本原理应用到了很深很宽的网络中,并首次在CNN中成功应用了ReLU激活函数和Dropout抑制过拟合等技巧,同时AlexNet也使用了GPU运算加速技术。如图8-4所示,AlexNet的网络由5个卷积层、3个池化层和3个全连接层构成。

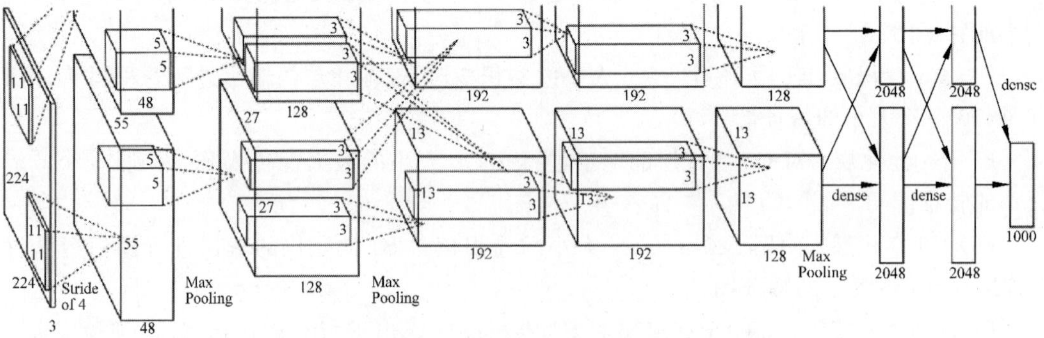

图8-4 AlexNet网络结构图

3. ResNet

残差神经网络(ResNet)是微软研究院的何恺明、张祥雨、任少卿、孙剑等提出的。ResNet在2015年的ImageNet识别挑战赛中取得了冠军。

ResNet的主要贡献是发现了退化现象(Degradation),并针对退化现象发明了快捷连接(Shortcut connection),极大地缓解了深度过大的神经网络训练困难的问题。神经网络的“深度”首次突破了100层,最大的神经网络甚至超过了1000层。

在2012年的ImageNet图像识别挑战赛中,AlexNet取得了冠军,并且大幅领先于第二名。由此引发了对AlexNet的广泛研究,并让大家树立了一个信念——越深的网络,准确率越高。这个信念随着VGGNet、Inception v1、Inception v2、Inception v3等深度神经网络的出现不断验证、不断强化,得到越来越多的认可。但是,始终有一个问题无法回避,这个信念正确吗？在理论上是正确的。

假设一个层数较少的神经网络已经达到了较高准确率,可以在这个神经网络之后拼接一段恒等变换的网络层，这些恒等变换的网络层对输入数据不作任何转换，直接返回（$y=x$），就能得到一个深度较大的神经网络，并且，这个深度较大的神经网络的准确率等于拼接之前的神经网络准确率，因为准确率没有理由降低。层数较多的神经网络，可由较浅的神经网络和恒等变换网络拼接而成。

实验证明，随着网络层的不断加深，ResNet 模型的准确率先是不断提高，达到最大值（准确率饱和），然后随着网络深度的继续增加毫无征兆地大幅度降低。这个现象与"越深的网络，准确率越高"的信念是矛盾的、冲突的。ResNet 团队把这一现象称为退化(Degradation)。

ResNet 团队把退化现象归因为深层神经网络难以实现"恒等变换（$y=x$）"。乍一看，让人难以置信，原来能够模拟任何函数的深层神经网络，竟然无法实现恒等变换这么简单的映射了。回想深度学习的起源，与传统的机器学习相比，深度学习的关键在于网络层数更深、非线性转换（激活）、自动的特征提取和特征转换，其中，非线性转换是关键目标，它将数据映射到高维空间，以便更好地完成"数据分类"。随着网络深度的不断增大，引入的激活函数也越来越多，数据被映射到更加离散的空间，此时已经难以让数据回到原点（恒等变换）。或者说，神经网络将这些数据映射回原点所需要的计算量已经远远超过承受的范围。

退化现象让研究者们对非线性转换进行反思，非线性转换极大地提高了神经网络对数据进行分类的能力，但是，随着网络的深度不断增大，在非线性转换方面已经越走越远，以致无法实现线性转换。显然，在神经网络中增加线性转换分支成为很好的选择，于是，ResNet 团队在 ResNet 模块中增加了快捷连接分支，在线性转换和非线性转换之间寻求一个平衡。ResNet 残差块的"跳跃连接"结构如图 8-5 所示，它沿用了 VGG 完整的 3×3 卷积层设计。残差块里首先有 2 个输出通道数相同的 3×3 卷积层，每个卷积层后接一个批量规范化层和 ReLU 激活函数，然后通过跨层数据通路跳过这 2 个卷积运算，将输入直接加在最后的 ReLU 激活函数前。这样的设计要求 2 个卷积层的输出与输入形状一样，从而使它们可以相加。如果想改变通道数，就需要引入一个额外的 1×1 卷积层将输入变换成需要的形状后再作相加运算。

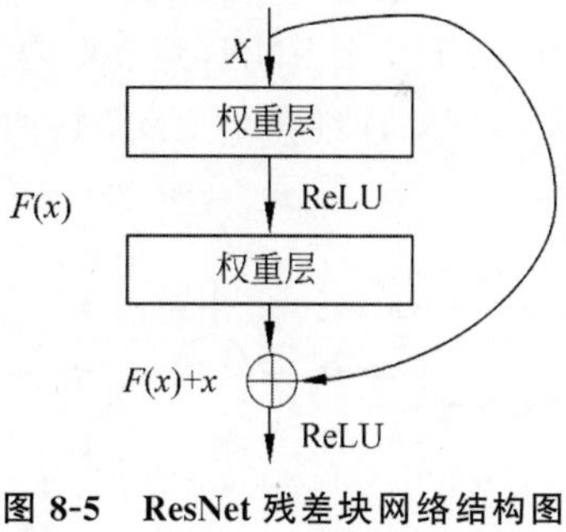

图 8-5　ResNet 残差块网络结构图

8.2　循环神经网络

以上已经初步讲解了深度学习与深度神经网络，介绍了卷积神经网络的基本原理，其主要用于处理网格化的数据（如图像等）。本节将着重介绍另一种主要用于处理序列问题的深度神经网络：循环神经网络（Recurrent Neural Network，RNN），它是一种主要用于处理序列数据的神经网络。卷积神经网络可以提取网格化数据中的特征（可以将其看作提取输入数据中的空间特征），类似地，循环神经网络可以用于提取序列特征（可以将其看作提取输入数据中的时间特征）。如果网络中没有全连接层，卷积神经网络可以处理任意尺寸的图像输入；与之类似，循环神经网络也可以扩展到更长的序列，大多数循环神经网络也可以处理可变长度的序列。

对于普通人工神经网络或卷积神经网络，通常更关注输入数据本身的特征，假设输入数据之间是相互独立的。但是在许多情况下，数据元素之间相互连接，这时更希望捕获多个数据之间的内在联系，例如股票随时间的变化、一句话中文字之间的前后关联等。循环神经网络在许多领域都有着极为广泛的应用，如时间序列预报、机器翻译、自然语言处理、语音识别和语言建模等。

循环神经网络是一种节点定向连接成环的人工神经网络，网络的内部状态可以展示动态时序行为。由于其结构的特殊性(网路中存在环状结构)，循环神经网络的输出不仅受到当前时刻输入信号的影响，也受到之前时刻输入信号的影响，这使得其能够用于处理和预测序列数据。图 8-6 展示了一个简单的循环神经网络内部节点的示例，其中 x 表示网络当前时刻的输入，s 表示节点的隐藏状态，h 是节点的输出。

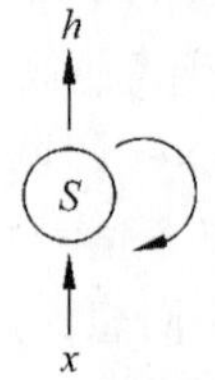

图 8-6　RNN 节点示例

8.2.1　基本原理

图 8-6 中的节点示意图也可以看作一个简单的循环神经网络结构图，只要将其输入替换为特征提取层(编码层)，在节点输出之后增加一个预测输出层，就是一个完整的 RNN 示意图了。为了方便理解 RNN 的基本结构，将图 8-6 的结构展开为图 8-7，展开后可以更明显地看出网络对于序列信息的处理与利用。

对于一个 RNN，其节点内部结构如图 8-8 所示。为了方便描述，忽略节点前的特征提取层，接下来详细介绍 RNN 是如何处理序列数据的。

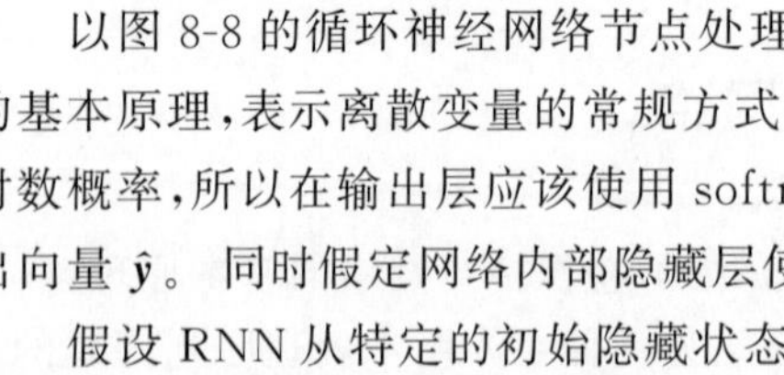

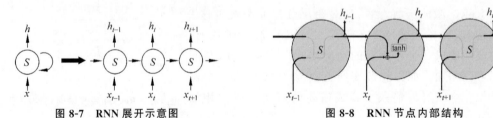

图 8-7　RNN 展开示意图

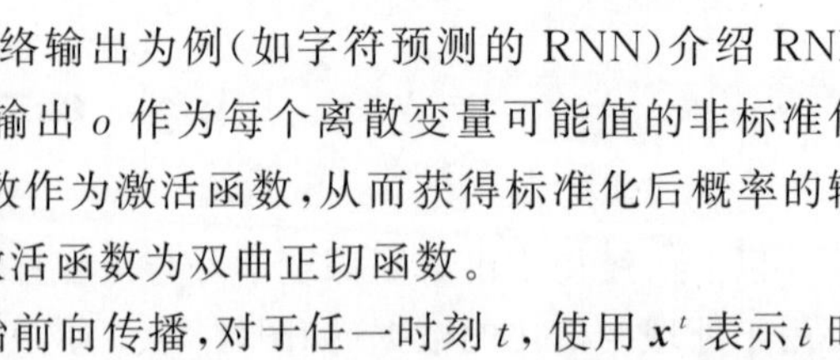

图 8-8　RNN 节点内部结构

以图 8-8 的循环神经网络节点处理离散网络输出为例(如字符预测的 RNN)介绍 RNN 的基本原理，表示离散变量的常规方式就是把输出 o 作为每个离散变量可能值的非标准化对数概率，所以在输出层应该使用 softmax 函数作为激活函数，从而获得标准化后概率的输出向量 $\hat{\boldsymbol{y}}$。同时假定网络内部隐藏层使用的激活函数为双曲正切函数。

假设 RNN 从特定的初始隐藏状态 $\boldsymbol{h}^0$ 开始前向传播，对于任一时刻 t，使用 $\boldsymbol{x}^t$ 表示 t 时刻网络的输入，$\boldsymbol{h}^t$ 表示 t 时刻隐藏节点的输出，网络预测输出层的输出为 $\hat{\boldsymbol{y}}^t$，输入层到隐藏层的权重矩阵为 $\boldsymbol{U}$，隐藏层上一时刻输出传递至下一时刻的自循环权重矩阵为 $\boldsymbol{W}$，隐藏层传递至输出层的权重矩阵为 $\boldsymbol{V}$，隐藏层内部与隐藏层至输出层偏置向量分别为 $\boldsymbol{b}$ 和 $\boldsymbol{c}$，则可以通过如下公式对 RNN 进行正向计算。

$$a^t = \boldsymbol{b} + \boldsymbol{U}\boldsymbol{x}^t + \boldsymbol{W}\boldsymbol{h}^{(t-1)} \tag{8-3}$$

$$\boldsymbol{h}^t = \tanh(\boldsymbol{d}) \tag{8-4}$$

$$o^t = \boldsymbol{V}\boldsymbol{h}^t + \boldsymbol{c} \tag{8-5}$$

$$\hat{\boldsymbol{y}}^t = \mathrm{softmax}(\boldsymbol{o}^t) \tag{8-6}$$

其中，a^t 与 o^t 是计算的中间变量，表示网络在激活函数之前的加权求和，这个循环神经网络将一个输入序列映射到相同长度的输出序列。

与输入序列 $\boldsymbol{x}$ 配对的序列 $\boldsymbol{y}$ 的总损失就是所有时间步的损失之和。使用 L^t 作为给定的序列 $x^1,x^2,\cdots,x^t$ 及其配对序列 $y^1,y^2,\cdots,y^t$ 的负对数似然，则网络的代价函数 L 可以使用如下公式计算获得：

$$\begin{aligned} & L(x^1,x^2,\cdots,x^t,y^1,y^2,\cdots,y^t) \\ & = \sum_t L^t \\ & = -\sum_t \log p_{\text{model}}(y^t \mid \{x^1,x^2,\cdots,x^t\}) \end{aligned} \tag{8-7}$$

其中，$p_{\text{model}}(y^t \mid \{x^1,x^2,\cdots,x^t\})$ 需要读取模型的输出向量 $\hat{\boldsymbol{y}}^t$ 中对应的 y^t。

8.2.2 典型网络结构

根据用途的不同，RNN 具有不同的结构，如一个输入对应多个输出（一对多）的 RNN、多个输入对应一个输出（多对一）的 RNN 和多个输入对应多个输出（多对多）的 RNN，其中一对多的 RNN（图 8-9）主要用于文章生成、音乐生成等，多对一的 RNN（图 8-10）主要用于情感分类，多对多的 RNN 主要用于时间序列预测（图 8-11）、机器翻译（图 8-12）。下面展示了不同类型的 RNN 网络结构。

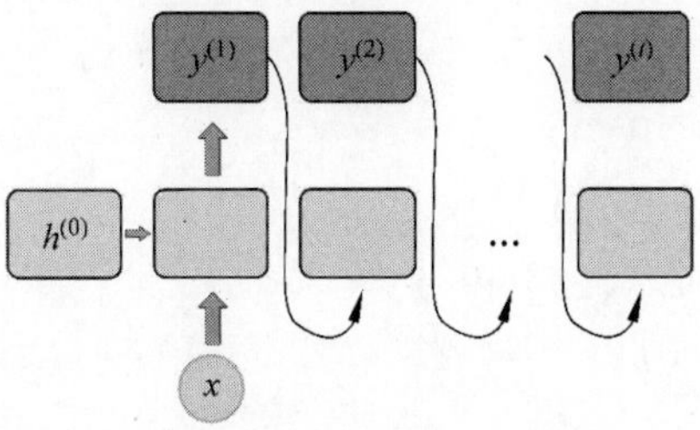

图 8-9　一个输入对应多个输出的 RNN 结构

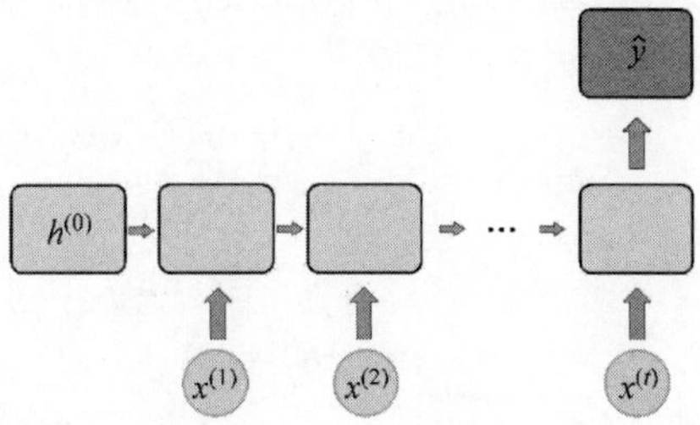

图 8-10　多个输入对应一个输出的 RNN 结构

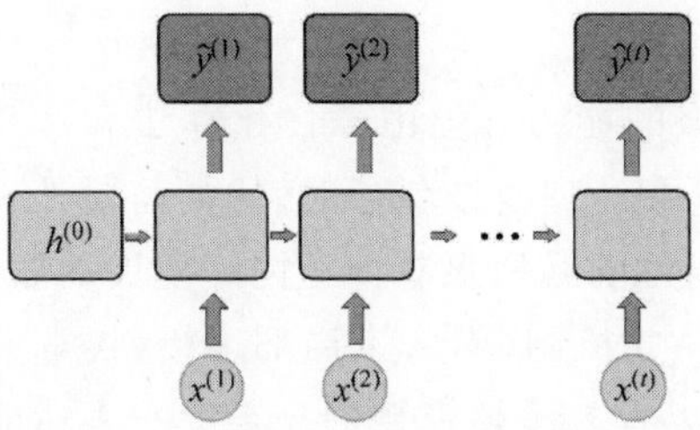

图 8-11　多个输入对应多个输出（时间序列预测）的 RNN 结构

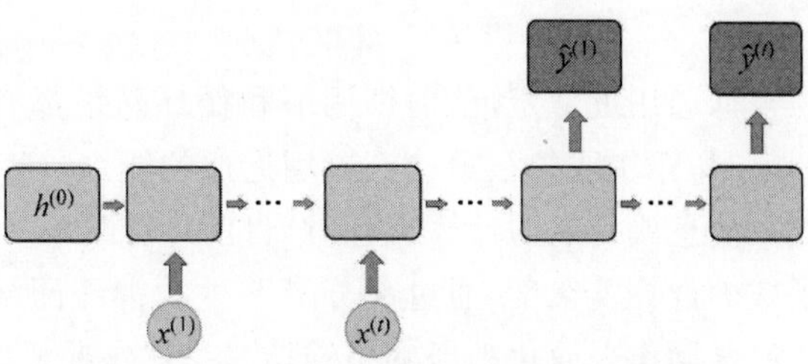

图 8-12　多个输入对应多个输出（机器翻译）的 RNN 结构

门控循环单元（GRU）作为循环神经网络的一种，与普通的循环神经网络的关键区别在于：前者支持隐藏状态的门控。这意味着模型有专门的机制来确定应该何时更新隐藏状态,以及应该何时重置隐藏状态。这些机制是可学习的,并且能够解决上面列出的问题。例如,如果第一个词元非常重要,模型将学会在第一次观测之后不更新隐藏状态。同样,模型也可以学会跳过不相关的临时观测。最后,模型还将学会在需要的时候重置隐藏状态。下面将详细讨论各类门控。

首先介绍重置门(Reset Gate)和更新门(Update Gate)。将它们设计成区间中的向量,这样就可以进行凸组合。重置门允许控制"可能还想记住"的过去状态的数量;更新门允许控制新状态中有多少个是旧状态的副本。

对于给定的时间步 t,假设输入是一个小批量 $X_t \in R^{n\times d}$(样本个数 n,输入个数 d),上一个时间步的隐藏状态是 $H_{t-1} \in R^{n\times h}$(隐藏单元个数 h)。那么,重置门 $R_t \in R^{n\times h}$ 和更新门 $Z_t \in R^{n\times h}$ 的计算如下所示。

$$\begin{cases} R_t = \sigma(X_t W_{xr} + H_{t-1} W_{hr} + b_r) \\ Z_t = \sigma(X_t W_{xz} + H_{t-1} W_{hz} + b_z) \end{cases} \tag{8-8}$$

其中,$W_{xr}, W_{xz} \in R^{d\times h}$ 和 $W_{hr}, W_{hz} \in R^{h\times h}$ 是权重参数,$b_r, b_z \in R^{1\times h}$ 是偏置参数。

在 GRU 中,假设当前输入为 x_t 以及上一轮迭代中传递获得的隐藏状态为 h_{t-1},根据 x_t 和 h_{t-1},GRU 会得到当前节点的输出 y_t 与传递给下一轮迭代的隐藏状态 h_t,其中隐藏状态包含了历史循环中的全局信息。在更新过程中,GRU 首先通过上一个节点传输得到的隐藏状态 h_{t-1} 和当前节点的输入 x_t 来获得两个门控状态,其中 r 表示控制重置的门控(Reset Gate),z 表示控制更新的门控(Update Gate)。得到门控信号之后,GRU 通过使用重置门控来得到重置之后的数据 h_{t-1},再将 h_{t-1},与输入 x_t 进行拼接,经过双曲正切(Tanh)激活函数将数据缩放到[-1,1]的范围中,之后在使用更新门控对隐藏状态进行更新,GRU 的前向传播算法如下:

$$z_t = \sigma(\text{Conv}_{3\times3}([h_{t-1}, x_t], W_z)) \tag{8-9}$$

$$r_t = \sigma(\text{Conv}_{3\times3}([h_{t-1}, x_t], W_r)) \tag{8-10}$$

$$h_t = \tanh(\text{Conv}_{3\times3}([r_t \cdot h_{t-1}, x_t], W_h)) \tag{8-11}$$

$$h_t = (1 - z_t) \cdot h_{t-1} + z_t \cdot h_t \tag{8-12}$$

8.3 注意力机制

根据通用近似定理,前馈网络和循环网络都有很强的能力。但由于优化算法和计算能力的限制,在实践中很难达到通用近似的能力。特别是在处理复杂任务时,比如需要处理大量输入信息或复杂的计算流程时,目前计算机的计算能力依然是限制神经网络发展的瓶颈。为了减少计算复杂度,通过部分借鉴生物神经网络的一些机制,引入了局部连接、权重共享以及池化操作来简化神经网络结构。虽然这些机制可以有效缓解模型的复杂度和表达能力之间的矛盾,但是依然希望在不"过度"增加模型复杂度(主要是模型参数)的情况下来提高模型的表达能力。以阅读理解任务为例,给定的背景文章(Background Document)一般比较长,如果使用循环神经网络将其转换成向量形式,那么这个编码向量就很难反映背景文章的所有语义。在比较简单的任务(比如文本分类)中,只需要编码一些对分类有用的信息,因此用一个向量来表示文本语义是可行的。但是在阅读理解任务中，编码时还不知道可能会接收到什么样的语句。这些语句可能会涉及背景文章的所有信息点，并且丢失任何信息都可能导致无法正确回答问题。

神经网络中可以存储的信息量称为网络容量(Network Capacity)。一般来讲，利用一组神经元存储信息时，其存储容量和神经元的数量以及网络的复杂度成正比。要存储的信息越多，则神经元数量越多，或者网络越复杂，进而导致神经网络的参数成倍地增加。

人脑的生物神经网络同样存在网络容量问题，人脑中的工作记忆大概只有几秒钟的时间，类似循环神经网络中的隐藏状态。而人脑每个时刻接收的外界输入信息非常多，包括来自视觉、听觉、触觉的各种各样的信息。单就视觉来说，眼睛每秒钟都会发送千万比特的信息给视觉神经系统。人脑在有限的资源下，并不能同时处理这些过载的输入信息。大脑神经系统有两个重要机制可以解决信息过载问题：注意力机制和记忆机制。我们可以借鉴人脑解决信息过载的机制，从两方面来提高神经网络处理信息的能力。一方面是注意力，通过自上而下的信息选择机制过滤掉大量的无关信息；另一方面是引入外部记忆，优化神经网络的记忆结构来提高神经网络存储信息的容量。

8.3.1　认知神经学中的注意力

注意力是一种人类不可或缺的复杂认知功能，指人可以在关注一些信息的同时忽略另外一些信息的能力。在日常生活中，人们通过视觉、听觉、触觉等方式接收大量的输入信息，但是人脑还是能在这些外界的信息轰炸中有条不紊地工作，是因为人脑可以有意或无意地从这些大量的输入信息中选择小部分的有用信息来重点处理，并忽略其他信息，这种能力称为注意力(Attention)。注意力可以作用在外部的刺激(听觉、视觉、味觉等)，也可以作用在内部的意识(思考、回忆等)。

注意力一般分为两种。

① 自上而下的有意识的注意力，称为聚焦式注意力(Focus Attention)。聚焦式注意力是一种有目的地、依赖任务地、并且主动有意识地聚焦于某一对象的注意力。

② 自下而上的无意识的注意力，称为基于显著性的注意力(Saliency-based Attention)。基于显著性的注意力是一种由外界刺激驱动的注意力，不需要主动干预，且和任务无关。如果一个对象的刺激信息不同于其周围信息，一种无意识的“赢者通吃”(Winner-Take-All)或者门控(Gating)机制就可以把注意力转向这个对象。不管这些注意力是有意的还是无意的，大部分的人脑活动都需要依赖注意力，比如记忆信息、阅读或思考等。

一个和注意力有关的例子是“鸡尾酒会”效应。当一个人在吵闹的鸡尾酒会上和朋友聊天时，尽管周围的噪声干扰很多，他还是可以听到朋友的谈话内容，而忽略其他人的声音(聚焦式注意力)。同时，如果背景声中有重要的词(比如他的名字)，他也会马上注意到(显著性注意力)。

聚焦式注意力一般会随着环境、情景或任务的不同而选择不同的信息。比如，当要从人群中寻找某个人时，我们会专注于每个人的脸部；而当要统计人群的人数时，我们只需要专注于每个人的轮廓。

8.3.2 网络中的注意力机制

在计算能力有限的情况下，注意力机制（Attention Mechanism）作为一种资源分配方案，将有限的计算资源用来处理更重要的信息，是解决信息超载问题的主要手段。当用神经网络来处理大量输入信息时，可以借鉴人脑的注意力机制，只选择一些关键的信息输入处理，从而提高神经网络的效率。

在目前的神经网络模型中，将最大池化（Max Pooling）、门控（Gating）机制近似地看作自下而上的基于显著性的注意力机制。除此之外，自上而下的聚焦式注意力也是一种有效的信息选择方式。以阅读理解任务为例，给定一篇很长的文章，然后就此文章的内容进行提问。提出的问题只和段落中的一两个句子相关，其余部分都是无关的。为了减小神经网络的计算负担，只需要把相关的片段挑选出来，输入后续的神经网络进行处理，而不需要把所有文章内容都输入给神经网络。注意力机制的计算可以分为两步：一是在所有输入信息上计算注意力分布，二是根据注意力分布来计算输入信息的加权平均。

注意力分布为了从 N 个输入向量 $[x_1,x_2,\cdots,x_N]$ 中选择出和某个特定任务相关的信息，需要引入一个和任务相关的表示，称为查询向量（Query Vector），并通过一个打分函数来计算每个输入向量和查询向量之间的相关性。

给定一个和任务相关的查询向量 $\boldsymbol{q}$，用注意力变量 $z\in[1,N]$ 来表示被选择信息的索引位置，即 $z=n$ 表示选择了第 n 个输入向量。为了方便计算，采用一种“软性”的信息选择机制，首先根据式(8-13)计算在给定 $\boldsymbol{q}$ 和 $\boldsymbol{x}$ 的条件下，选择第 n 个输入向量的概率 α_n：

$$\begin{aligned}\alpha_n &= p(z=n \mid \boldsymbol{x},\boldsymbol{q}) \\ &= \mathrm{softmax}(s(x_n,\boldsymbol{q})) \\ &= \frac{\exp(s(x_n,\boldsymbol{q}))}{\sum_{j=1}^{N}\exp(s(x_j,\boldsymbol{q}))}\end{aligned} \tag{8-13}$$

其中，α_n 称为注意力分布（Attention Distribution），$s(\boldsymbol{x},\boldsymbol{q})$ 称为注意力打分函数。$s(\boldsymbol{x},\boldsymbol{q})$ 可以使用以下几种模型计算：

$$\text{加性模型：}s(\boldsymbol{x},\boldsymbol{q})=\boldsymbol{v}^{\mathrm{T}}\tanh(\boldsymbol{W}\boldsymbol{x}+\boldsymbol{U}\boldsymbol{q}) \tag{8-14}$$

$$\text{点积模型：}s(\boldsymbol{x},\boldsymbol{q})=\boldsymbol{x}\cdot\boldsymbol{q} \tag{8-15}$$

$$\text{缩放点积模型：}s(\boldsymbol{x},\boldsymbol{q})=\frac{\boldsymbol{x}\cdot\boldsymbol{q}}{\sqrt{\boldsymbol{D}}} \tag{8-16}$$

$$\text{双线性模型：}s(\boldsymbol{x},\boldsymbol{q})=\boldsymbol{x}\cdot\boldsymbol{W}\boldsymbol{q} \tag{8-17}$$

其中，$\boldsymbol{W}$、$\boldsymbol{U}$、$\boldsymbol{v}$ 为可学习的参数，D 为输入向量的维度。

理论上讲，加性模型和点积模型的复杂度差不多，但是点积模型在实现上可以更好地利用矩阵乘积，从而计算效率更高。

当输入向量的维度 D 比较高时，点积模型的值通常有比较大的方差，从而导致 Softmax 函数的梯度会比较小。缩放点积模型可以较好地解决这个问题。双线性模型是一种泛化的点积模型，假设式(8-17)中 $\boldsymbol{W}=\boldsymbol{U}\cdot\boldsymbol{V}$，双线性模型可以写为 $s(\boldsymbol{x},\boldsymbol{q})=\boldsymbol{x}\cdot\boldsymbol{U}\cdot\boldsymbol{V}\boldsymbol{q}=(\boldsymbol{x}\boldsymbol{U})\cdot(\boldsymbol{V}\boldsymbol{q})$，即分别对 $\boldsymbol{x}$ 和 $\boldsymbol{q}$ 进行线性变换后再计算点积。相比点积模型，双线性模型在计算相

似度时引入了非对称性。注意力分布可以解释为在给定任务相关的查询时，第 n 个输入向量受关注的程度。我们采用一种“软性”的信息选择机制对输入信息进行汇总，即

$$\begin{aligned}\mathrm{att}(\boldsymbol{X},\boldsymbol{q}) &= \sum_{n=1}^{N} \alpha_n \boldsymbol{x}_n \\ &= \mathbb{E}_{z\sim p(z\mid \boldsymbol{X},\boldsymbol{q})}[\boldsymbol{x}_z]\end{aligned} \tag{8-18}$$

式(8-18)称为软性注意力机制(SoftAttentionMechanism)。

8.3.3　自注意力

当使用神经网络来处理一个变长的向量序列时，通常可以使用卷积神经网络或循环神经网络进行编码，得到一个和变长向量序列相同长度的输出向量序列，如图 8-13 所示。

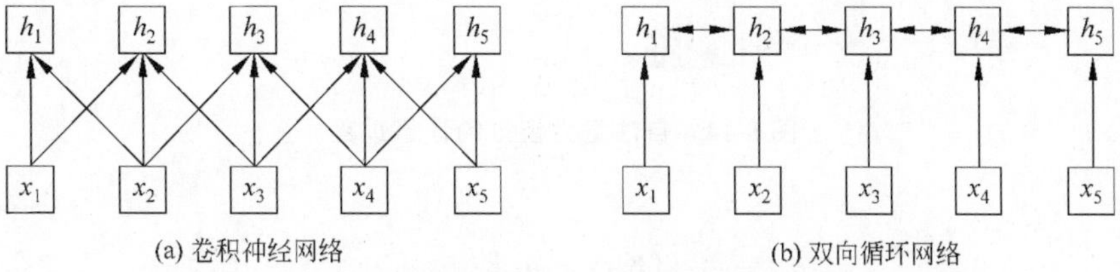

图 8-13　基于卷积神经网络和循环神经网络的变长序列编码

基于卷积神经网络和循环神经网络的序列编码都是一种局部的编码方式，只建模了输入信息的局部依赖关系。虽然循环神经网络理论上可以建立长距离依赖关系，但是由于信息传递的容量以及梯度消失等问题，实际上只能建立短距离依赖关系。

如果要建立输入序列之间的长距离依赖关系，可以使用以下两种方法：一种方法是增加网络的层数，通过一个深层网络来获取远距离的信息交互；另一种方法是使用全连接网络，全连接网络是一种非常直接的建模远距离依赖的模型，但是无法处理变长的输入序列。不同的输入长度，其连接权重的大小也是不同的，这时可以利用注意力机制来“动态”地生成不同连接的权重，即自注意力模型(Self-Attention Model)。

为了提高模型能力，自注意力模型通常采用查询-键-值(Query-Key-Value，QKV)模式，计算过程如图 8-14 所示。

假设输入序列为 $X=[x_1,x_2,\cdots,x_n]\in R^{D_x\times N}$，输出序列为 $H=[h_1,h_2,\cdots,h_N]\in R^{D_v\times N}$，则自注意力模型的具体计算过程如下。

(1) 对于每个输入 x_i，首先将其线性映射到 3 个不同的空间，得到查询-键-值，对于整个输入序列 X，线性映射过程可以简写为

$$\boldsymbol{Q}=\boldsymbol{W}_q\boldsymbol{X}\in \boldsymbol{R}^{D_q\times N} \tag{8-19}$$

$$\boldsymbol{K}=\boldsymbol{W}_k\boldsymbol{X}\in \boldsymbol{R}^{D_k\times N} \tag{8-20}$$

$$\boldsymbol{V}=\boldsymbol{W}_v\boldsymbol{X}\in \boldsymbol{R}^{D_v\times N} \tag{8-21}$$

其中，$\boldsymbol{W}_q\in\boldsymbol{R}^{D_q\times D_x}$、$\boldsymbol{W}_k\in\boldsymbol{R}^{D_k\times D_x}$、$\boldsymbol{W}_v\in\boldsymbol{R}^{D_v\times D_x}$ 分别为线性映射的参数矩阵，$\boldsymbol{Q}=[\boldsymbol{q}_1,\boldsymbol{q}_2,\cdots,\boldsymbol{q}_N]$，$\boldsymbol{K}=[\boldsymbol{k}_1,\boldsymbol{k}_2,\cdots,\boldsymbol{k}_N]$，$\boldsymbol{V}=[\boldsymbol{v}_1,\boldsymbol{v}_2,\cdots,\boldsymbol{v}_N]$ 分别是由查询向量键向量和值向量构成的矩阵。

(2) 对于每一个查询向量 $\boldsymbol{q}_n\in\boldsymbol{Q}$，利用式(8-19)的键值对注意力机制，可以得到输出向

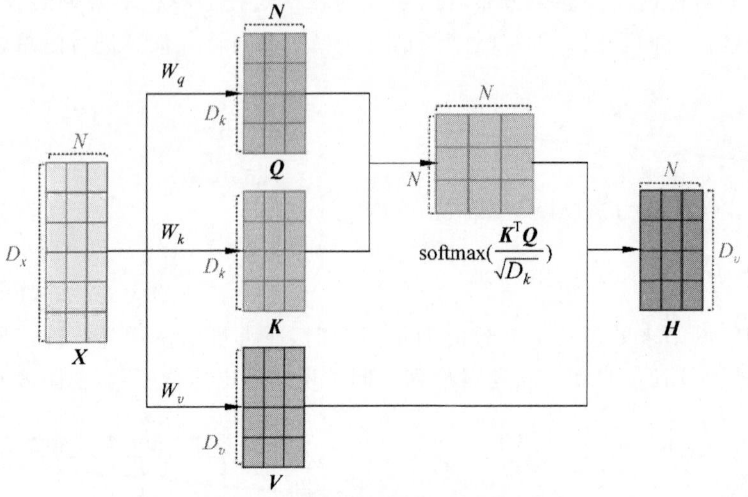

图 8-14　自注意力模型的计算过程

量 $\boldsymbol{h}_n$。

$$
\begin{aligned}
h_n &= \operatorname{att}((\boldsymbol{K},\boldsymbol{V}),q_n) \\
&= \sum_{j=1}^{N} \alpha_{nj}\, v_j \\
&= \sum_{j=1}^{N} \operatorname{softmax}(s(k_j,q_n))\, v_j
\end{aligned}
\tag{8-22}
$$

其中，$n,j\in[1,N]$ 为输出和输入向量序列的位置，α_{nj} 表示第 n 个输出关注到第 j 个输入的权重。如果使用缩放点积来作为注意力打分函数，则输出向量序列可以简写为

$$
\boldsymbol{H}=\boldsymbol{V}\operatorname{softmax}\left(\frac{\boldsymbol{K}\cdot\boldsymbol{D}}{\sqrt{D_K}}\right) \tag{8-23}
$$

其中 softmax(·)为按列进行归一化的函数。

图 8-15 给出全连接模型和自注意力模型的对比，其中实线表示可学习的权重，虚线表示动态生成的权重。由于自注意力模型的权重是动态生成的，因此可以处理变长的信息序列。

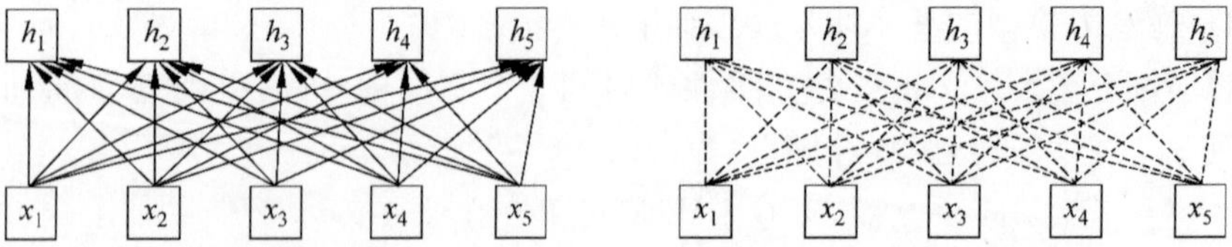

(a) 全连接模型　　(b) 自注意力模型

图 8-15　全连接模型和自注意力模型

自注意力模型可以作为神经网络中的一层来使用，既可以用来替换卷积层和循环层，也可以和它们一起交替使用(如图 8-15 中的 $x_1,x_2,\cdots,x_5$ 可以是卷积层或循环层的输出)。自注意力模型计算的权重 a 只依赖于 q 和 k 的相关性，而忽略了输入信息的位置信息，因此在单独使用时，自注意力模型一般需要加入位置编码信息来修正。自注意力模型可以扩展

为多头自注意力(Multi-Head Self-Attention)模型,实现在多个不同的投影空间中捕捉不同的交互信息。

8.4 Python 实现

8.4.1 LeNet5 网络实现手写数字识别

针对 MNIST 数据集,试使用 LeNet5 实现手写数字识别。

程序代码及实验结果如下。

(1)程序代码。

```
import torch.nn as nn
import torch
import torch.optim as optim
import numpy as np
import struct
import matplotlib.pyplot as plt
```

为了实现手写数字识别的任务,首先建立了 data_fetch_preprocessing 函数。该函数的目的是从 MNIST 数据集中读取和预处理训练和测试图像及其标签。通过打开相关的二进制文件并解析文件头,函数能够提取数据的基本信息,随后读取训练标签并构建标签矩阵,以便后续模型的训练。此外,函数还将训练和测试图像数据重塑为适合卷积神经网络输入的 784 维数组。完成数据处理后,函数关闭所有打开的文件,并返回经过处理的训练和测试数据。

```
def data_fetch_preprocessing():
    train_image =open('train-images.idx3-ubyte', 'rb')
    test_image =open('t10k-images.idx3-ubyte', 'rb')
    train_label =open('train-labels.idx1-ubyte', 'rb')
    test_label =open('t10k-labels.idx1-ubyte', 'rb')

    magic, n =struct.unpack('>II',
                            train_label.read(8))
    #原始数据的标签
    y_train_label =np.array(np.fromfile(train_label,
                                        dtype=np.uint8), ndmin=1)
    y_train =np.ones((10, 60000)) * 0.01
    for i in range(60000):
        y_train[y_train_label[i]][i] =0.99

    #测试数据的标签
    magic_t, n_t =struct.unpack('>II',
                                test_label.read(8))
    y_test =np.fromfile(test_label,
                        dtype=np.uint8).reshape(10000, 1)
    #print(y_train[0])
    #训练数据共有 60000 个
```

```
    #print(len(labels))
    magic, num, rows, cols =struct.unpack('>IIII', train_image.read(16))
    x_train =np.fromfile(train_image, dtype=np.uint8).reshape(len(y_train_
label), 784)

    magic_2, num_2, rows_2, cols_2 =struct.unpack('>IIII', test_image.read(16))
    x_test =np.fromfile(test_image, dtype=np.uint8).reshape(len(y_test), 784)
    #print(x_train.shape)
    #可以通过这个函数观察图像
    #data=x_train[:,0].reshape(28,28)
    #plt.imshow(data,cmap='Greys',interpolation=None)
    #plt.show()

    #关闭打开的文件
    train_image.close()
    train_label.close()
    test_image.close()
    test_label.close()

    return x_train, y_train_label, x_test, y_test
```

在 convolution_neural_network 中，卷积块的输出在进入全连接层之前需要经过展平处理。这一展平过程将四维的卷积输出（即小批量大小、通道数、高度和宽度）转换为二维输入格式，其中第一个维度表示小批量中的每个样本，第二个维度则给出每个样本的特征向量表示。展平的目的是使得输入的格式与全连接层的期望一致，从而可以进行进一步的线性变换。

这一网络中的全连接部分包含 3 个全连接层，具有 120、84 和 10 个输出节点。由于执行的是分类任务，输出层的 10 个节点对应最终的数字分类结果，具体为手写数字 0 到 9。此结构确保模型能够基于卷积层提取的特征进行有效的分类决策。

```
class convolution_neural_network(nn.Module):
    def __init__(self):
        super(convolution_neural_network, self).__init__()

        #定义卷积层
        self.conv =nn.Sequential(
            nn.Conv2d(in_channels=1, out_channels=6, kernel_size=5, stride=1,
padding=0),  #28x28x1-->24x24x6
            nn.Sigmoid(),
            nn.MaxPool2d(kernel_size=2, stride=2),  #12x12x6
            nn.Conv2d(in_channels=6, out_channels=16, kernel_size=5, stride=1,
padding=0),  #8x8x16
            nn.Sigmoid(),
            nn.MaxPool2d(kernel_size=2, stride=2)  #4x4x16
        )
        self.fc =nn.Sequential(
```

```
            nn.Linear(in_features=256, out_features=120),
            nn.Sigmoid(),
            nn.Linear(in_features=120, out_features=84),
            nn.Sigmoid(),
            nn.Linear(in_features=84, out_features=10),
        )

    def forward(self, img):
        feature =self.conv(img)
        output =self.fc(feature.view(img.shape[0], -1))
        return output
```

定义交叉熵损失函数和训练样标签，以统计准确率，并计算损失，以通过反向传播优化模型参数。代码如下。

```
if __name__ =='__main__':
    #获取数据
    x_train, y_train, x_test, y_test =data_fetch_preprocessing()
    x_train =x_train.reshape(60000, 1, 28, 28)
    #建立模型实例
    LeNet =convolution_neural_network()
    #plt.imshow(x_train[2][0], cmap='Greys', interpolation=None)
    #plt.show()
    #交叉熵损失函数
    loss_function =nn.CrossEntropyLoss()
    loss_list =[]
    optimizer =optim.Adam(params=LeNet.parameters(), lr=0.001)
    #epoch =5
    for e in range(5):
        precision =0
        for i in range(60000):
            prediction =LeNet(torch.tensor(x_train[i]).float().reshape(-1, 1,
28, 28))
            #print(prediction)
            #print(torch.from_numpy(y_train[i]).reshape(1,-1))
            #exit(-1)
            if torch.argmax(prediction) ==y_train[i]:
                precision +=1
            loss =loss_function(prediction, torch.tensor([y_train[i]]).long())
            optimizer.zero_grad()
            loss.backward()
            optimizer.step()
            loss_list.append(loss)
        print('第%d轮迭代,loss=%.3f,准确率:%.3f' %(e, loss_list[-1],precision/
60000))
```

（2）实验结果。

实验结果如图 8-17 所示。

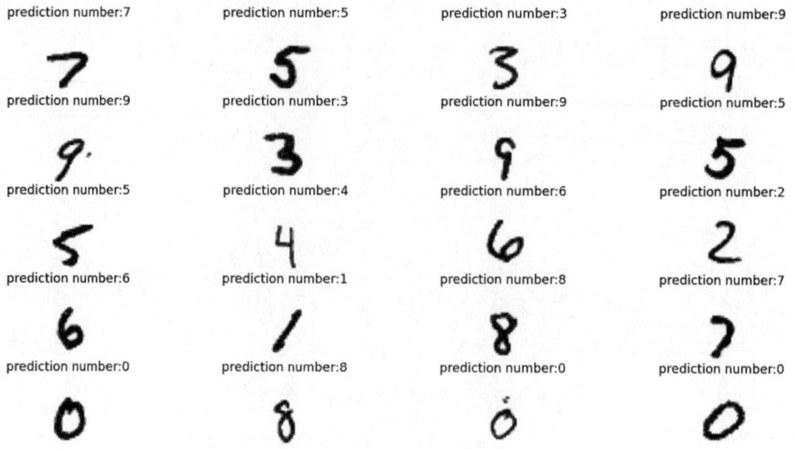

图 8-17　LeNet5 对 MNIST 数据集识别的效果

8.4.2　循环神经网络实现手写数字识别

针对 MNIST 数据集，试使用循环神经网络(RNN)模型编程实现手写数字分类任务。程序代码及实验结果如下。

(1) 程序代码。

首先导入需要的包和模块，并设置参数。代码如下。

```
import torch
from torch import nn
import torchvision.datasets as datasets
import torchvision.transforms as transforms
import matplotlib.pyplot as plt
torch.manual_seed(2019)

#超参设置
EPOCH =1  #训练 EPOCH 次，这里为了测试方便，只跑一次
BATCH_SIZE =32
TIME_STEP =28  #RNN 时间跨度(图片高度)
INPUT_SIZE =28  #RNN 输入尺寸(图片宽度)
INIT_LR =0.01  #初始学习率
DOWNLOAD_MNIST =True  #设置是否需要下载数据集
```

下载并导入 MNIST 数据集，MNIST 数据集是机器学习和计算机视觉领域中最著名和广泛使用的基准数据集之一。它包含 70000 张手写数字的灰度图像(图 8-18)，每张图像的大小为 28×28 像素，用于训练各种图像分类算法。

```
#使用 DataLoader 加载训练数据，为了演示方便，对于测试数据，只取出 2000 个样本进行测试
train_data= datasets.MNIST(root='mnist', train=True, transform=transforms.
ToTensor(), download=DOWNLOAD_MNIST)
train_loader =torch.utils.data.DataLoader(dataset=train_data,atch_size=BATCH
_SIZE, shuffle=True)
```

图 8-18　MNIST 数据集示例图像

```
test_data =datasets.MNIST(root='mnist', train=False)
test_x =test_data.test_data.type(torch.FloatTensor)[:2000] / 255.
test_y =test_data.test_labels.numpy()[:2000]
```

定义 RNN 网络结构、损失函数和优化器。代码如下。

```
class RNN(nn.Module):
    def __init__(self):
        super(RNN, self).__init__()
        self.rnn =nn.LSTM(
            input_size=INPUT_SIZE,
            hidden_size=64,
            num_layers=1,
            batch_first=True
        )
        self.out =nn.Linear(64, 10)

    def forward(self, x):
        #x shape (batch_size, time_step, input_size)
        #r_out shape (batch_size, time_step, output_size)
        #h_n shape (n_layers, batch_size, hidden_size)
        #h_c shape (n_layers, batch_size, hidden_size)
        r_out, (h_n, h_c) =self.rnn(x)
        #取出最后一次循环的 r_out 传递到全连接层
        out =self.out(r_out[:, -1, :])
        return out

rnn =RNN()
print(rnn)

optimizer =torch.optim.Adam(rnn.parameters(), lr=INIT_LR)
loss_func =nn.CrossEntropyLoss()
```

训练网络，并对数据集中部分数据进行识别。代码如下。

```
#RNN 训练
for epoch in range(EPOCH):
    for step, (b_x, b_y) in enumerate(train_loader):
        #数据的输入为(batch_size, time_step, input_size)
        b_x =b_x.view(-1, TIME_STEP, INPUT_SIZE)
        output =rnn(b_x)
        loss =loss_func(output, b_y)
        optimizer.zero_grad()
        loss.backward()
        optimizer.step()

        if step %50 ==0:
            prediction =rnn(test_x)  #输出为(2000, 10)
            pred_y =torch.max(prediction, 1)[1].data.numpy()
            accuracy =(pred_y ==test_y).sum() / float(test_y.size)
            print(f'Epoch: [{step}/{epoch}]', f'| train loss: {loss.item()}', f'|
test accuracy: {accuracy}')

#打印测试数据集中的后 20 个结果
prediction =rnn(test_x[:20].view(-1, 28, 28))
pred_y =torch.max(prediction, 1)[1].data.numpy()
print(pred_y, 'prediction number')
print(test_y[:20], 'real number')
#输出结果图像
plt.figure()
for i in range(20):
    plt.subplot(5, 4, i+1)
    inverted_image =1 -test_data.test_data[i].type(torch.FloatTensor) / 255.0
    plt.imshow(inverted_image.numpy(), cmap='gray')
    plt.title(f'识别结果:{pred_y[i]}')
    plt.xticks(())
    plt.yticks(())
plt.show()
```

（2）实验结果。

实验结果如图 8-19 所示。

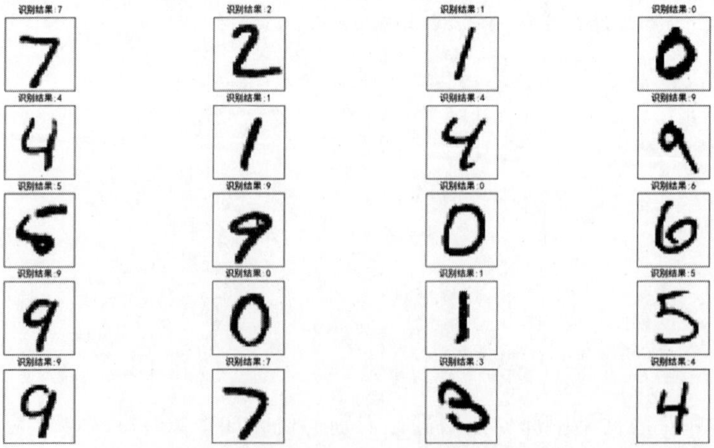

图 8-19　RNN 对 MNIST 数据集识别的效果

8.4.3　GRU 的 Python 实现

针对小说时间机器的文本数据集，试使用 GRU 模型编程实现文本数据的预测。

程序代码及实验结果如下。

(1) 程序代码。

首先导入需要的包和模块，并从 d2l 包中加载小说时间机器的文本数据集。代码如下。

```
#Code adapted from Dive into Deep Learning (https://d2l.ai)
#Licensed under Apache 2.0 License
import torch
from torch import nn
from d2l import torch as d2l

batch_size, num_steps =32, 35
train_iter, vocab =d2l.load_data_time_machine(batch_size, num_steps)
```

从标准差为 0.01 的高斯分布中提取权重，并将偏置项设为 0，超参数 num_hiddens 定义隐藏单元的数量，实例化与更新门、重置门、候选隐藏状态和输出层相关的所有权重和偏置。代码如下。

```
def get_params(vocab_size, num_hiddens, device):
    num_inputs =num_outputs =vocab_size

    def normal(shape):
        return torch.randn(size=shape, device=device) * 0.01

    def three():
        return (normal((num_inputs, num_hiddens)),
                normal((num_hiddens, num_hiddens)),
                torch.zeros(num_hiddens, device=device))

    W_xz, W_hz, b_z =three()  #更新门参数
    W_xr, W_hr, b_r =three()  #重置门参数
    W_xh, W_hh, b_h =three()  #候选隐藏状态参数
    #输出层参数
    W_hq =normal((num_hiddens, num_outputs))
    b_q =torch.zeros(num_outputs, device=device)
    #附加梯度
    params =[W_xz, W_hz, b_z, W_xr, W_hr, b_r, W_xh, W_hh, b_h, W_hq, b_q]
    for param in params:
        param.requires_grad_(True)
    return params
def init_gru_state(batch_size, num_hiddens, device):
    return (torch.zeros((batch_size, num_hiddens), device=device), )
```

现在准备定义门控循环单元模型，模型的架构与基本的循环神经网络单元相同，只是权重更新公式更为复杂。代码如下。

```
def gru(inputs, state, params):
    W_xz, W_hz, b_z, W_xr, W_hr, b_r, W_xh, W_hh, b_h, W_hq, b_q =params
    H, =state
    outputs =[]
    for X in inputs:
        Z =torch.sigmoid((X @W_xz) +(H @W_hz) +b_z)
        R =torch.sigmoid((X @W_xr) +(H @W_hr) +b_r)
        H_tilda =torch.tanh((X @W_xh) +((R * H) @W_hh) +b_h)
        H =Z * H +(1 -Z) * H_tilda
        Y =H @W_hq +b_q
        outputs.append(Y)
return torch.cat(outputs, dim=0), (H,)
```

训练结束后,分别打印输出训练集的困惑度,以及前缀 time traveler 和 traveler 预测序列上的困惑度。

```
vocab_size, num_hiddens, device =len(vocab), 256, d2l.try_gpu()
num_epochs, lr =500, 1
model =d2l.RNNModelScratch(len(vocab), num_hiddens, device, get_params,
                           init_gru_state, gru)
d2l.train_ch8(model, train_iter, vocab, lr, num_epochs, device)
```

(2) 实验结果。

实验结果如图 8-20 所示。

```
time travelleryou can show black is white by argument said filby
traveller with a slight accession ofcheerfulness really thi
time travelleryou can show black is white by argument said filby
time travelleryou can show black is white by argument said filby
traveller with a slight accession ofcheerfulness really thi
```

图 8-20　GRU 对文本数据的预测

习　　题

1. 请解释卷积神经网络中的卷积层。
2. 解释什么是注意力机制,并说明它在神经网络中的作用。
3. 描述注意力机制如何帮助模型处理序列数据。
4. 搭建 ResNet 卷积神经网络,实现手写数字分类。
5. 实现一个简单的 RNN 模型,并用它来分类文本数据。

第9章　模式识别在图像分析中的应用与发展

模式识别是近30年来发展最迅速的人工智能学科分支之一。作为一门交叉学科，它不仅与统计学、计算机科学、生物学以及控制科学等有关系，还与图像处理的研究有着广泛而深入的交叉关系。比如，医学领域的医学图像分析、工业领域的产品缺陷检测、交通领域的自动驾驶、安全领域的各类生物特征识别等。为此，本章主要从模式识别在图像分类、材料微观组织分析、人耳识别等方面的典型应用以及大模型的发展趋势等方面介绍。

9.1　图像分类

第8章介绍了常用的卷积神经网络，并将它们应用到简单的图像分类任务中。由于深度神经网络可以有效地表示多个层次的图像，因此它已成功用于各种图像处理任务中，例如目标检测(Object Detection)、语义分割(Semantic Segmentation)和样式迁移(Style Transfer)。本节将前几章的知识应用于流行的图像基准数据集，介绍图像分类的具体方法流程。

在之前的章节中，一直在使用深度学习框架的高级接口函数(API)直接获取张量格式的图像数据集。但是在实践中，图像数据集通常以图像文件的形式出现。本节将从原始图像文件开始，然后逐步读取，并将它们转换为张量格式。

CIFAR-10是计算机视觉领域中的一个重要数据集。本节将运用在前几章中学到的知识参加CIFAR-10图像分类问题的Kaggle竞赛，比赛的网址是https://www.kaggle.com/c/cifar-10。

首先导入所需要的包和模块，代码如下。

```
import collections
import math
import os
import shutil
import pandas as pd
import torch
import torchvision
from torch import nn
from d2l import torch as d2l
```

比赛数据集分为训练集和测试集，其中训练集包含50000张图像，测试集包含300000张图像。在测试集中，10000张图像将被用于评估，而剩下的290000张图像不会被评估，包含它们只是为了防止手动标记测试集,并提交标记结果。两个数据集中的图像都是 png 格式,高度和宽度均为 32 像素,并有 3 个颜色通道(RGB)。这些图片共涵盖 10 个类别：飞机、汽车、鸟类、猫、鹿、狗、青蛙、马、船和卡车。图 9-1 的左上角显示了数据集中飞机、汽车和鸟类的一些图像。

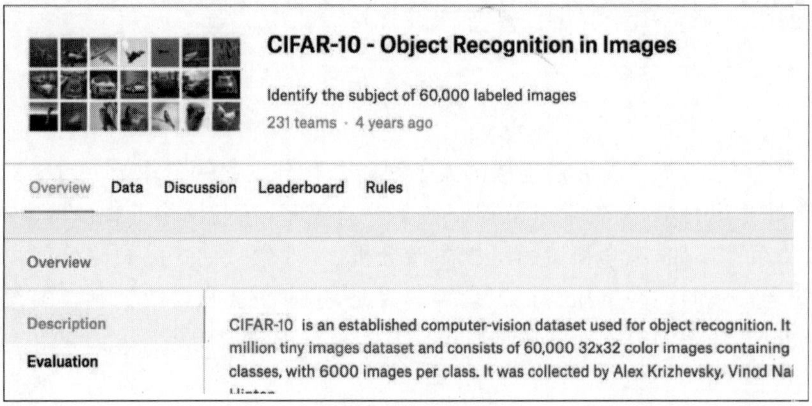

图 9-1　数据集概述

可以通过单击图 9-1 中显示的 CIFAR-10 图像分类竞赛网页上的 Data 选项卡打开数据集,然后单击 Download All 按钮下载数据集。在../data 中解压下载的文件,并在其中解压缩 train.7z 和 test.7z,解压缩后的文件夹中的 train 和 test 文件夹分别包含训练和测试图像,trainLabels.csv 含有训练图像的标签,sample_submission.csv 是提交文件的范例。

为了便于入门,我们提供包含前 1000 个训练图像和 5 个随机测试图像的数据集的小规模样本。要使用 Kaggle 竞赛的完整数据集,需要将以下 demo 变量设置为 False。

```
#@save
d2l.DATA_HUB['cifar10_tiny'] = (d2l.DATA_URL + 'kaggle_cifar10_tiny.zip',
                                '2068874e4b9a9f0fb07ebe0ad2b29754449ccacd')

#如果使用完整的 Kaggle 竞赛的数据集,设置 demo 为 False
demo = True

if demo:
    data_dir = d2l.download_extract('cifar10_tiny')
else:
    data_dir = '../data/cifar-10/'
```

接下来整理数据集来训练和测试模型。首先用以下函数读取 CSV 文件中的标签,它返回一个字典,该字典将文件名中不带扩展名的部分映射到其标签。

```
#@save
def read_csv_labels(fname):
    """读取 fname 来给标签字典返回一个文件名"""
    with open(fname, 'r') as f:
        #跳过文件头行(列名)
        lines = f.readlines()[1:]
```

```
    tokens = [l.rstrip().split(',') for l in lines]
    return dict(((name, label) for name, label in tokens))

labels = read_csv_labels(os.path.join(data_dir, 'trainLabels.csv'))
print('#训练样本 :', len(labels))
print('#类别 :', len(set(labels.values())))
```

定义 reorg_train_valid 函数将验证集从原始的训练集中拆分出来。此函数中的参数 valid_ratio 是验证集中的样本数与原始训练集中的样本数之比。

```
#@save
def copyfile(filename, target_dir):
    """将文件复制到目标目录"""
    os.makedirs(target_dir, exist_ok=True)
    shutil.copy(filename, target_dir)

#@save
def reorg_train_valid(data_dir, labels, valid_ratio):
    """将验证集从原始的训练集中拆分出来"""
    #训练数据集中样本最少的类别中的样本数
    n = collections.Counter(labels.values()).most_common()[-1][1]
    #验证集中每个类别的样本数
    n_valid_per_label = max(1, math.floor(n * valid_ratio))
    label_count = {}
    for train_file in os.listdir(os.path.join(data_dir, 'train')):
        label = labels[train_file.split('.')[0]]
        fname = os.path.join(data_dir, 'train', train_file)
        copyfile(fname, os.path.join(data_dir, 'train_valid_test',
                                     'train_valid', label))
        if label not in label_count or label_count[label] < n_valid_per_label:
            copyfile(fname, os.path.join(data_dir, 'train_valid_test',
                                         'valid', label))
            label_count[label] = label_count.get(label, 0) + 1
        else:
            copyfile(fname, os.path.join(data_dir, 'train_valid_test',
                                         'train', label))
    return n_valid_per_label
```

下面的 reorg_test 函数用来在预测期间整理测试集，以方便读取。将样本数据集的批量大小设置为 32。在实际训练和测试中，应该使用 Kaggle 竞赛的完整数据集，并将批量大小设置为更大的整数，例如 128。将 10%的训练样本作为调整超参数的验证集。

```
#@save
def reorg_test(data_dir):
    """在预测期间整理测试集，以方便读取"""
    for test_file in os.listdir(os.path.join(data_dir, 'test')):
        copyfile(os.path.join(data_dir, 'test', test_file),
                 os.path.join(data_dir, 'train_valid_test', 'test',
                              'unknown'))
```

```
def reorg_cifar10_data(data_dir, valid_ratio):
    labels =read_csv_labels(os.path.join(data_dir, 'trainLabels.csv'))
    reorg_train_valid(data_dir, labels, valid_ratio)
    reorg_test(data_dir)
batch_size =32 if demo else 128
valid_ratio =0.1
reorg_cifar10_data(data_dir, valid_ratio)
```

一般使用图像增广来解决过拟合的问题。例如,在训练中,可以随机水平翻转图像,还可以对彩色图像的RGB通道执行标准化。下面列出了其中一些可以调整的操作。在测试期间,只对图像执行标准化,以消除评估结果中的随机性。

```
transform_train =torchvision.transforms.Compose([
    #在高度和宽度上将图像放大到 40 像素的正方形
    torchvision.transforms.Resize(40),
    #随机裁剪出一个高度和宽度均为 40 像素的正方形图像,
    #生成一个面积为原始图像面积 0.64～1 倍的小正方形,
    #然后将其缩放为高度和宽度均为 32 像素的正方形
    torchvision.transforms.RandomResizedCrop(32, scale=(0.64, 1.0),
                                             ratio=(1.0, 1.0)),
    torchvision.transforms.RandomHorizontalFlip(),
    torchvision.transforms.ToTensor(),
    #标准化图像的每个通道
    torchvision.transforms.Normalize([0.4914, 0.4822, 0.4465],
                                     [0.2023, 0.1994, 0.2010])])
transform_test =torchvision.transforms.Compose([
    torchvision.transforms.ToTensor(),
    torchvision.transforms.Normalize([0.4914, 0.4822, 0.4465],
                                     [0.2023, 0.1994, 0.2010])])
```

接下来,读取由原始图像组成的数据集,每个样本包括一张图片和一个标签。

```
train_ds, train_valid_ds =[torchvision.datasets.ImageFolder(
    os.path.join(data_dir, 'train_valid_test', folder),
    transform=transform_train) for folder in ['train', 'train_valid']]

valid_ds, test_ds =[torchvision.datasets.ImageFolder(
    os.path.join(data_dir, 'train_valid_test', folder),
    transform=transform_test) for folder in ['valid', 'test']]
```

在训练期间,需要指定上面定义的所有图像增广操作。当验证集在超参数调整过程中用于模型评估时,不应引入图像增广的随机性。在最终预测之前,根据训练集和验证集组合而成的训练模型进行训练,以充分利用所有标记的数据。

```
train_iter, train_valid_iter =[torch.utils.data.DataLoader(
    dataset, batch_size, shuffle=True, drop_last=True)
    for dataset in (train_ds, train_valid_ds)]

valid_iter =torch.utils.data.DataLoader(valid_ds, batch_size, shuffle=False,
```

```
                                            drop_last=True)

test_iter =torch.utils.data.DataLoader(test_ds, batch_size, shuffle=False,
                                        drop_last=False)
```

ResNet 网络定义如下。

```
import torch
from torch import nn
from torch.nn import functional as F
from d2l import torch as d2l


class Residual(nn.Module):  #@save
    def __init__(self, input_channels, num_channels,
                 use_1x1conv=False, strides=1):
        super().__init__()
        self.conv1 =nn.Conv2d(input_channels, num_channels,
                              kernel_size=3, padding=1, stride=strides)
        self.conv2 =nn.Conv2d(num_channels, num_channels,
                              kernel_size=3, padding=1)
        if use_1x1conv:
            self.conv3 =nn.Conv2d(input_channels, num_channels,
                                  kernel_size=1, stride=strides)
        else:
            self.conv3 =None
        self.bn1 =nn.BatchNorm2d(num_channels)
        self.bn2 =nn.BatchNorm2d(num_channels)

    def forward(self, X):
        Y =F.relu(self.bn1(self.conv1(X)))
        Y =self.bn2(self.conv2(Y))
        if self.conv3:
            X =self.conv3(X)
        Y +=X
        return F.relu(Y)
```

这里使用 D2l 库中自带的 ResNet18 类定义模型。

```
def get_net():
    num_classes =10
    net =d2l.resnet18(num_classes, 3)
    return net

loss =nn.CrossEntropyLoss(reduction="none")
def train(net, train_iter, valid_iter, num_epochs, lr, wd, devices, lr_period,
          lr_decay):
    trainer =torch.optim.SGD(net.parameters(), lr=lr, momentum=0.9,
                             weight_decay=wd)
    scheduler =torch.optim.lr_scheduler.StepLR(trainer, lr_period, lr_decay)
    num_batches, timer =len(train_iter), d2l.Timer()
```

```
    legend = ['train loss', 'train acc']
    if valid_iter is not None:
        legend.append('valid acc')
    animator = d2l.Animator(xlabel='epoch', xlim=[1, num_epochs],
                            legend=legend)
    net = nn.DataParallel(net, device_ids=devices).to(devices[0])
    for epoch in range(num_epochs):
        net.train()
        metric = d2l.Accumulator(3)
        for i, (features, labels) in enumerate(train_iter):
            timer.start()
            l, acc = d2l.train_batch_ch13(net, features, labels,
                                          loss, trainer, devices)
            metric.add(l, acc, labels.shape[0])
            timer.stop()
            if (i + 1) % (num_batches // 5) == 0 or i == num_batches - 1:
                animator.add(epoch + (i + 1) / num_batches,
                             (metric[0] / metric[2], metric[1] / metric[2],
                              None))
        if valid_iter is not None:
            valid_acc = d2l.evaluate_accuracy_gpu(net, valid_iter)
            animator.add(epoch + 1, (None, None, valid_acc))
        scheduler.step()
    measures = (f'train loss {metric[0] / metric[2]:.3f}, '
                f'train acc {metric[1] / metric[2]:.3f}')
    if valid_iter is not None:
        measures += f', valid acc {valid_acc:.3f}'
    print(measures + f'\n{metric[2] * num_epochs / timer.sum():.1f}'
          f' examples/sec on {str(devices)}')
```

现在可以训练和验证模型了，而且以下所有超参数都可以调整。例如，可以增加周期的数量，当 lr_period 和 lr_decay 分别设置为 4 和 0.9 时，优化算法的学习速率将在每 4 个周期乘以 0.9。为便于演示，在这里只训练 20 个周期。

```
devices, num_epochs, lr, wd = d2l.try_all_gpus(), 20, 2e-4, 5e-4
lr_period, lr_decay, net = 4, 0.9, get_net()
train(net, train_iter, valid_iter, num_epochs, lr, wd, devices, lr_period,
      lr_decay)
net, preds = get_net(), []
train(net, train_valid_iter, None, num_epochs, lr, wd, devices, lr_period,
      lr_decay)

for X, _ in test_iter:
    y_hat = net(X.to(devices[0]))
    preds.extend(y_hat.argmax(dim=1).type(torch.int32).cpu().numpy())
sorted_ids = list(range(1, len(test_ds) + 1))
sorted_ids.sort(key=lambda x: str(x))
df = pd.DataFrame({'id': sorted_ids, 'label': preds})
df['label'] = df['label'].apply(lambda x: train_valid_ds.classes[x])
df.to_csv('submission.csv', index=False)
```

9.2 微观组织图像分割系统

材料微观组织结构与其性能之间有密切的联系。通过对微观组织图像分析来预测材料的相关性能是材料研究的重要方法，也是模式识别技术在图像处理方面的典型应用。传统的微观组织分析主要通过人工操作，分析过程受主观因素影响，且费时费力。随着图像处理技术在材料领域的应用不断拓展，自动化程度和精度更高，且不受人为因素影响的微观组织图像分析技术被提出，大大提升了材料分析的效率。本节介绍了微观组织图像的获取、几种常用于组织图像处理的方法以及材料微观组织图像分割实例。

为了从微观角度分析材料性能，首先需要制备试样，然后用金相显微镜获取清晰的材料微观组织图像。

在试样制备和图像采集的过程中，金相组织受人为操作失误、环境噪声和设备精度等影响，常常出现图像失真、噪声干扰等现象，这会影响材料微观组织的识别、测定和性能的评估工作。所以在对材料微观组织图像分析之前，需要对其预处理，以去除噪声，提升图像质量。预处理操作包括滤波、Retinex 算法、拉普拉斯锐化、直方图均衡化等。

1. 滤波

用于材料微观组织图像去噪的常用滤波算法包括均值滤波、中值滤波、高斯滤波。

均值滤波是一种局部空间的线性滤波技术。滤波后图像的像素值都是其核窗口内图像像素的平均值。均值滤波不能保持图像的细节信息，尤其是图像的边缘信息，图像本身变得模糊，对于噪声点的滤除能力也比较有限。其在 Python 的 OpenCV 库中的函数如下。

```
import cv2
result=cv2.blur(img,(ksize,ksize))  #img:待处理图像 ksize:核大小
```

高斯滤波本质是一种加权平均滤波方法。其输出图像的每一个像素值都是其邻域像素值以及其自身像素值通过加权平均计算得到的，常用于滤除高斯噪声。相对于均值滤波，它能够更好地保护图像的细节，在实际中的应用比较广泛。高斯滤波的权值是通过二维高斯函数来确定的。在数字图像处理中，二维零均值离散高斯函数最常用，如(式 9-1)所示：

$$G(x,y)=\frac{1}{2\pi\sigma^2}e^{\frac{x^2+y^2}{2\sigma^2}} \tag{9-1}$$

其在 Python 的 OpenCV 库中的函数如下。

```
result=cv2.GaussianBlur(img,(ksize,ksize), sigma )#sigma:标准差
```

中值滤波是一种非常典型的非线性滤波算法。其基本思想是在选定范围内，用所有像素点的灰度中值代替原有像素点灰度值。中值滤波对于椒盐噪声有较好的抑制作用。相对于均值滤波而言，中值滤波可以较好地保留图像细节，在一定程度上克服图像模糊的问题。但是对于细节纹理较多的材料微观组织图像，中值滤波的去噪效果依然不太理想。其在 Python 的 OpenCV 库中的函数如下。

```
result=cv2.medianBlur(img,ksize)
```

针对材料微观组织图像,采用上述滤波方法后的效果如图 9-2 所示。

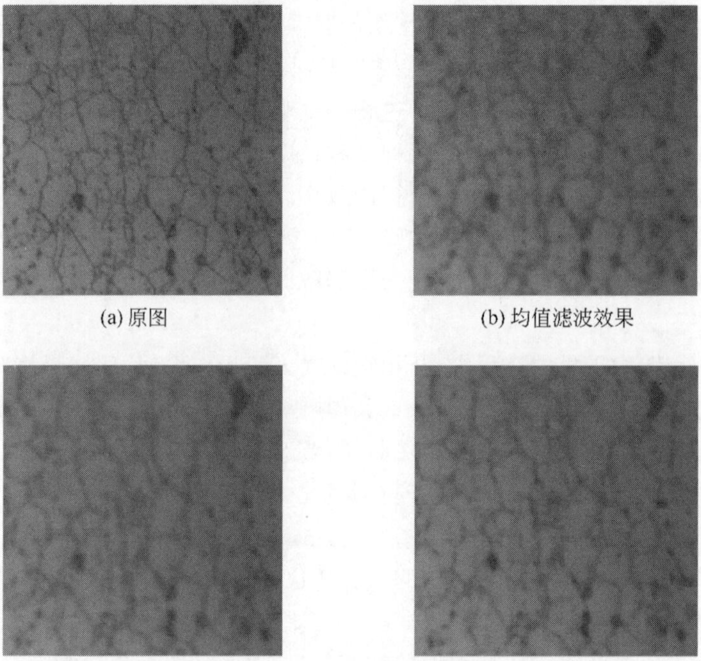

(a) 原图　(b) 均值滤波效果

(c) 高斯滤波效果　(d) 中值滤波效果

图 9-2　不同滤波后的效果

2. Retinex 算法

受图像采集环境的影响,实际材料微观组织图像常常存在光照不均的问题。Retinex 算法通过去除或降低原始图像中入射光照的影响,尽量得到反射物体的本质图像。由于 Retinex 算法需要在颜色保真度和细节保持度上追求完美的平衡,而这个平衡在应对不同图像的时候一般都有差别。针对这个情况,多尺度的 Retinex 算法(MSR)被提出,即对一幅图像在不同的尺度上采用单尺度 Retinex 算法处理,然后在对不同尺度上的处理结果进行加权求和,获得所估计的照度图像。MSR 算法把不同尺度下的增强结果线性地组合在一起,充分考虑局部信息和整体信息,将其运用于材料微观组织图像,可以去除光照不均带来的影响。多尺度 Retinex 算法的 Python 实现如下。

```
import numpy as np
import cv2
def replaceZeroes(data):
    data[data ==0] =1
    return data

def MSR(img, scales):
    weight =1.0 / len(scales)
    scales_size =len(scales)
```

```
    h, w =img.shape[:2]
    log_R =np.zeros((h, w), dtype=np.float32)
    for i in range(scales_size):
        img =replaceZeroes(img)
        L_blur =cv2.GaussianBlur(img, (scales[i], scales[i]), 0)  #高斯
        L_blur =replaceZeroes(L_blur)
        dst_Img =cv2.log(img / 255.0)  #log 原图
        dst_Lblur =cv2.log(L_blur / 255.0)  #log 高斯滤波后的图
        log_R +=weight * cv2.subtract(dst_Img, dst_Lblur)
        img_dst =cv2.normalize(log_R,None, 0, 255, cv2.NORM_MINMAX)
        result=cv2.convertScaleAbs(img_dst)
    return result
retult=MSR(img, scales)  #img:待处理图像,scales:尺度, log_R:处理结果
```

针对材料微观组织图像光照不均影响,采用 Retinex 算法的效果如图 9-3 所示。图 9-3(a)中原图的光照不均的问题仅凭肉眼不易察觉,经二值化后可知图像左下部分像素点的灰度值整体高于右上部分像素点的灰度值。经 Retinex 算法处理后,去除了光照的影响,图像整体灰度分布均匀。

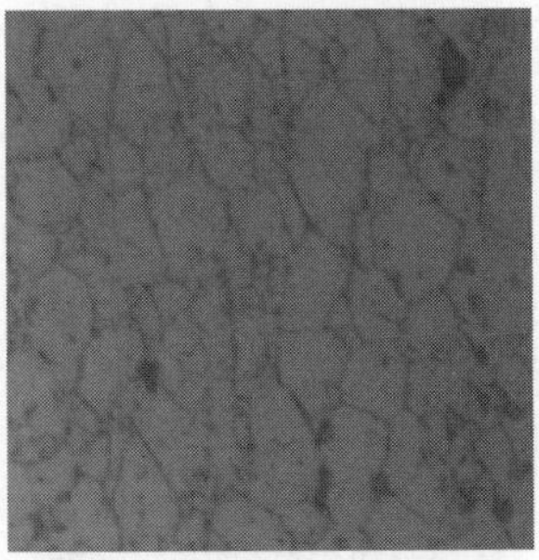

(a) 原图

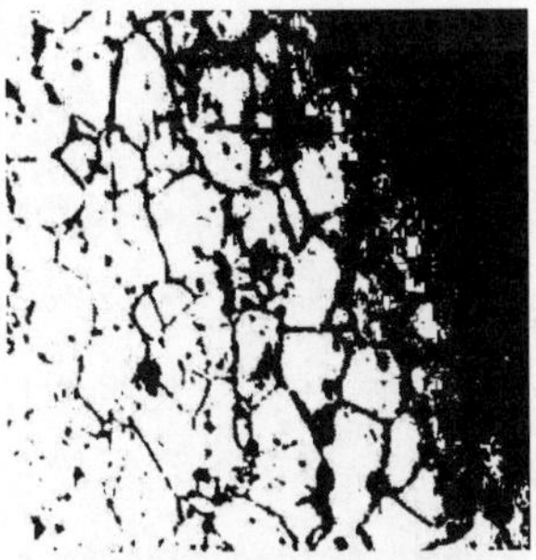

(b) 原图二值化

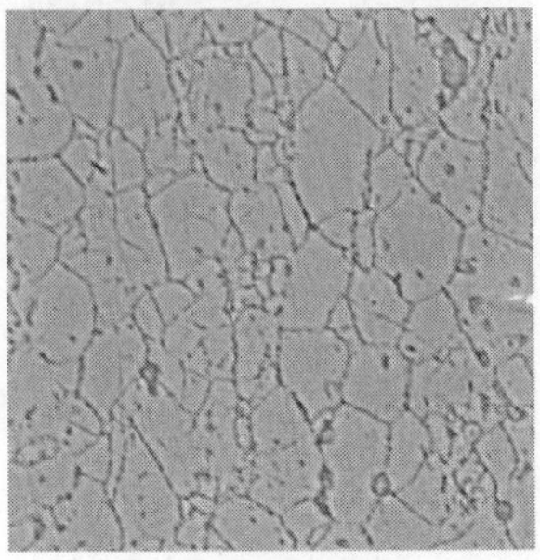

(c) Retinex算法

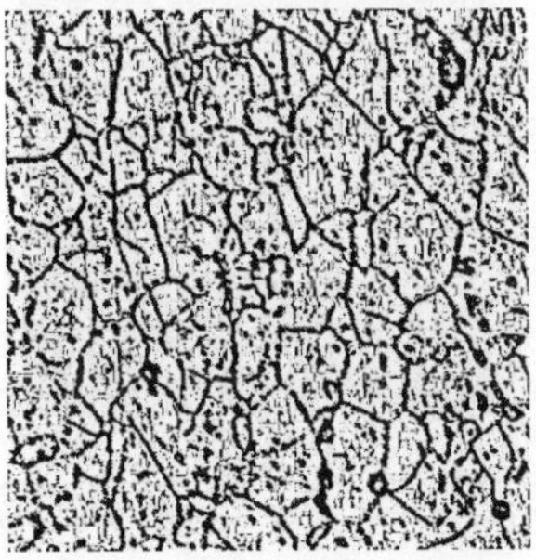

(d) Retinex算法处理后二值化

图 9-3　Retinex 算法处理效果

3. 拉普拉斯锐化

为了凸显材料微观组织图像的边缘和细节,需要对图像进行锐化处理,提高对比度。拉普拉斯锐化根据图像某个像素的周围像素到此像素的突变程度,即图像像素的变化程度来决定锐化效果。当中心像素灰度低于它所在的邻域内其他像素的平均灰度时,此中心像素的灰度应被进一步降低,当中心像素灰度高于它所在的邻域内其他像素的平均灰度时,此中

心像素的灰度应被进一步提高。在材料微观组织图像中具有重要信息的部分(如晶界),像素突变程度较大,通过拉普拉斯锐化可以拉大其差异,使重要信息更易于提取,但也会使噪声增强,所以拉普拉斯锐化一般用于去噪滤波算法之后。拉普拉斯锐化的 Python 实现如下。

```
import  cv2
import numpy as np
def Laplace(img):
    h,w=img.shape
    img_la1=img.astype(np.float)
    img_la2=img.astype(np.float)
    for i in range(1,h-1):
        for j in range(1,w-1):
            k=img_la1[i-1][j]+img_la1[i+1][j]+img_la1[i][j-1]+img_la1[i][j+1]
-4 * img_la1[i][j]
            if k<0:
                img_la2[i][j] =img_la1[i][j] +k
            else:
                img_la2[i][j] =img_la1[i][j] +k
  img_la=((img_la2-np.min(img_la2))/(np.max(img_la2)-np.min(img_la2)) * 255).
astype(np.uint8)
    return img_la
result=Laplace(img)
```

图 9-4 所示为材料微观组织图像经由拉普拉斯锐化处理后的效果示意图。可以看出,经拉普拉斯锐化处理后,材料微观组织图像对比度明显提升,边缘部分更加明显,有利于进一步提取图像特征,但噪声也得到了增强。

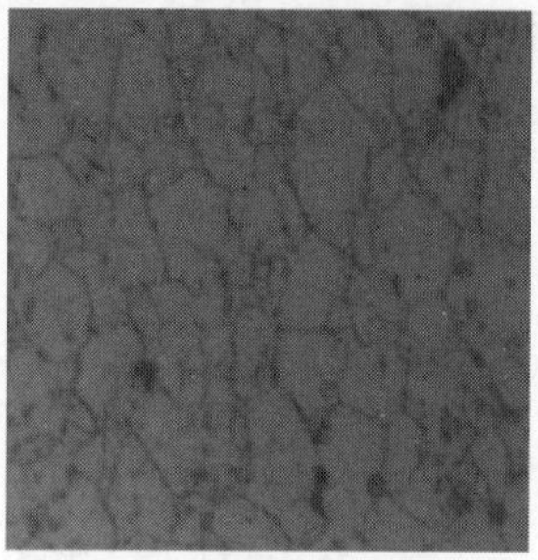
(a) 原图

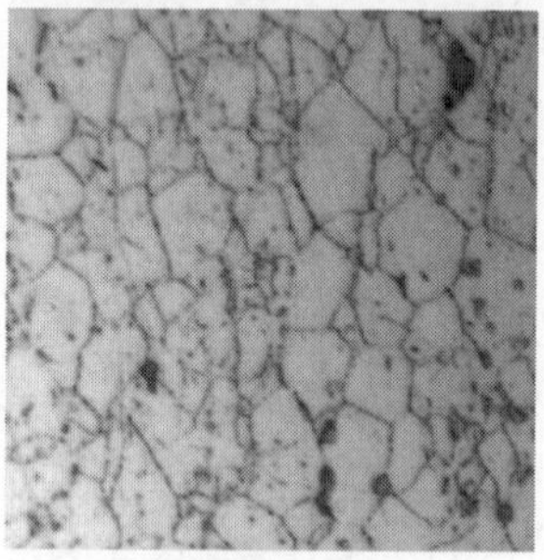
(b) 拉普拉斯锐化

图 9-4　拉普拉斯锐化处理效果

4. 直方图均衡化

图像的灰度直方图可以描述图像灰度分布情况,从而直观地展示图像各灰度级的占比,同时可以反映图像总体亮度、对比度情况以及图像灰度值的动态范围等信息。

直方图均衡化是一种增强图像对比度的方法,可以用于整体偏暗的材料微观组织图像,增大材料中不同组织的差异。主要思想是将一幅图像的直方图分布变成近似均匀分布,从而增强图像的对比度。其原理为:假设现有一待处理图像 A,其直方图分布为 $H_A(D)$,需要一个非线性单调映射 f,对于 A 中每个像素点的灰度值经过映射后得到输出灰度值,图像

A 经映射后得到图像 B，图像 B 的直方图为 $H_B(D)$，映射前后总像素点数不变，则有如下关系：

$$\int_0^{D_A} H_A(D)\mathrm{d}D = \int_0^{D_B} H_B(D)\mathrm{d}D \tag{9-2}$$

则图像 B 的直方图 $H_B(D)$ 为

$$H_B(D) = \frac{A_0}{L} \tag{9-3}$$

其中，A_0 是像素点个数，L 是灰度范围。结合以上两式，可得

$$f(D_A) = \frac{L}{A_0}\int_0^{D_A} H_A(D)\mathrm{d}D \tag{9-4}$$

直方图均衡化在 Python 的 OpenCV 库中的函数如下。

```
import cv2
result=cv2.equalizeHist(img)
```

图像灰度分布直方图的 Python 实现如下。

```
import matplotlib.pyplot as plt
plt.figure("直方图")
arr=img.flatten()
n, bins, patches =plt.hist(arr, bins=256)
plt.show()
```

图 9-5 所示为材料微观组织经由直方图均衡化处理后的效果示意图。可以看出，处理

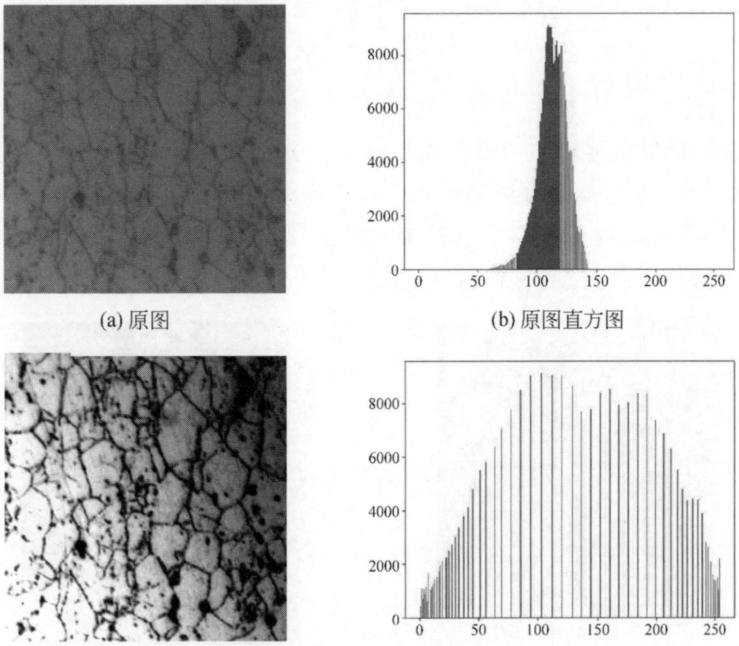

(a) 原图　(b) 原图直方图

(c) 直方图均衡化　(d) 处理后的直方图

图 9-5　直方图均衡化处理效果

前的材料微观组织图像整体偏暗，目标与背景差异小；经直方图均衡化处理后，图像对比度明显提升，图像直方图灰度范围增大，灰度分布更加均匀。但由于图像本身存在灰度空间分布不均匀的问题，可能会导致局部区域过分增强、变换后图像的灰度级减少、某些细节消失等问题。

图像分割是图像模式识别的关键技术。根据灰度、色彩、空间纹理、几何形状等特征信息将图像分为多个区域，这些区域内部的像素点具有相似性，不同区域的像素点具有明显差异性。图像分割用于材料微观组织图像，将感兴趣目标从背景中提取出来，便于后续对目标组织的测量与评估。以下介绍几种不同类型的分割方法。

5. 基于阈值的分割

基于阈值的分割方法中最经典的是大津法，又称最大类间方差法。大津法按图像的灰度特性将图像分成目标和背景两部分，方差是分布均匀性的一种度量，目标和背景之间的类间方差越大，说明二者的差异越大。大津法计算简单且不受图像亮度和对比度的影响，是求图像全局阈值的最佳方法，所以应用较为广泛。其原理为：假设存在阈值 T，使图像所有像素分为 A 和 B 两部分，这两部分的平均灰度值为 t_1 和 t_2，像素数量占比分别为 p_1 和 p_2，图像全局平均灰度为 t，则有

$$p_1 * t_1 + p_2 * t_2 = t \tag{9-5}$$

$$p_1 + p_2 = 1 \tag{9-6}$$

类间方差的表达式为

$$\sigma^2 = p_1(t - t_1)^2 + p_2(t - t_2)^2 \tag{9-7}$$

将 T 遍历 0～255，求出所有阈值对应的方差，最大方差对应的阈值就是大津法的阈值。Python 的 OpenCV 库中的大津法函数如下：

```
t, result=cv2.threshold(img,0,255,cv2.THRESH_BINARY+cv2.THRESH_OTSU)
#t:大津法选择的阈值
```

图 9-6 所示为材料微观组织图像经由大津法处理后的效果示意图，材料微观组织图像比较复杂，存在噪声，受光照影响灰度空间分布不均匀，边缘部分像素数占比较小。而大津法对噪声敏感，当目标和背景像素数量差距大时，分割效果较差。此外，直接应用大津法分割仅能提取部分边缘，因此应对材料微观组织图像预处理后再进行分割。

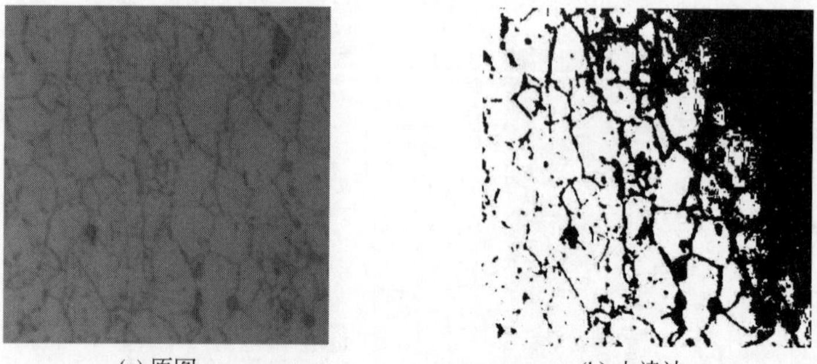

(a) 原图　　(b) 大津法

图 9-6　大津法分割效果

6. 基于区域的分割

区域生长法是一种应用较广泛的基于区域的分割方法。区域生长法从一个种子点出发，按照规定好的相似性准则合并种子点邻域内符合准则的像素点，完成一次生长的过程，然后以生长后的区域为起点继续生长，直到邻域内无符合准则的像素点为止。相似性准则可以是灰度值、色彩、纹理、梯度等特征信息。生长结束后，划分出一个具有相似特征的区域，达到了分割的目的。材料微观组织图像中目标内部具有相似的特征，且大部分为较均匀的连通目标，采用区域生长法可以得到较好的分割结果。

区域生长法的缺点包括需要人为选取种子点，且分割结果受初始种子点的影响较大；对噪声比较敏感，分割结果内部可能存在空洞；当分割目标较大时，分割速度慢。区域生长法的 Python 实现如下。

```
import numpy as np
import cv2
class Point(object):
    def __init__(self, x, y):
        self.x =x
        self.y =y

    def getX(self):
        return self.x

    def getY(self):
        return self.y
def getGrayDiff(img, currentPoint, tmpPoint):
  return abs(int(img[currentPoint.x, currentPoint.y]) - int(img[tmpPoint.x,
tmpPoint.y]))
def selectConnects(p):
    if p ! =0:
        connects =[Point(-1, -1), Point(0, -1), Point(1, -1), Point(1, 0), Point
(1, 1), \
                Point(0, 1), Point(-1, 1), Point(-1, 0)]
   else:
       connects =[Point(0, -1), Point(1, 0), Point(0, 1), Point(-1, 0)]
    return connects
def regionGrow(img, seeds, thresh, p=1):
    height, weight =img.shape
    seedMark =np.zeros(img.shape)
    seedList =[]
    for seed in seeds:
        seedList.append(seed)
    label =1
    connects =selectConnects(p)
    while (len(seedList) >0):
        currentPoint =seedList.pop(0)
        seedMark[currentPoint.x, currentPoint.y] =label
        for i in range(8):
            tmpX =currentPoint.x +connects[i].x
            tmpY =currentPoint.y +connects[i].y
```

```
            if tmpX <0 or tmpY <0 or tmpX >=height or tmpY >=weight:
                continue
            grayDiff =getGrayDiff(img, currentPoint, Point(tmpX, tmpY))
            if grayDiff <thresh and seedMark[tmpX, tmpY] ==0:
                seedMark[tmpX, tmpY] =label
                seedList.append(Point(tmpX, tmpY))
    return seedMark

img =cv2.imread(ImgPath, 0)      #ImgPath图片路径
seeds =[ Point(350, 30)]     #选择(350,30)处的点为初始种子点
binaryImg =regionGrow(img, seeds, 8)        #选择生长阈值为 8
```

图 9-7 所示为材料微观组织图像经由区域生长法处理后的效果示意图，选择目标组织中的一点为起始种子点，判断邻域点与种子点的灰度差值是否小于设定的阈值，若小于，则并入标记区域，最终准确分割出目标组织。同时也表现出了该方法的缺点，由于原图存在噪声，导致分割结果内部出现了空洞。

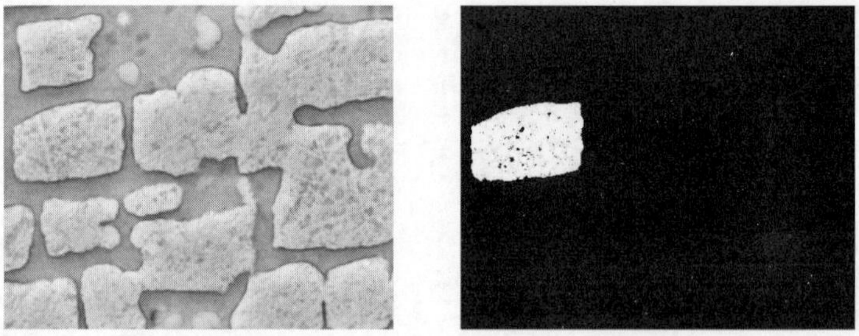

(a) 原图　　(b) 区域生长法

图 9-7　区域生长法效果

7. 分水岭算法

分水岭算法是一种基于拓扑理论的数学形态学分割算法，其基本思想是把图像看作地形，像素点的灰度值大小对应该点的海拔高低，如图 9-8 所示。灰度值的极小值区域被看作积水盆地，分割盆地的边界被看作分水岭。分水岭算法过程可以看作水面上升淹没盆地的过程：各盆地底部水面不断上升，淹没区域向外扩展；当来自不同盆地的水即将发生接触时，在分水岭上建立堤坝，阻止其汇合；直至所有区域被淹没，不同盆地之间的堤坝分割了整个区域，便得到了分割结果。

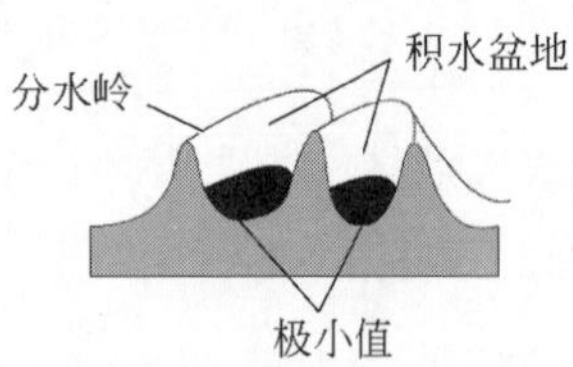

图 9-8　分水岭算法示意图

Python 的 OpenCV 库中的分水岭算法函数如下。

```
result=cv2.watershed(img, labels) #labels:目标的标记组成的二值图   result:0 和 1 组成的目标和背景分割结果
```

图 9-9 所示为材料微观组织图像经由分水岭分割算法处理后的效果示意图，分水岭算法分割能获得闭合的目标边缘，但由于其对灰度突变处比较敏感，所以噪声对其处理结果影响较大。图 9-9(c)的结果中边缘基本对应，但受噪声影响，目标边缘不够平滑。

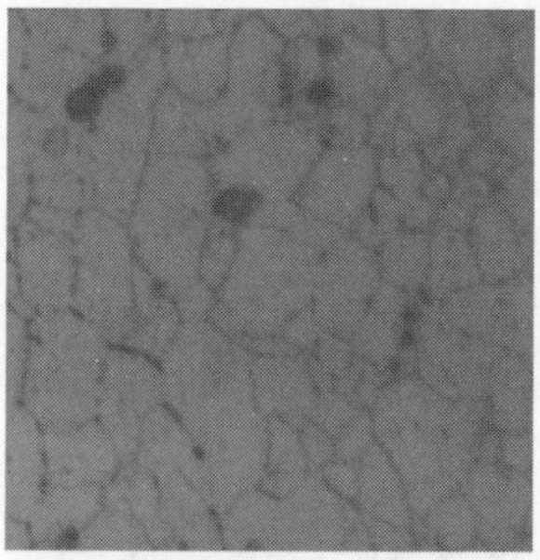

(a) 原图

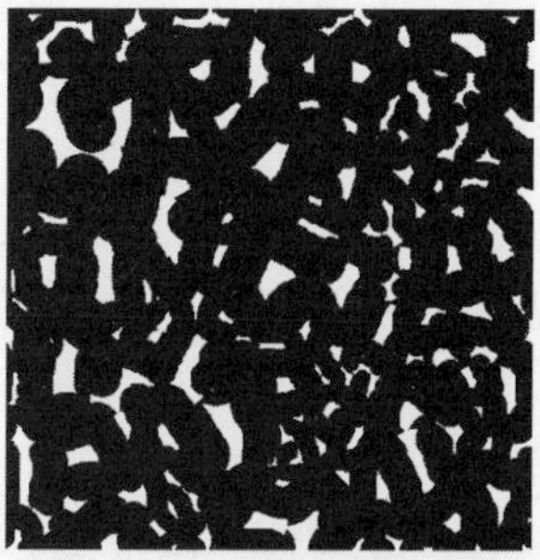

(b) 目标标记

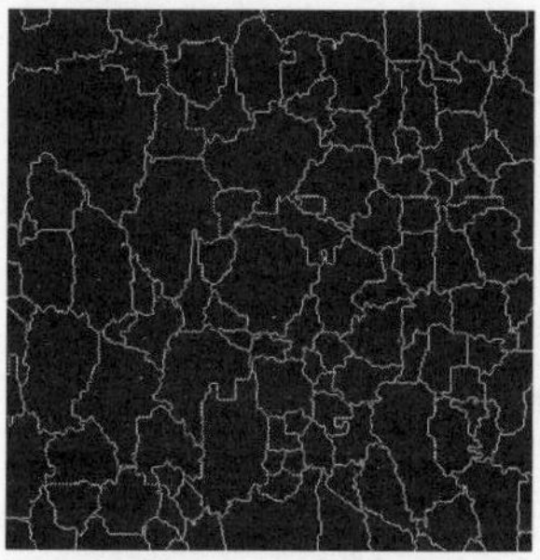

(c) 分水岭算法分割结果

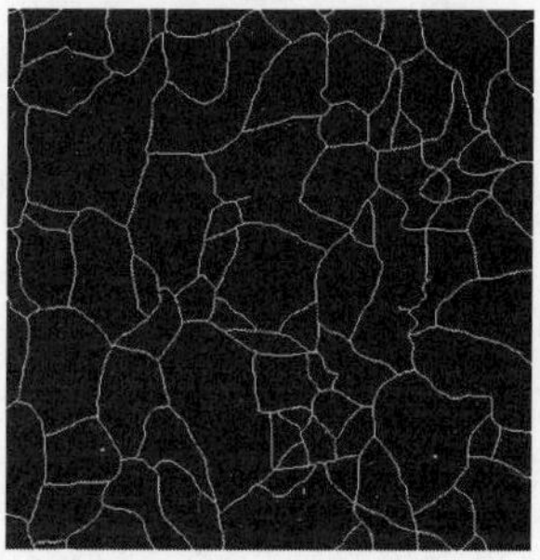

(d) 人工标注

图 9-9　分水岭分割效果

8. 基于边缘的分割

边缘是指图像中灰度、颜色、纹理结构等特征突变处。可以通过特定的提取方法得到图像边缘，边缘两侧区域像素点的特征信息具有明显差异，实现了目标与背景的分割。实际应用时，常采用边缘检测算子在图像上滑动，对相应的像素点加权求和得到边缘图。常用的边缘检测算子有 Sobel 算子、Prewitt 算子、Canny 算子，分别如下所示。

Sobel 算子。

$$\boldsymbol{G}_x=\begin{bmatrix}-1 & 0 & 1\\ -2 & 0 & 2\\ -1 & 0 & 1\end{bmatrix},\boldsymbol{G}_y=\begin{bmatrix}1 & 2 & 1\\ 0 & 0 & 0\\ -1 & -2 & -1\end{bmatrix} \tag{9-8}$$

其中，$\boldsymbol{G}_x$ 用于检测纵向边缘，$\boldsymbol{G}_y$ 用于检测横向边缘。

Prewitt 算子是一种一阶微分算子的边缘检测，利用像素点的上下、左右邻点的灰度差，在边缘处达到极值检测边缘，去掉部分伪边缘，对噪声具有平滑作用。其原理是在图像空间利用两个方向模板和图像通过邻域卷积进行边缘检测，两个模板中一个检测水平边缘(式(9-9)中的 $\boldsymbol{G}_x$)，一个检测垂直边缘(式(9-9)中的 $\boldsymbol{G}_y$)。

$$\boldsymbol{G}_x=\begin{bmatrix}-1 & 0 & 1\\ -1 & 0 & 1\\ -1 & 0 & 1\end{bmatrix},\boldsymbol{G}_y=\begin{bmatrix}1 & 1 & 1\\ 0 & 0 & 0\\ -1 & -1 & -1\end{bmatrix} \tag{9-9}$$

Canny 算子是一个具有滤波、增强、检测的多阶段的优化算子。Canny 算子首先利用高斯平滑滤波器平滑图像，以除去噪声，然后采用一阶偏导来计算梯度幅值和方向，并对结果采用非极大值抑制，最后还采用两个阈值来连接边缘。

Sobel 算子、Prewitt 算子、Canny 算子的 Python 实现如下。

```
import cv2
import numpy as np

img=cv2.imread(imgath,0)
#Sobel
sobel_x =cv2.Sobel(img, cv2.CV_64F, 1, 0, ksize=3)
sobel_y =cv2.Sobel(img, cv2.CV_64F, 0, 1, ksize=3)
result_sobel =np.hypot(sobel_x, sobel_y)
cv2.imshow('sobel',result_sobel.astype(np.uint8))
#Prewitt
kernelx =np.array([[1,1,1],[0,0,0],[-1,-1,-1]],dtype=int)
kernely =np.array([[-1,0,1],[-1,0,1],[-1,0,1]],dtype=int)
prewitt_x =cv2.filter2D(img, cv2.CV_16S, kernelx)
prewitt_y =cv2.filter2D(img, cv2.CV_16S, kernely)
result_prewitt =np.hypot(prewitt_x, prewitt_y)
cv2.imshow('prewitt',result_prewitt.astype(np.uint8))
#Canny
#第二个第三个参数分别是阈值,用双阈值的方法来决定可能的(潜在的)边界
result_canny =cv2.Canny(img,80, 100)
cv2.imshow('canny',result_canny)
```

图 9-10 所示为材料微观组织图像分别经由 Sobel 算子、Prewitt 算子、Canny 算子处理后的效果示意图。

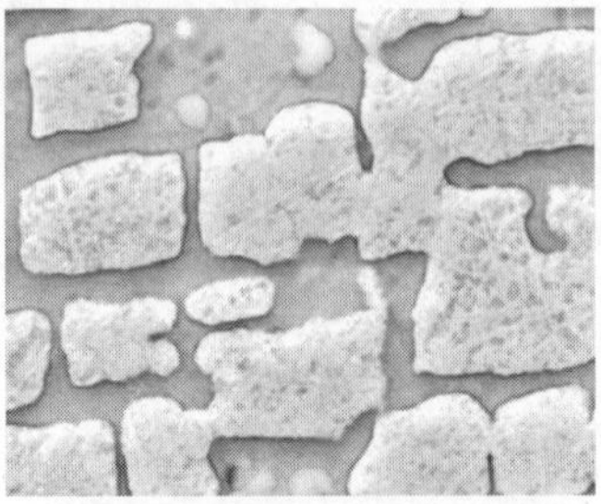

(a) 原图

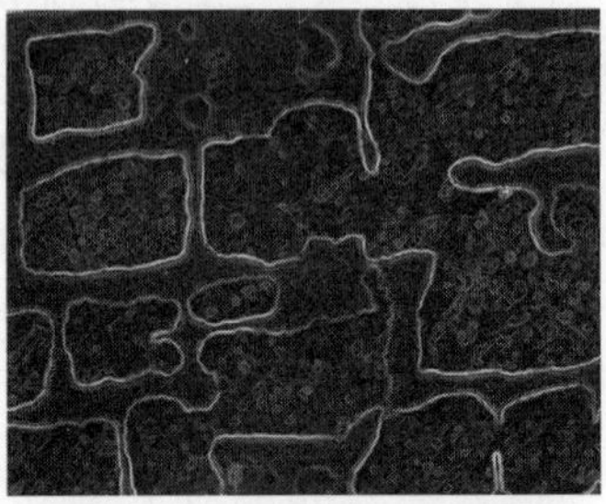

(b) Sobel算子处理效果

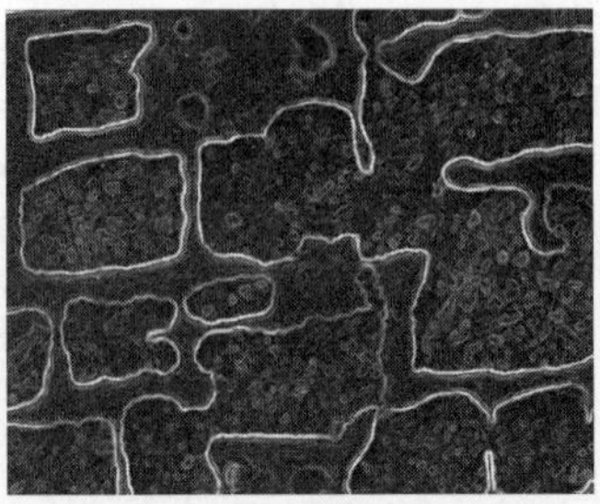

(c) Prewitt算子处理效果

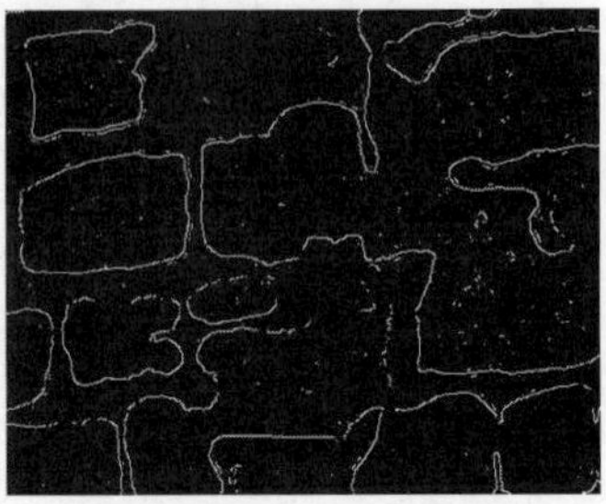

(d) Canny算子处理效果

图 9-10　不同算子边缘提取效果

9. 基于聚类的分割

聚类依据同一类中对象相似程度高、不同类中对象相似程度低，将样本按照相似程度分成不同的类。相似度评定的选择对于聚类十分重要，选用的评定准则决定了相似度的偏向。将聚类方法用于图像分割，每个像素点就是一个带有横纵坐标、灰度值或 RGB 值信息的多维样本点。聚类将图像中像素点划分为若干类，实现了图像的分割。

K-均值(*K*-means)是一种应用广泛的聚类算法。它将样本点到聚类中心的距离作为优化的目标，利用函数求极值的方式得到最优聚类结果。*K*-均值用于灰度图像分割的过程包括：将所有像素点转换为具有横纵坐标、灰度值的样本点；所有样本点归一化；从中选取 *K* 个样本点作为初始聚类中心，计算所有未归类点到所有聚类中心的欧氏距离；将未归类点划为与其距离最近的聚类中心的类中；计算各类中所有点的中心作为新的聚类中心，再次对所有点进行划分；直到新的聚类中心和上次设定的聚类中心距离小于设定的阈值为止。*K*-均值聚类的 Python 实现如下。

```
import numpy as np
from sklearn.cluster import KMeans
import cv2

#读取原始图像
img =cv2.imread(ImgPath,0)
h,w=img.shape
data=[]
for i in range(h):
    for j in range(w):
        data.append((i/h,j/w,img[i,j]/255 * 5))  #由归一化后的横纵坐标和灰度值的样
#本集,权重为 1:1:5
data =np.float32(data)

#定义终止条件 (type,max_iter,epsilon)
criteria =(cv2.TERM_CRITERIA_EPS +cv2.TERM_CRITERIA_MAX_ITER, 10, 1.0)

#设置初始中心的选择
flags =cv2.KMEANS_PP_CENTERS

#K-Means 聚类,聚集成 2 类
compactness, labels, centers =cv2.kmeans(data, 2, None, criteria, 10, flags)
labels=labels.reshape((h,w))/np.max(labels) * 255
cv2.imshow('',labels.astype(np.uint8))
cv2.waitKey()
```

图 9-11 所示为材料微观组织图像经由 *K*-均值处理后的效果示意图。

10. 基于深度学习的分割

近年来，由于深度学习模型在机器视觉应用中的成功，已有大量的工作致力于利用深度学习模型开发图像分割方法。相比基于传统图像处理的图像分割，深度学习方法往往具有较高的准确率，使用训练后的模型预测所用时间比传统方法处理所用时间短；无须针对不同图像设计特定结构，只需选择合适的模型即可，模型训练时会自己学习图像特征。缺点是对于设备要求较高，必须使用 GPU 加速训练过程；需要足够大的样本数据进行训练，在小样本

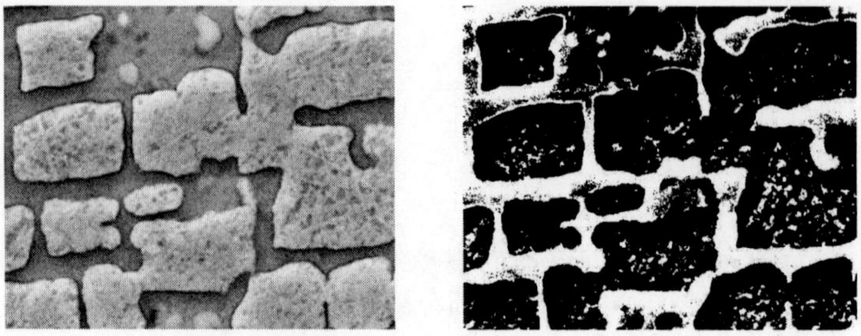

(a) 原图　　(b) *K*-均值

图 9-11　*K*-均值效果

数据集上训练容易导致过拟合；模型学到的特征是特定于训练数据的，在不同于训练数据的图像上预测效果较差。

UNet 网络作为一种语义分割网络，因其优异的分割性能，提出以来在许多领域有着广泛的应用和改良。UNet 主要由一个收缩路径和一个对称扩张路径组成，收缩路径是一个由两个 3×3 的卷积层再加上一个 2×2 的最大池化层组成的下采样模块，用来提取特征，获得上下文信息；对称扩张路径由一个上采样的去卷积层和两个 3×3 的卷积层反复构成，用来精确定位分割边界。同时，收缩路径和扩张路径相同层级之间通过特征拼接连接，可以形成更厚的特征，但是会导致计算量的增加。UNet 网络使用图像切块进行训练，所以训练数据量远远大于训练图像的数量，这使得网络在少量样本的情况下也能获得不变性和鲁棒性。UNet 网络模型结构（图 9-12）的 Python 实现如下。

```
from tensorflow.keras.models import *
from tensorflow.keras.layers import *

def unet(input_size = (512,512,1)):
    inputs = Input(input_size)
    conv1 = Conv2D(64, 3, activation = 'relu', padding = 'same', kernel_initializer = 'he_normal')(inputs)    #kernel_initializer 权重初始化的方
    conv1 = Conv2D(64, 3, activation = 'relu', padding = 'same', kernel_initializer = 'he_normal')(conv1)
    pool1 = MaxPooling2D(pool_size=(2, 2))(conv1)
    conv2 = Conv2D(128, 3, activation = 'relu', padding = 'same', kernel_initializer = 'he_normal')(pool1)
    conv2 = Conv2D(128, 3, activation = 'relu', padding = 'same', kernel_initializer = 'he_normal')(conv2)
    pool2 = MaxPooling2D(pool_size=(2, 2))(conv2)
    conv3 = Conv2D(256, 3, activation = 'relu', padding = 'same', kernel_initializer = 'he_normal')(pool2)
    conv3 = Conv2D(256, 3, activation = 'relu', padding = 'same', kernel_initializer = 'he_normal')(conv3)
    pool3 = MaxPooling2D(pool_size=(2, 2))(conv3)
    conv4 = Conv2D(512, 3, activation = 'relu', padding = 'same', kernel_initializer = 'he_normal')(pool3)
    conv4 = Conv2D(512, 3, activation = 'relu', padding = 'same', kernel_initializer = 'he_normal')(conv4)
    drop4 = Dropout(0.5)(conv4)
```

```
    pool4 =MaxPooling2D(pool_size=(2, 2))(drop4)

    conv5 = Conv2D(1024, 3, activation = 'relu', padding = 'same', kernel_
initializer='he_normal')(pool4)
    conv5 = Conv2D(1024, 3, activation = 'relu', padding = 'same', kernel_
initializer='he_normal')(conv5)
    drop5 =Dropout(0.5)(conv5)
    up6 =Conv2D(512, 2, activation='relu', padding='same', kernel_initializer=
'he_normal')(UpSampling2D(size=(2,2))(drop5))
    merge6 =concatenate([drop4,up6], axis=3)
    conv6 = Conv2D(512, 3, activation = 'relu', padding = 'same', kernel_
initializer='he_normal')(merge6)
    conv6 = Conv2D(512, 3, activation = 'relu', padding = 'same', kernel_
initializer='he_normal')(conv6)

    up7 =Conv2D(256, 2, activation='relu', padding='same', kernel_initializer=
'he_normal')(UpSampling2D(size=(2,2))(conv6))
    merge7 =concatenate([conv3,up7], axis=3)
    conv7 = Conv2D(256, 3, activation = 'relu', padding = 'same', kernel_
initializer='he_normal')(merge7)
    conv7 = Conv2D(256, 3, activation = 'relu', padding = 'same', kernel_
initializer='he_normal')(conv7)
    up8 =Conv2D(128, 2, activation='relu', padding='same', kernel_initializer=
'he_normal')(UpSampling2D(size=(2,2))(conv7))
    merge8 =concatenate([conv2,up8], axis=3)
    conv8 = Conv2D(128, 3, activation = 'relu', padding = 'same', kernel_
initializer='he_normal')(merge8)
    conv8 = Conv2D(128, 3, activation = 'relu', padding = 'same', kernel_
initializer='he_normal')(conv8)
    up9 =Conv2D(64, 2, activation='relu', padding='same', kernel_initializer=
'he_normal')(UpSampling2D(size=(2,2))(conv8))
    merge9 =concatenate([conv1,up9], axis=3)
    conv9 =Conv2D(64, 3, activation='relu', padding='same', kernel_initializer=
'he_normal')(merge9)
    conv9 =Conv2D(64, 3, activation='relu', padding='same', kernel_initializer=
'he_normal')(conv9)
    # conv10 = Conv2D(2, 1, activation = 'sigmoid', padding = 'same', kernel_
initializer='he_normal')(conv9)
    conv10 =Conv2D(2, 3, activation='relu', padding='same', kernel_initializer=
'he_normal')(conv9)
    conv11 = Conv2D(1, 1, activation= 'sigmoid', padding= 'same', kernel_
initializer='he_normal')(conv10)
    model =Model(inputs=inputs, outputs=conv11)
    return model
```

在复杂的微观组织图像分割领域，UNet 依然被大量应用和改良，且具有较高的分割准确率。图 9-13 是用于训练 UNet 的材料微观组织原图和标签以及用于预测的原图和预测结果。

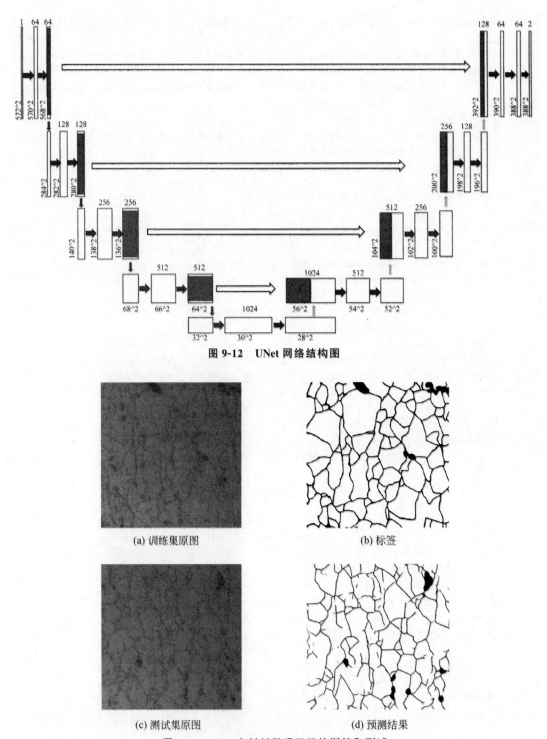

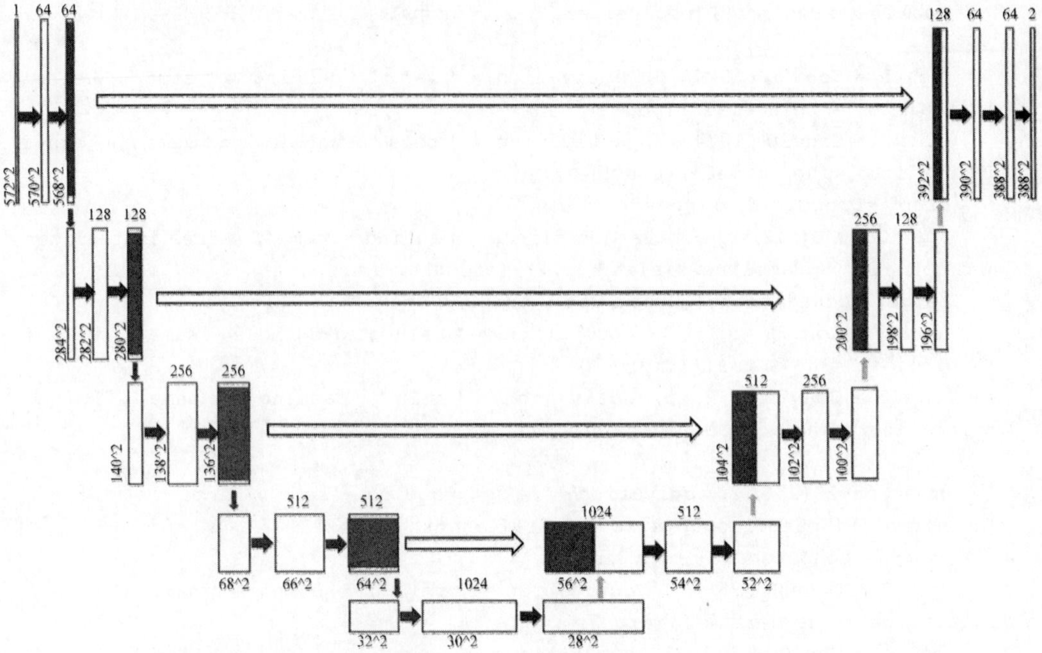

图 9-12　UNet 网络结构图

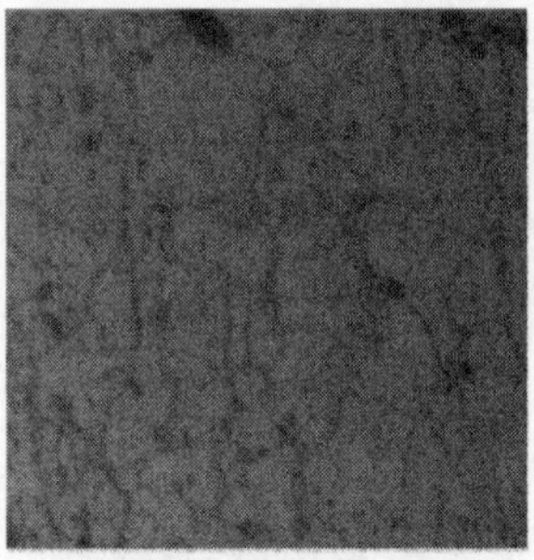

(a) 训练集原图

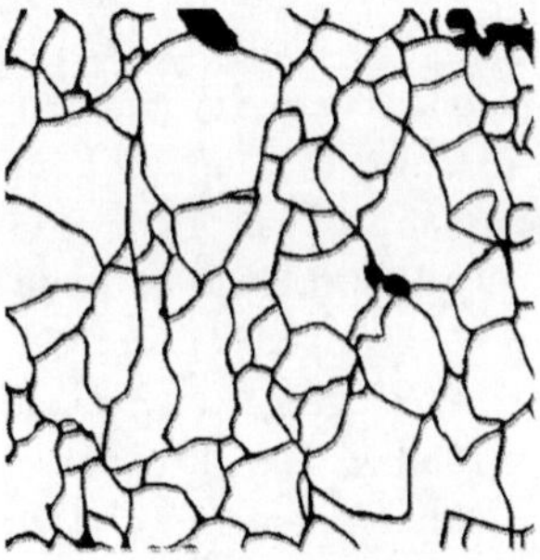

(b) 标签

(c) 测试集原图

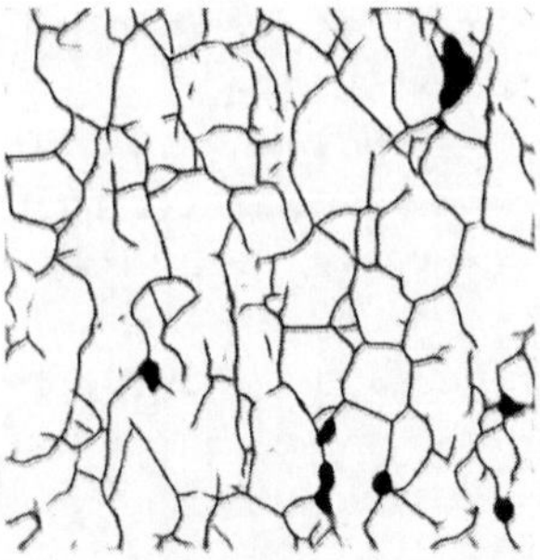

(d) 预测结果

图 9-13　UNet 在材料微观组织的训练和测试

9.3　人耳识别系统设计及实现

人耳识别技术是一种生物识别技术，通过对人耳形状、大小、结构的分析，提取耳朵的生物特征信息，并与数据库中的人耳图像进行匹配，实现对个人身份的识别和验证。它与指纹、虹膜、面部等生物识别技术类似，但依靠的是人耳这种独一无二的身体特征。

人耳的形状和结构在出生时就已基本定型，是一个高度稳定的结构。同一人的左右耳结构存在细微的差异，即使是一卵生双胞胎，耳部结构也有明显的不对称性。与面部不同，耳朵不会因为表情、化妆、角度变化而产生很大差异，且外耳部分少有软组织覆盖，不易被改变。随着年龄增长，耳朵的生长趋势非常缓慢，保持了很高的结构相似性。正因如此，耳形成为一个信息量丰富而又稳定的生物识别特征。

早在 20 世纪 60 年代，利用耳形进行人员识别的研究就已经开始。当时主要采用基于知识的方法，人工提取耳朵的大小、轮廓等几何特征，然后计算特征之间的距离进行匹配。这类方法易受姿态变化和遮挡的影响。21 世纪以后，随着图像处理技术的进步，采用基于图像的特征提取和匹配成为主流。常用的算法包括 SIFT 算法提取局部特征，LBP 方法提取纹理特征等。这些手工设计的特征通常需要结合 SVM、KNN 等分类模型使用。近年来，随着深度学习的兴起，利用卷积神经网络进行端到端特征学习与人耳匹配成为热点方向。这类方法可以直接从图像中学习特征表达，同时解决特征提取和分类问题。

目前，人耳识别已经在许多领域得到应用。在安防监控中，可设置于门禁系统，进行长距离的无感人员验证，避免密码和刷卡的麻烦；在考场中，与面部识别技术结合，可有效防止代考行为；在智能手机和可穿戴设备中，作为辅助生物特征，提高解锁效率和安全性；在医学中，可用于先天畸形筛查和病变发现。随着算法效果不断改进，人耳识别系统有望在更多应用场景（如智慧商场、车载系统）中发挥重要作用。

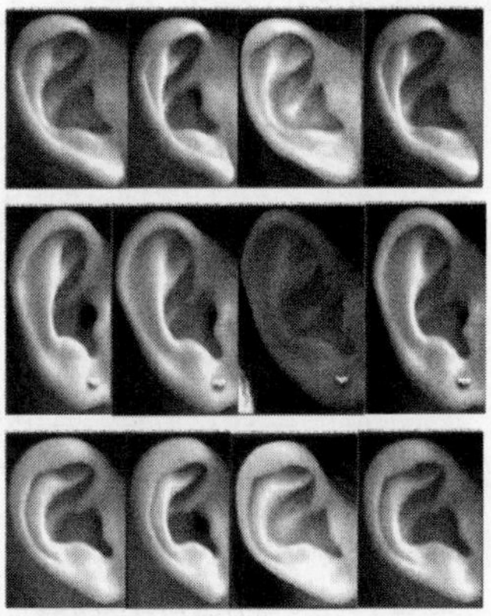

图 9-14　部分人耳图像示意图

现给定一组人耳图像，共分为 20 类，每一类有 4 幅图像（图 9-14）。使用每一类人耳的前 3 幅图像作为训练样本，最后一张图像作为测试样本，编程实现一套完整的人耳识别系统。首先，导入人耳数据集，该数据集内共有 20 组人耳图像数据，每组人耳是同一个人的人耳照片以不同角度下拍摄的，每组共 4 张图像。以 pgm 格式存储。

首先进行特征提取。将图像矩阵转换为列向量，计算训练样本的均值向量，计算协方差矩阵，并求其特征值和特征向量。使用特征向量对去中心化的数据进行变换，得到特征图像。

```
import numpy as np
from PIL import Image
from pylab import *
import matplotlib.pyplot as plt
```

```
#将矩阵转换为向量
#n==0,把图像矩阵转换为列向量,先第一列,再第二列,以此类推
#n==1,把图像矩阵转换为行向量,先第一行,再第二行,以此类推
def read_X_to_col(X, M, N, n):
    D =np.zeros((M * N, 1))
    D1 =np.zeros((1, M * N))
    if n ==0:
        for i in range(N):
            C1 =X[:, i]
            for j in range(M):
                D[i * M+j, 0] =C1[j]
        return D
    else:
        for i in range(M):
            C1 =X[i, :]
            for j in range(N):
                D1[0, i * N+j] =C1[j]
        return D1

#将向量转换为矩阵
def read_col_to_X(X, M, N):
    Y =np.ndarray((M, N))
    for i in range(N):
        for j in range(M):
            Y[j, i] =X[i * M +j]
    return Y

#显示图像——将灰度值归一化到[0 255]区间
def show_image(Z):
    Ma =np.max(Z)
    Mi =np.min(Z)
    Z2 =np.round(256 * (Z-Mi) / (Ma-Mi) -1)
    for i in range(Z2.shape[0]):
        for j in range(Z2.shape[1]):
            if np.isnan(Z2[i, j]):
                Z2[i, j] =0
    np.clip(Z2, 0, 255, out=Z2)
    Z2 =Z2.astype('uint8')
    plt.imshow(Z2, cmap="gray")

def histeq(im, nbr_bins =256):
    """对一幅灰度图像进行直方图均衡化"""
    #计算图像的直方图
    #在 numpy 中,也提供了一个计算直方图的函数 histogram(),第一个返回的是直方图的统计
#量,第二个为每个 bins 的中间值
    imhist, bins =np.histogram(im.flatten(), nbr_bins)
    cdf =imhist.cumsum()
    cdf =255.0 * cdf / cdf[-1]
    #使用累积分布函数的线性插值,计算新的像素值
    im2 =interp(im.flatten(), bins[:-1], cdf)
    return im2.reshape(im.shape)
```

```
#主函数
if __name__=='__main__':
    num_class=20  #类别数
    num_inclass=4  #每个类别中的图像数量
    num_all=num_class*num_inclass   #样本总数
    M, N=112, 90  #希望的图像尺寸
    path_img='./att_ear/s'  #样本存放路径
    X0=np.ndarray((M, N, M*N, 1))
    for i in range(num_class):
        for j in range(num_inclass):
            #使用 PIL 库加载图像并转换为灰度图
            I=Image.open(path_img+str(i+1)+'/'+str(j+1)+'.pgm').convert('L')
            #将图像 resize 成希望的尺寸
            I=I.resize((N, M), Image.NEAREST)
            #将图像格式转换为矩阵的形式以方便后续处理
            I=np.array(I)
            #直方图均衡化
            I=histeq(I)
            #I=double(I) #将数值类型转换为 Double 类型
            X0[i, j, :]=read_X_to_col(I, M, N, 0)  #将每幅图像转化为一个列向量
    #每个类型前 3 张作为训练样本
    #求训练样本的均值向量
    XM=np.ndarray((M*N, 1))
    for i in range(num_class):
        for j in range(0, num_inclass-1):
            XM=XM+X0[i, j]
    XM=XM / num_all

    #计算矩阵 R
    X=np.ndarray((N*M, num_class*(num_inclass-1), 1))
    for i in range(num_class):
        for j in range(0, (num_inclass-1)):
            X[:, i*(num_inclass-1)+j]=X0[i, j]-XM
    #X 矩阵存放了每张图像减去均值的结果
    X=X.reshape(N*M, num_class*(num_inclass-1))
    #R=R' * R 得到一个 60×60 的矩阵
    R=np.dot(X.T, X)
    #求 R 矩阵的特征值和特征向量
    #其中 D 为特征值列向量,按降序排列,V 为对应的特征向量
    D, V=np.linalg.eig(R)
    U=np.ndarray((N*M, num_class * (num_inclass-1)))
    for i in range(V.shape[1]):
        U[:, i]=np.sqrt(D[i]) * np.dot(X, V[:, i])

    #显示特征图像
    kk1=kk2=0
    for i in range(num_class):
        Y=read_col_to_X(U[:, i], M, N)
        if kk1<5:
            kk1=kk1+1
        elif kk1==5:
            kk1=1
```

```
            kk2 = kk2 + 1
        plt.figure(20)    #分成 20 个子窗口,用于显示 20 个测试样本的特征图像
        plt.subplot(4, 5, kk1+ kk2 * 5)
        show_image(Y)

#计算每个样本图像关于上述特征耳图像的系数
#所获取的系数即为每幅图像所对应的低维特征向量
#从 M * N 维降为 num_class * num_inclass 维
#如果还想进一步降低特征向量维数,
#可根据特征值的信息进行进一步降维
y = np.ndarray((num_class, num_inclass, num_class * (num_inclass-1), 1))
for i in range(num_class):
    for j in range(num_inclass):
        y[i, j] = np.dot(U.T, X0[i, j])

#分类器设计,可以采用多种方式,比如 Fsiher,NNC,kNN 等
#最近邻法
right_num = 0
Dist = np.ndarray((num_class, num_inclass-1))
for k in range(num_class):
    for i in range(num_class):
        for j in range(num_inclass-1):
            #存放了测试样本 k 到训练样本中第 i 类第 j 个样本的欧氏距离
            Dist[i, j] = np.linalg.norm(y[k, num_inclass-1] - y[i, j], ord=2)
        I = Image.open(path_img + str(i+1) + '/' + str(j+1) + '.pgm').convert('L')
        #将图像 resize 成希望的尺寸
        I = I.resize((N, M), Image.NEAREST)
        #将图像格式转换为矩阵的形式以方便后续处理
        I = np.array(I)
        #直方图均衡化
        I = histeq(I)
        #I = double(I) #将数值类型转换为 Double 类型
        X0[i, j, :] = read_X_to_col(I, M, N, 0)   #将每幅图像转换为一个列向量
#每个类型前 3 张作为训练样本
#求训练样本的均值向量
XM = np.ndarray((M * N, 1))
for i in range(num_class):
    for j in range(0, num_inclass-1):
        XM = XM + X0[i, j]
XM = XM / num_all

#计算矩阵 R
X = np.ndarray((N * M, num_class * (num_inclass-1), 1))
for i in range(num_class):
    for j in range(0, (num_inclass-1)):
        X[:, i * (num_inclass-1) + j] = X0[i, j] - XM
#X 矩阵存放了每张图像减去均值的结果
X = X.reshape(N * M, num_class * (num_inclass-1))
#R = R' * R 得到一个 60×60 的矩阵
R = np.dot(X.T, X)
#求 R 矩阵的特征值和特征向量
#其中 D 为特征值列向量,按降序排列,V 为对应的特征向量
```

```
    D, V =np.linalg.eig(R)
    U =np.ndarray((N * M, num_class * (num_inclass-1)))
    for i in range(V.shape[1]):
        U[:, i] =np.sqrt(D[i]) * np.dot(X, V[:, i])

    #显示特征图像
    kk1 =kk2 =0
    for i in range(num_class):
        Y =read_col_to_X(U[:, i], M, N)
        if kk1 <5:
            kk1 =kk1+1
        elif kk1 ==5:
            kk1 =1
            kk2 =kk2 +1
        plt.figure(20)   #分成 20 个子窗口,用于显示 20 个测试样本的特征图像
        plt.subplot(4, 5, kk1+kk2 * 5)
        show_image(Y)
```

将特征向量转换为图像格式,获得的特征图像如图 9-15 所示。

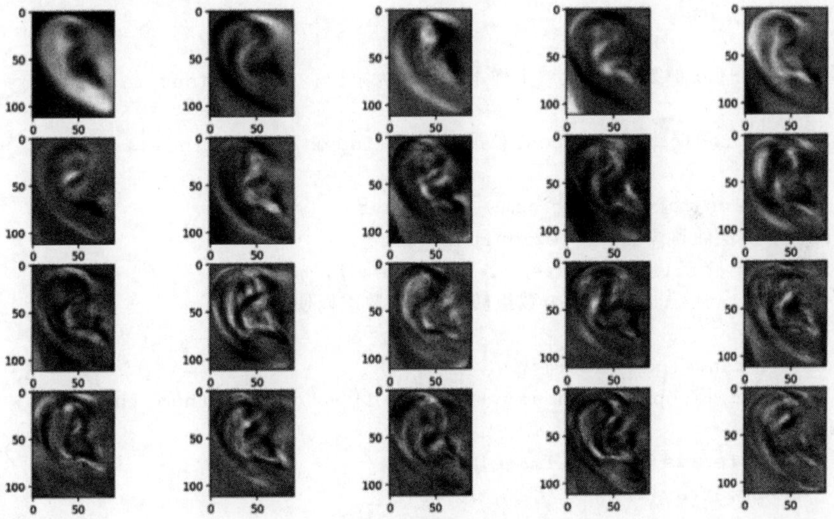

图 9-15　特征图像显示

使用最近邻法对测试样本进行分类。计算测试样本与训练样本之间的欧氏距离,并选择距离最小的训练样本的类别作为测试样本的预测类别。

```
#计算每个样本图像关于上述特征耳图像的系数
    #所获取的系数即为每幅图像所对应的低维特征向量
    #从 M * N 维降为 num_class * num_inclass 维
    #如果还想进一步降低特征向量维数
    #可根据特征值的信息进行进一步降维
    y =np.ndarray((num_class, num_inclass, num_class * (num_inclass-1), 1))
    for i in range(num_class):
```

```
        for j in range(num_inclass):
            y[i, j] =np.dot(U.T, X0[i, j])

    #分类器设计,可以采用多种方式,比如 Fsiher,NNC,kNN 等
    #最近邻法
    right_num =0
    Dist =np.ndarray((num_class, num_inclass-1))
    for k in range(num_class):
        for i in range(num_class):
            for j in range(num_inclass-1):
                #存放了测试样本 k 到训练样本中第 i 类第 j 个样本的欧氏距离
                Dist[i, j] =np.linalg.norm(y[k, num_inclass-1] -y[i, j], ord=2)
        #找到距离值最小的索引,
        Index =np.argmin(Dist)
        if Index//(num_inclass-1) ==k:
            right_num =right_num+1
            print('第', k+1, '个样本被判断为第:', Index//(num_inclass-1)+1, '类,分
类正确')
            predictions.append('第' +str(Index // (num_inclass -1) +1) +'类,识别
正确')
        else:
            print('第', k+1, '个样本被判断为第:', Index//(num_inclass-1)+1, '类,分
类错误')
            predictions.append('第' +str(Index // (num_inclass -1) +1) +'类,识别
错误')
    recognition_rate =right_num / num_class
    print('分类正确率为:', recognition_rate)
    fig, axes =plt.subplots(4, 5, figsize=(15, 10))
axes =axes.flatten()  #将 2D 数组转换为 1D 数组以便遍历

    for i in range(num_class):
        I =Image.open(path_img +str(i +1) +'/' +str(num_inclass) +'.pgm').
convert('L')
        I =I.resize((N, M), Image.NEAREST)
        I =np.array(I)
        axes[i].imshow(I, cmap='gray')
        axes[i].set_title(predictions[i])
        axes[i].axis('off')

    #调整子图间距
    plt.tight_layout()
    #显示图像
    plt.show()
```

得到的识别结果如图 9-16 所示。其中 Kind 表示第几类,Right 和 Wrong 则表示识别结果是否正确。

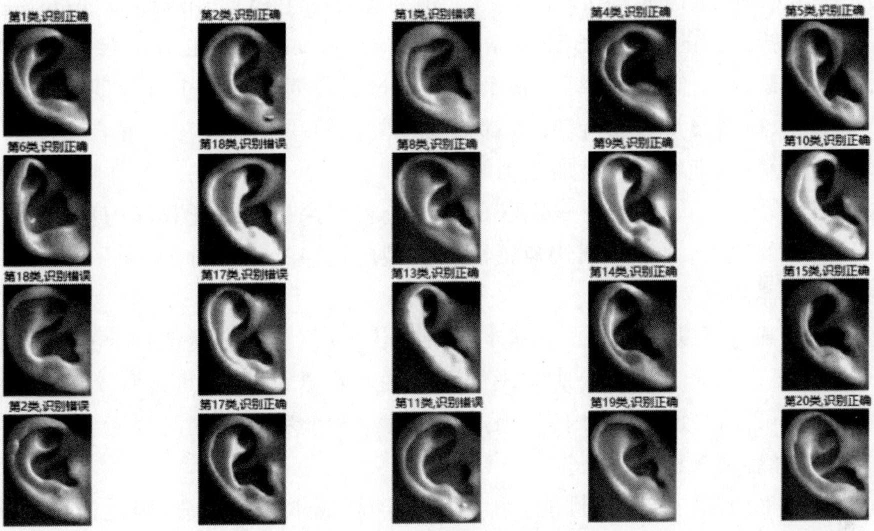

图 9-16　人耳数据集识别结果

9.4　大模型网络及其应用

大模型是自然语言处理领域新的研究热点，指的是参数规模达到数百亿量级的大型神经网络语言模型。随着计算能力的提升和语料规模的增长，大模型不断地在研究中显现出强大的建模能力。具体来说，大模型都是采用 Transformer 等注意力机制作为基础架构，并在大规模文本语料上进行预训练。它可以看作语言表示学习和迁移学习理念的产物。当前领先的大模型包括 GPT 系列、BERT 及继承者、T5、Switch Transformer 等，参数量从数百亿到上千亿不等。相比传统的规则方法和特征工程，大模型最大的优势是端到端学习表示空间，并表现出卓越的迁移学习能力。它们通过自监督预训练学习语言的深层语义为下游应用奠定坚实基础。视觉大模型是指在大规模视觉数据集上预训练的具有数亿级甚至数百亿级参数的计算机视觉模型。随着数据集和计算能力的增长，这类模型正在引领着计算机视觉的进步。

在结构方面，大模型主要基于 Transformer 架构，引入了多头自注意力机制。自注意力机制可以有效建模输入序列中的全局依赖，克服 RNN 等架构的路径长度限制。Transformer 包含 Encoder 和 Decoder 两部分。Encoder 由多层多头自注意力和前馈全连接网络构成，对输入序列进行表示学习。Decoder 与之类似，但是需要对 Encoder 的输出进行注意。两者结合可以完成 Seq2Seq 任务。大模型与原始的 Transformer 相比，进行了各种改进。例如，GPT 系列只使用 Decoder 结构，更适合生成任务；BERT 使用 Bidirectionalencoder 来表示语义；一些模型引入稀疏注意力、记忆网络等，增强对长序列的处理能力。参数量也从几千万增长到数百亿。

在训练方面，大模型的训练有非常高的计算和数据需求。一般需要数万个 GPU 进行分布式并行训练，使用大量高速内存和互联带宽。数据规模也需要 TB 级，语料包括

Wikipedia、BookCorpus、Common Crawl 等。预训练目标主要是 Masked Language Model，即预测句子中被掩码掉的词语。BERT 增加了 Next Sentence Prediction 目标。最近也引入提示学习等方式进行自监督预训练。整个预训练过程需要持续几个月时间，重复优化超参数。随机初始化、模型设计、损失函数等都需要反复调整。一些技巧如混合精度训练、梯度累积、选取大批量数据训练等可以加速训练过程。

在应用方面，大模型"预训练—微调"的工作流程带来巨大的迁移学习能力。下游任务可以共享预训练的表示，通过微调快速适配。典型应用包括文本分类、句子相似度、问答系统、文档摘要、机器翻译等。

一些大模型甚至可以零样本或小样本完成新任务，不需要全量微调。这提高了几乎任何 NLP 任务都可以基于大模型快速实现的可能性。除语言外，也可迁移至编程、多模态任务。但直接生成可能出现不安全内容，因此需要建立检验机制。同时要考量模型对计算和环境的影响，选择合适规模的模型。

当前大模型也面临一些核心挑战：①巨大的计算成本和碳排放，因此需要更高效的模型设计、压缩技术、低碳训练平台。②极其复杂的超参数空间，导致调参困难，因此需要更科学的 Bayes 超参数优化方法。③结果不可解释，缺乏透明度，因此需要在模型内部加入可解释组件。④训练语料的历史偏见，可能导致模型偏见，因此需建立健全的去偏认知和应用规范。⑤可能的负面社会影响，例如对就业的冲击，因此需要进行风险评估，并制定政策。

大模型是自然语言处理中一个重要的研究方向，它具有巨大的模型表达能力，是实现预训练语义表示的有效途径。未来可望应用到跨语言、多模态甚至多任务建模中。但也需要充分考虑其社会影响，建立相关行业规范，以实现其健康发展。大模型必将成为人工智能进一步发展的重要基石。

Stable Diffusion 是 Anthropic 公司在 2022 年 8 月开源的一个文本到图像的生成模型，引起了计算机视觉领域的广泛关注。Stable Diffusion 在编码器—解码器结构的基础上使用了以下几个具体的模型。

在编码器方面，使用大规模视觉—语言模型(CLIP)，将文本映射到特征空间，CLIP 包含一个图像编码器和文本编码器，可以进行图像—文本匹配，为生成任务提供条件信息。

在解码器方面，使用了一个基于 UNet 的自动编码器作为生成器。UNet 包含编码路径、解码路径以及跳接连接，可以保留底层信息。论文使用了一个更深的 64 层版本。

编码器和解码器通过 Vector Quantized 瓶颈(VQ-VAE)进行连接，这个连接口将编码器输出转化为稀疏离散编码，使其更适合控制生成网络。

在训练数据方面，Stable Diffusion 使用的训练数据包含 1.8 亿张图像和描述这些图像的文字说明。图像来自 LAION-400M 数据集，这是一个高质量的图片库。文字说明来自人类作者编写的描述，包含对图像内容、风格、布局等方面的描述。这种大规模的高质量图片—文本训练对，使模型对于语义信息具有很好的学习能力。此外，训练数据还进行了各种增强操作，包括裁剪、尺寸变化、水平翻转等来增多训练样本数量。丰富的数据是 Stable Diffusion 生成效果好的关键。

在训练方面，Stable Diffusion 的关键创新在于使用了扩散模型(Diffusion Model)来进行图像生成。简单来说，扩散模型包括两个过程：一是编码器不断添加高斯噪声，将原图"扩散”成完全的噪声图像；二是解码器逐步从噪声中恢复出原图。训练目标是最小化每一步恢复的误差。扩散模型可以生成非常逼真的图片，避免了 GAN 中的模式坍塌问题。Stable Diffusion 提出了 DPM 反转梯度采样算法，可以增强样本多样性。此外，训练还使用了辅助判别器进行对抗，使得生成图像更真实。大模型＋扩散模型＋对抗训练三者结合，是 Stable Diffusion 生成高质量图像的关键。

基于文本条件的图像生成是 Stable Diffusion 的主要应用。用户可以用自然语言描述生成新图片。经过进化，它还可以进行图像编辑，根据语言指示来修改图片。

艺术创作是另一个重要应用领域，艺术家可以发挥想象，通过语言来创作图形内容，辅助实现创意。一般用户也可以通过它产生新素材。在游戏设计中，Stable Diffusion 可以快速生成角色、场景等图片资源，帮助游戏制作。

首先安装使用 Stable Diffusion 的库，代码如下。

```
pip install --upgrade diffusers accelerate transformers
```

使用最简单的方式进行图像生成，更多详细内容可以参考 Huggingface 中 diffusers 库中的 API。代码如下。

```
from diffusers import DiffusionPipeline

pipeline =DiffusionPipeline.from_pretrained("runwayml/stable-diffusion-v1-
5", use_safetensors=True)
```

pipline 的形式如下。

```
>>>pipeline
StableDiffusionPipeline {
  "_class_name": "StableDiffusionPipeline",
  "_diffusers_version": "0.13.1",
  ...,
  "scheduler": [
    "diffusers",
    "PNDMScheduler"
  ],
  ...,
  "unet": [
    "diffusers",
    "UNet2DConditionModel"
  ],
  "vae": [
    "diffusers",
    "AutoencoderKL"
  ]
}
```

Pipline 可以返回 Image 格式的图片，下述代码返回图片如图 9-17 所示。

```
image =pipeline("An image of a squirrel in Picasso style").images[0]
```

图 9-17　Stable Diffusion 返回的图片

在实际应用中，可以使用不同的模型得到不同的效果，代码如下。

```
from diffusers import UNet2DModel
from diffusers import DDPMScheduler
import PIL.Image
import numpy as np
import tqdm


def display_sample(sample, i):
    image_processed = sample.cpu().permute(0, 2, 3, 1)
    image_processed = (image_processed + 1.0) * 127.5
    image_processed = image_processed.numpy().astype(np.uint8)

    image_pil = PIL.Image.fromarray(image_processed[0])
    display(f"Image at step {i}")
    display(image_pil)

repo_id = "google/ddpm-cat-256"
model = UNet2DModel.from_pretrained(repo_id, use_safetensors=True)
import torch

torch.manual_seed(0)

noisy_sample = torch.randn(1, model.config.in_channels, model.config.sample_
size, model.config.sample_size)
with torch.no_grad():
    noisy_residual = model(sample=noisy_sample, timestep=2).sample

scheduler = DDPMScheduler.from_config(repo_id)
less_noisy_sample = scheduler.step(model_output=noisy_residual, timestep=2,
sample=noisy_sample).prev_sample
model.to("cuda")
noisy_sample = noisy_sample.to("cuda")
```

```
sample =noisy_sample

for i, t in enumerate(tqdm.tqdm(scheduler.timesteps)):
    #1. predict noise residual
    with torch.no_grad():
        residual =model(sample, t).sample

    #2. compute less noisy image and set x_t ->x_t-1
    sample =scheduler.step(residual, t, sample).prev_sample

    #3. optionally look at image
    if (i +1) %50 ==0:
        display_sample(sample, i +1)
```

参考文献

[1] 李晶皎.赵丽红.王爱侠.模式识别[M].北京:电子工业出版社,2010.

[2] 李弼程.邵美珍.黄洁.模式识别原理与应用[M].西安:西安电子科技大学出版社,2008.

[3] 盛立东.模式识别导论[M].北京:北京邮电大学出版社,2010.

[4] 张学工,汪小我.模式识别:模式识别与机器学习[M].4 版.北京:清华大学出版社,2021.

[5] 余正涛,郭剑毅,毛存礼.模式识别原理及应用[M].北京:科学出版社,2014.

[6] 汪增福.模式识别[M].合肥:中国科学技术大学出版社,2010.

[7] 周志华. 机器学习[M]. 北京: 清华大学出版社, 2016.

[8] 李航. 统计学习方法[M]. 北京: 清华大学出版社, 2019.

[9] 孙仕亮,孙静.模式识别与机器学习[M].北京:清华大学出版社,2020.

[10] 王万良. 人工智能导论[M]. 北京: 高等教育出版社, 2017.

[11] 邱锡鹏. 神经网络与深度学习[M]. 北京: 机械工业出版社, 2020.

[12] Goodfellow I, Bengio Y, et al. Deep Learning[M]. Cambridge, Mass: MIT Press, 2016.

质检5